YIYUAN KONGTIAO XITONG GUIHUA YU GUANLI

医院空调系统

规划与管理

主 编 · 赖 震 周 珏 单永新

东南大学出版社
SOUTHEAST UNIVERSITY PRESS

图书在版编目(CIP)数据

医院空调系统规划与管理 / 赖震,周珏,单永新主编. — 南京:东南大学出版社,2021.12

ISBN 978-7-5641-9756-8

Ⅰ.①医… Ⅱ.①赖… ②周… ③单… Ⅲ.①医院-空气调节设备-介绍 Ⅳ.①TU83

中国版本图书馆 CIP 数据核字(2021)第 221937 号

责任编辑:陈潇潇 责任校对:子雪莲 封面设计:余武莉 责任印制:周荣虎

医院空调系统规划与管理

YIYUAN KONGTIAO XITONG GUIHUA YU GUANLI

主　　编	赖　震　周　珏　单永新
出版发行	东南大学出版社
社　　址	南京四牌楼 2 号　邮编:210096　电话:025 - 83793330
网　　址	http://www.seupress.com
电子邮件	press@seupress.com
经　　销	全国各地新华书店
印　　刷	常州市武进第三印刷有限公司
开　　本	787 mm×1092 mm　1/16
印　　张	14.25
字　　数	380 千字
版　　次	2021 年 12 月第 1 版
印　　次	2021 年 12 月第 1 次印刷
书　　号	ISBN 978 - 7 - 5641 - 9756 - 8
定　　价	56.00 元

* 本社图书若有印装质量问题,请直接与营销部调换。电话(传真):025 - 83791830。

《医院空调系统规划与管理》
编 委 会

序

医疗建筑是以"服务特殊人群"为中心的功能载体。它是医患诊疗活动的空间;也是各类诊疗设备"生根"的空间;更是"人"生命旅程"起点"与"终点"的"驿站"。人的一生,安全地"来",健康地"活",有尊严地"去",医疗建筑是绝大多数人不得不进入的特殊场所。

医疗建筑是不同功能空间的组合体,为了确保在开展诊疗活动中医患双方的安全,不同疾病须在不同诊疗区域中接受治疗康复;为了诊疗设备的运行安全,不同的设备须安置于不同规模的温湿度环境中。在"人",对环境的要求是"安全舒适";在"物",对环境的要求是"安全运行"。而这种安全性与舒适性的兼容,需要有适宜的空气质量作为保证。而身体具有疾患的"人",分为一般疾病与特殊疾病。一般疾病对环境要求为"舒适性";特殊疾病则不仅要求有舒适的环境,同时,要求对环境中的"空气"进行工艺性处理,以有效阻止病菌传播,防止感染性疾病的发生。因此,空调成为医疗建筑中不可或缺的建筑设备。

空气调节,在医疗建筑中是一个复杂的系统。空调系统的能耗占整个建筑总能耗一半多。科学技术的发展与创新,促进了医疗建筑空间环境的空气质量控制方法的进步,也为医院管理者进行空调系统规划时提供了更多的选择。但是如何去选择,如何处理投资与效益之比;如何进行系统有效组织,如何进行维护与管理等等,这些问题始终是医院领导者或专业管理者面临的难点。把规划任务交给设计师? 有些设计师对医院的流程与空间需求并不了解。把规划任务交给基建管理者? 但医院功能复杂,基建管理者也需要查阅文献规范,形成任务书。即便如此,仍须与设计人员、工程人员进行反复交流沟通,建成之后,仍留下些许遗憾,特别是工程交付后如何进行维护与管理,更是管理者需要考虑的重要方面。

这几年，我们在江苏省医院协会医院建筑与规划管理专业委员会的支持下，以江苏维康医疗建筑合成设计研究所为平台，组织省内各大医院的领导与专业技术人员，以医院管理者的视角，从工程的实践出发，先后组织编写出版了《医用建筑规划与管理》《医疗建筑配电系统规划与管理》《医疗建筑水系统规划与管理》，我们也一直在探求如何站在医院管理者视角编辑一本《医院空调系统规划与管理》的书。

从 2019 年起，我们集合省内相关医院从事空调系统管理的专业人员，在有关专家的指导下，由鼓楼医院赖震、江苏省人民医院周珏、江苏省省级机关医院单永新三位同志牵头，历时两年，完成了《医院空调系统规划与管理》一书的编辑工作，我在认真阅读后，真切地感到，编者所付出的努力是值得感谢的。全书紧密结合医院实际，对空调系统构成、设计的规范性要求、各类空调设备的性能，强调了各类规范对医院空调系统规划的指导性，首次对医院舒适性空调与工艺性空调应用空间进行了明确区分，首次对呼吸类传染性疾病医疗单元如何规划空调系统进行了明确，而且将医疗各类功能空间的空调系统的选择与流程规划结合起来，对什么样的医疗空间选择什么形式的空调、如何进行系统维护、如何进行施工组织管理、如何结合医院实际进行空调整体规划等均进行了概述。这本书的出版，对于医院卫生管理人员以及从事医院基建管理工作者无疑是一本好的工具书，对于有志于从事医院空调设计的技术人员也有一定的参考意义。当然，由于是首次尝试，难免有不足，读者尽可指出，希望能在将来的某一天再版时更为完善。在这本书出版之际谨向全体编辑人员致以敬意！

杭元凤

2021 年 8 月于南京

部分图片提供
高精度浏览，
请扫码观看！

目　录

第一章　概　述 ……………………………………………………（1）

　第一节　医院建筑空间热湿环境评价 ………………………………（1）

　第二节　医院建筑空气质量一般标准 ………………………………（4）

　第三节　医院建筑空调规划基本原则 ………………………………（6）

　第四节　医院空调系统能效评价体系 ………………………………（7）

第二章　医院建筑空调系统规划一般规定 …………………………（12）

　第一节　综合医院空调系统的规划 …………………………………（12）

　第二节　精神病医院空调系统的规划 ………………………………（18）

　第三节　传染病医院空调系统的规划 ………………………………（20）

　第四节　急救中心空调系统的规划 …………………………………（22）

　第五节　疾控中心空调系统的规划 …………………………………（23）

第三章　医院舒适性空调系统的规划与管理 ………………………（25）

　第一节　舒适性空调系统分类 ………………………………………（25）

　第二节　舒适性空调系统集成 ………………………………………（26）

　第三节　舒适性空调的冷热源系统分类 ……………………………（30）

　第四节　舒适性空调的冷热源系统选择 ……………………………（31）

　第五节　医院空调末端系统选择 ……………………………………（37）

　第六节　医院空调节能产品发展 ……………………………………（40）

　第七节　焓湿图在医院空调系统中的应用 …………………………（44）

第四章　医院工艺性空调系统规划与管理 ……………………………………（51）

第一节　工艺性空调的分类与应用 …………………………………（51）

第二节　手术部空调系统的规划与管理 ……………………………（53）

第三节　ICU空调系统的规划与管理 ………………………………（67）

第四节　产科空调系统的规划与管理 ………………………………（71）

第五节　NICU空调系统的规划与管理 ……………………………（75）

第六节　生殖医学中心空调系统的规划与管理 ……………………（77）

第七节　血液层流病房净化空调系统的规划与管理 ………………（80）

第八节　影像科大型医疗设备空调系统的规划与管理 ……………（90）

第九节　检验科、病理科空调系统的规划与管理 …………………（101）

第十节　静脉配置中心空调系统的规划与管理 ……………………（115）

第十一节　消毒供应中心空调系统的规划与管理 …………………（118）

第十二节　呼吸类传染病医院空调系统的规划与管理 ……………（124）

第十三节　负压隔离病房空调系统的规划与管理 …………………（127）

第五章　医院空调系统的运行与维护 ………………………………………（131）

第一节　医院空调系统运行与维护的特点与要求 …………………（131）

第二节　舒适性空调系统的运行与维护 ……………………………（133）

第三节　工艺性空调系统的运行与维护 ……………………………（135）

第六章　医院空调系统的节能管理 …………………………………………（142）

第一节　建筑节能概述 ………………………………………………（142）

第二节　实用节能技术在空调系统中的应用 ………………………（144）

第三节　建筑围护结构对空调节能的影响 …………………………（149）

第四节　先进节能技术在空调系统中的应用 ………………………（159）

第五节　高效管理模式在医院空调节能管理中的应用 ……………（185）

第七章　医院空调系统的信息化管理 ………………………………………（192）

第一节　物联网技术在医院空调系统管理中的应用 ………………（192）

第二节　智能化监控平台在医院空调系统管理中的应用 …………（197）

第三节　BIM技术在医院空调系统规划管理中的应用 ……………（214）

参考文献 ……………………………………………………………………（218）

后记 …………………………………………………………………………（219）

第一章
概　述

医院建筑物内的空间环境对空气质量的要求与一般民用建筑既有共同之处,也有特殊之处,即空气质量除须满足一般患者及工作人员舒适度的要求,还须在特定的环境中,根据医患安全与特殊设备的需要,对环境温度、空气纯净度、气流速度、气流方向等进行科学处理,满足人员舒适性、安全性的要求并防止感染性事件的发生。因此,医疗建筑中一般空间的空气调节为舒适性空调,特殊空间的空气调节为工艺性空调,并需对其进行持续性的维护与管理。我们将医院一般环境与特殊环境空间的空气调节的规划与持续性管理统称为"医院空调系统的规划与管理"。

第一节　医院建筑空间热湿环境评价

医院建筑空间热湿环境,对医疗、教学、科研的全过程产生影响,不仅关系到患者与工作人员诊疗过程的安全、舒适、健康,而且会对重要的医疗设备、医疗空间的安全运行产生影响。根据全国卫生产业企业管理协会在相关医院组织的"患者、医护人员对医院环境需求"多因素问卷调查,在门诊区域,等候时间、医院秩序、便利程度、环境舒适度、医院安全、卫生状况、隐私保护、个性化服务等因素中,对环境舒适度的要求为41%;住院区域,对环境舒适度的要求为72%;医护人员在门诊区域与住院环境中,对环境舒适度的需求为58%;医护人员在医技区域内,对区域安全管理需求为64%,对环境安全舒适度的需求为38%,对设备安全保障要求为29%。在手术区域,医护人员对洁净环境的需求为57%,对设施设备保障的需求为38%。因此,要做好医院空调系统的科学规划与运行管理,并将《民用建筑室内热湿环境评价标准》作为空调系统规划管理的基本要求,做好空调系统的设计评价与工程验收,高质量建设医院空气调节系统。

一、医院热湿环境的主要特征

医疗建筑与普通建筑一样,建筑内环境舒适度受热湿环境的影响,反映在空气质量环境的热湿特性上,主要由空气温度、空气湿度、热辐射和气流组织等四个方面对人体的热平衡构成影响,且各要素间可以互换、互相补偿,从而对医院的环境舒适度与安全性产生影响。

1. 在热环境中,湿度增高所造成的影响可被风速增高所抵销。当空气温度低于21 ℃时,人不出汗,随着气温的增高,出汗量逐渐增多,湿度的影响显得越来越重要。在气温低于皮肤温度时(32.5 ℃左右),空气的流动能增加机体通过对流和蒸发散热。当气温高于 35 ℃时,情况比较复杂,空气的流动能加速蒸发散热,但同时却可使机体通过对流的方式吸收的热量增多,气温越高机体受热越为明显。

2. 热辐射除了太阳的直接照射使机体直接受热外,人体与周围环境之间还存在长波辐射换热。热辐射不受空气温度的影响且与风速无关。根据实验:当气温为 10 ℃、周壁表面温度为 50 ℃时,人在其中会感到过热;当室内温度 50 ℃而周壁表面温度为 0 ℃时,会使人在室内感到过冷。

3. 高温高湿影响有机体的热平衡。因为在高温时,机体主要依靠蒸发散热来维持热平衡,此时相对湿度的增高将妨碍汗液的蒸发。当温度高、湿度大、风速小的时候,人感到"闷热";当温度高、湿度小时,人感到"干热"。风速可以改善热环境,气流可以促进人体散热,增进人体的舒适度;当气温高于人体皮肤温度时,空气的流动只会使人体从外界环境吸收更多的热量,甚至对人体产生不良影响。

4. 影响室内热湿环境存在外扰因素与内扰因素

(1) 外扰因素:室外气候条件以及室内发热发湿源直接影响着建筑环境内热湿环境。室外气候条件对室内热湿环境的影响主要来自太阳辐射和室外气温的共同作用,它们通过建筑物外围保护结构把大量的热量传进室内,同时还通过门窗透过阳光辐射热,通过缝隙渗透热湿空气影响室内热湿环境。

(2) 内扰因素:主要包括室内照明、电器等工艺设备以及人体等散发的热量或者水蒸气,它们通过不同的散热散湿的形式,直接或者间接地影响着室内热湿环境。主要形式分为:辐射、传导或传湿、对流热交换或对流质交换。其中,建筑传热中部分辐射来自围护结构或室内家具等蓄放热过程,这还是其区别于其他传热的一个重要特点,也是室内与室外得热负荷不等的主要原因——不同扰量作用、不同建筑热工特性,带给室内的热湿负荷是不同的,从而形成的热湿环境也是不同的。不同的热湿环境对人们产生不同的生理和心理影响。因此,营造一个良好的热湿环境,不仅需要了解形成室内热湿环境的物理因素,而且还要了解人们在不同热湿环境中的生理和心理反应。

二、热湿环境对人体舒适度与设备安全性的影响

热湿环境与人们的工作、生活息息相关,对人体的健康、舒适有着重要影响。在医疗环境中,不仅要考虑患者与工作人员在环境中的舒适性;在特殊环境中还应考虑设备运行的安全性。其影响人体热舒适度与设备安全性的因素主要包括六个方面:

1. 空气温度:对流散热量。
2. 环境表面温度:辐射散热量。
3. 水蒸气分压力(空气湿度):蒸发散热量,即闷热 vs. 湿冷。
4. 风速:影响对流散热量和蒸发散热量。
5. 新陈代谢:影响产热量。
6. 服装热阻:影响所有散热量。

对于上述因素,需要在空调系统设计中通过人工或非人工的手段进行热湿平衡干预,从而达到人体的舒适与设备安全运行的要求。

三、建筑空间热湿环境的评价方法

为了在医院建筑中营造适宜、健康的室内热湿环境,在空调系统的规划中,应根据

《民用建筑室内热湿环境评价标准》(GB/T 50785—2012)的规定,做好空调系统规划设计中的事前论证、方案评价与工程验收。特别要注意的是,在空调系统的规划论证中,对于工艺性空调的设计在事前要做好充分的研究,确定空间规模、设备名称、规范要求、环境影响,以确保方案的完整性与规范性。

1. 做好事前论证

论证要分别对医院空调系统一般空间与特殊空间热湿环境提出评价基本要求。论证应分为"人工冷热源热湿环境评价"与"非人工冷热源热湿环境评价"。现行的民用建筑室内热湿环境的评价体系以年满18周岁,躯体没有疾病、心理健康、社会适应良好的健康成年人所在的室内热湿环境为对象;而医疗建筑中是以疾患为中心的。因此,宜结合"建筑空间空气质量标准",结合医院实际,通过论证提出设计标准。验收方式同样"可以以单栋建筑为对象;当建筑物中90%以上的主要功能房间或区域满足某评价等级时,可判定该建筑达到相应等级"。

2. 做好空调设计方案中热湿环境的评价

设计评价应在施工图设计完成后进行,并提供施工图审图合格的证明文件与相关设计与审批文件。评价标准是,对于非人工热源的建筑室内环境,应做到"建筑围护结构表面无结露、发霉等现象,具备合理的自然通风措施"。评价方法应采用计算法或图示法,工程评价不具备采用计算法和图示法进行的条件时,可采用大样本调查问卷法。对于人工冷热源热湿环境,设计评价应通过专业机构、专业设备,按以下标准进行。当工程评价不具备按表1-1执行的条件时,可采用由第三方进行的大样本问卷调查法。

表1-1 人工冷热源热湿环境的评价方法

冬季评价条件		夏季评价条件		评价方法
空气流速(m/s)	服装热阻(clo)	空气流速(m/s)	服装热阻(clo)	
$v_a \leqslant 0.2$	$I_{cl} \leqslant 1.0$	$v_a \leqslant 0.25$	$I_{cl} \geqslant 0.5$	计算法或图示法
$v_a > 0.20$	$I_{cl} > 1.0$	$v_a > 0.25$	$I_{cl} < 0.5$	图示法

采用计算法进行人工冷热源热湿环境等级评价时,设计评价应按其整体评价指标进行等级判定;工程评价应按其整体评价指标和局部评价指标进行等级判定,且所有指标均应满足相应等级要求。整体评价指标应包括预计平均热感觉指标(PMV)、预计不满意者的百分数(PPD),PMV-PPD的计算程序应按表1-2执行;局部评价指标应包括冷吹风感引起的局部不满意率(LPD_1)、垂直空气温度差引起的局部不满意率(LPD_2)和地板表面温度引起的局部不满意率(LPD_3),局部不满意率的计算应按表1-3执行。对于人工冷热源热湿环境的评价等级,整体评价指标应符合表1-2的规定,局部评价指标应符合表1-3的规定。

表 1-2 整体评价指标

等级	预计不满意者百分数(PPD)	预计平均热感觉指标(PMV)
Ⅰ级	PPD≤10%	−0.5≤PMV≤+0.5
Ⅱ级	10%<PPD≤25%	−1≤PMV<−0.5 或 +0.5<PMV≤+1
Ⅲ级	PPD>25%	PMV<−1 或 PMV>+1

表 1-3 局部评价指标

等级	冷吹风感(LPD$_1$)	垂直空气温度差(LPD$_2$)	地板表面温度(LPD$_3$)
Ⅰ级	LPD$_1$<30%	LPD$_2$<10%	LPD$_3$<15%
Ⅱ级	30%≤LPD$_1$<40%	10%≤LPD$_2$<20%	15%≤LPD$_3$<20%
Ⅲ级	LPD$_1$≥40%	LPD$_2$≥20%	LPD$_3$≥20%

3. 做好空调系统工程交付时的验收

工程评价要在建筑投入正常运营一年后进行,评价应提供工程竣工验收资料与室内热环境运行资料。医院空调系统在进行验收的过程中,一般空间应执行热湿环境具体标准以及相关建筑热湿环境设计的具体规定;同时,医疗建筑中的各专业空间应按具体的热湿环境的质量标准进行评价。

4. 在医院建筑规划中,空调系统的规划与设计,必须从医疗建筑不同空间环境的实际出发,充分考虑患者与医护人员的需求,充分考虑热湿环境对医疗行为安全性的影响,有针对性地解决热湿环境质量的干扰因素,并采取措施解决需求。在工程交付前应按照规范区分环境,分类组织验收,确保空调系统设计与建设的高质量。

第二节 医院建筑空气质量一般标准

医院建筑是人员活动最为密集的场所之一,空间环境的舒适度影响着患者的就医舒适度与医护人员的生活质量,关系医疗行为的舒适与安全。健康建筑首要的是空气环境品质健康,而环境品质与空气调节密切相关,医院环境尤其如此。

关于建筑空间环境质量,2000 年,在荷兰举行的健康建筑年会将健康建筑定义为:一种体现在住宅室内和居住区的居住环境的方式,不仅包括物理测量值,如温度、通风换气效率、噪声、照度、空气品质等,还需包括主观性心理因素,如平面和空间布局、环境色调、私密保护、视野景观、材料选择等,另外还要加上工作满意度、人际关系等,并提出一个"WELL"标准。这是一个基于性能的评价系统,它测量、认证和监测空气、水、营养、光线、健康、舒适和精神等影响人类健康和福祉的建筑环境特征。在这个标准中,与空调系统相关的环境评价权重占比为 41%。

我国于 2002 年 12 月,由国家质量监督检验检疫总局、卫生部、国家环境保护总局批准,颁发了《室内空气质量标准》(GB/T 18883—2002),对室内空气质量、新风量的标准值、干预方法、检测方法均提出了明确的要求。这一评价体系专门提出了室内空气质量标准体系。从物理性、化学性、生物性、放射性等四个方面对空气质量提出了具体的检测标准。具体要求见表1-4。

表1-4 室内空气质量标准

序号	参数类别	参数	单位	标准值	备注
1	物理性	温度	℃	22～28	夏季空调
				16～24	冬季采暖
2		相对湿度	%	40～80	夏季空调
				30～60	冬季采暖
3		空气流速	m/s	0.3	夏季空调
				0.2	冬季采暖
4		新风量	m³/(h·人)	30[a]	
5	化学性	二氧化硫(SO_2)	mg/m³	0.50	1 h均值
6		二氧化氮(NO_2)	mg/m³	0.24	1 h均值
7		一氧化碳(CO)	mg/m³	10	1 h均值
8		二氧化碳(CO_2)	%	0.10	1 h均值
9		氨(NH_3)	mg/m³	0.20	1 h均值
10		臭氧(O_3)	mg/m³	0.16	1 h均值
11		甲醛(HCHO)	mg/m³	0.10	1 h均值
12		苯(C_6H_6)	mg/m³	0.11	1 h均值
13		甲苯(C_7H_8)	mg/m³	0.20	1 h均值
14		二甲苯(C_8H_{10})	mg/m³	0.20	1 h均值
15		苯并[a]芘[B(a)P]	ng/m³	1.0	1 h均值
16		可吸入颗粒物(PM10)	mg/m³	0.15	1 h均值
17		总发挥性有机物(TVOC)	mg/m³	0.60	8 h均值
18	生物性	菌落总数	CFU/m³	2500	依据仪器定[b]
19	放射性	氡(^{222}Rn)	Bq/m³	400	年平均值(行动水平[c])

a. 新风量要求不小于标准值,除温度、相对湿度外的其他参数要求不大于标准值。
b. 见附录D。
c. 行动水平即达到此水平建议采取干预行动以降低室内氡浓度。

2017年1月发布了《健康建筑评价标准》(T/ASC 02—2016),将健康建筑定义为:在满足功能的基础上,为建筑使用者提供更加健康的环境、设施和服务,促进建筑使用者身心健康、实现健康性能提升的建筑。

第三节　医院建筑空调规划基本原则

一、必须遵循经济性原则

医院空调系统的建设在设计规划阶段必须从医院实际出发,按照系统先进的、实用性原则,根据医疗建筑的使用年限,结合空调系统运用形式、实施技术的可行性、节能环保要求、预算资金的多少等,进行可行性论证与系统实施的评估,选用的技术应符合国家的政策和长远规划的需要,同时,也要符合医院的实际发展需求,确保医疗建筑的投资效率与长远效益。施工方案的选择要统揽全局,尽量考虑到每一个可能遗漏的细节,避免设计方案的缺陷使施工无法有效完成,浪费人力、财力和时间。

二、必须坚持规范设计原则

医院人流量大,病患密集,空调系统技术要求复杂,必须严格执行规范。既要注意舒适性,也要注意安全性。在空调系统的规划设计全过程中,公共空间应充分利用室外新风,辅以机械通风,以降低院内致病菌的浓度,避免或杜绝空气污染和住院病人交叉感染。洁净用房允许采暖,但应采用不易积尘又易清洁的板式或光管式散热器,还应根据供水温度和散热器结构做好防护、防尘措施。

三、必须坚持安全性原则

对不同区域的气流进行隔离,采用不同的过滤方式,对不同区域空气进行净化处理,采用智能化技术合理控制室内温度、灰尘、微生物和有害气体等。在各个通风口处设置抗菌消毒装置,防止细菌、病毒通过通风管道传播。选用无冷凝水机组,防止在风机盘管处凝结水滴,滋生细菌,污染通风口。

四、舒适性与工艺性空调要科学设置

舒适性空调主要用于调节室内空气温度,使室内人员能够有较为舒适的活动环境,常应用在普通病房、公共空间以及无特殊要求的诊区等区域。一般来说,针对舒适性与工艺性的不同需求,与之对应的空调系统也应有不同设计与要求。工艺性空调主要应用在实验室、手术室、重症监护室、特殊病房以及放射设备用房等对室内温湿度基数与波动范围、空气洁净度有严格要求的区域。

五、重视节能环保技术的应用

在医院空调系统中,节能环保技术的运用一方面可降低医院的运营成本,另一方面可为国家节约能源、实现可持续性发展的目标做贡献。在设计规划空调的布局时,可根据不同房间的不同用途选择组合装置,例如:会议室人员较密集,新风量大,可采用排风热回收装置,节约能源,过滤机采用全新风运行;在医院的各个主要外门处设置空气幕;建筑外维护结构都采用保温隔热材料,用以减少冷热损失。在空调实际应用过程中,可采用末端变风量、空调房间运行参数设定,充分利用室外新风、大温差送风、余热代替电加热器加热,减少空调运行系统中的漏风量,增强空调系统自控能力等方式,以达到节能的目的。

第四节 医院空调系统能效评价体系

一、医院空调系统能耗构成与监测

(一) 空调系统能耗构成

主要由室内空调末端风机能耗和冷热源系统能耗构成,其中冷热源系统能耗占空调系统年能耗的80%~85%。因空调末端风机工频运行能耗相对固定,冷热源系统能耗是空调系统能耗的核心。

(二) 空调系统能耗监测

监测内容包括:

1. 空调末端耗电量计量,适用于末端风机配电集中设计。

2. 冷热源耗电/蒸汽/天然气量计量,适用所有空调系统。

3. 冷热源供冷(热)量计量,适用于水系统,冷(热)量表设置与供/回水主管。

二、医院空调冷热机组能效评价标准

(一) 采用电机驱动的蒸汽压缩循环冷水(热泵)机组时,其在名义制冷工况和规定条件下的性能系数(COP)应符合下列规定:

1. 水冷定频机组及风冷或蒸发冷却机组的性能系数(COP)不应低于表1-5数值。

2. 水冷变频离心式机组的性能系数(COP)不应低于表1-5数值的93%。

3. 水冷变频螺杆式机组的性能系数(COP)不应低于表1-5数值的95%。

表1-5 变频机组性能系数

类型		名义制冷量 CC/kW	性能系数 COP/(W/W)					
			严寒 A、B区	严寒 C区	温和 地区	寒冷 地区	夏热冬 冷地区	夏热冬 暖地区
水冷	活塞式/涡旋式	CC≤528	4.10	4.10	4.10	4.10	4.20	4.40
	螺杆式	CC≤528	4.60	4.70	4.70	4.70	4.80	4.90
		528<CC≤1 163	5.00	5.00	5.00	5.10	5.20	5.30
		CC>1 163	5.20	5.30	5.40	5.50	5.60	5.60
	离心式	CC≤1 163	5.00	5.00	5.10	5.20	5.30	5.40
		1 163<CC≤2 110	5.30	5.40	5.40	5.50	5.60	5.70
		CC>2 110	5.70	5.70	5.70	5.80	5.90	5.90
风冷或 蒸发 冷却	活塞式	CC≤50	2.60	2.60	2.60	2.60	2.70	2.80
		CC>50	2.80	2.80	2.80	2.80	2.90	2.90

类型		名义制冷量 CC/kW	性能系数 COP/(W/W)					
			严寒 A、B 区	严寒 C 区	温和 地区	寒冷 地区	夏热冬 冷地区	夏热冬 暖地区
风冷或蒸发冷却	螺杆式	CC≤50	2.70	2.70	2.70	2.80	2.90	2.90
		CC>50	2.90	2.90	2.90	3.00	3.00	3.00

（二）采用电机驱动的蒸汽压缩循环冷水（热泵）机组时,其综合部分负荷性能系数（IPLV）应符合下列规定：

1. 水冷定频机组的综合部分负荷性能系数（IPLV）不应低于表 1-6 中数值。

2. 水冷变频离心式机组的综合部分负荷性能系数（IPLV）不应低于表 1-6 中数值的 1.30 倍。

3. 水冷变频螺杆式机组的综合部分负荷性能系数（IPLV）不应低于表 1-6 中数值的 1.15 倍。

表 1-6　变频螺杆式机组负荷性能系数

类型		名义制冷量 CC/kW	负荷性能系数 COP/（W/W）					
			严寒 A、B 区	严寒 C 区	温和 地区	寒冷 地区	夏热冬 冷地区	夏热冬 暖地区
水冷	活塞式/涡旋式	CC≤528	4.90	4.90	4.90	4.90	5.05	5.25
	螺杆式	CC≤528	5.35	5.45	5.45	5.45	5.55	5.65
		528<CC≤1 163	5.75	5.75	5.75	5.85	5.90	6.00
		CC>1 163	5.85	5.95	6.10	6.20	6.30	6.30
	离心式	CC≤1 163	5.15	5.15	5.25	5.35	5.45	5.55
		1 163<CC≤2 10	5.40	5.50	5.55	5.60	5.75	5.85
		CC<2 110	5.95	5.95	5.95	6.10	6.20	6.20
风冷或蒸发冷却	活塞式/涡旋式	CC≤50	3.10	3.10	3.10	3.10	3.20	3.20
		CC>50	3.35	3.35	3.35	3.35	3.40	3.45
	螺杆式	CC≤50	2.90	2.90	2.90	3.00	3.10	3.10
		CC>50	3.10	3.10	3.10	3.20	3.20	3.20

（三）采用多联式（热泵）机组时，其在名义制冷工况和规定条件下的制冷综合性能系数[IPLV(C)]不应低于表1-7的数值。

表1-7　多联式机组制冷综合性能系数

名义制冷量 CC/kW	制冷综合性能系数 IPLV(C)					
	严寒 A、B区	严寒 C区	温和地区	寒冷地区	夏热冬冷地区	夏热冬暖地区
CC≤28	3.80	3.85	3.85	3.90	4.00	4.00
28<CC≤84	3.75	3.80	3.80	3.85	3.95	3.95
CC>84	3.65	3.70	3.70	3.75	3.80	3.80

（四）采用直燃型溴化锂吸收式冷（温）水机组时，其在名义制冷工况和规定条件下的性能参数应符合表1-8的规定。

表1-8　直燃型溴化锂机组性能参数

名义工况		性能参数	
冷（温）水进/出口温度（℃/℃）	冷却水进/出口温度（℃/℃）	性能系数(W/W)	
		制冷	供热
12/7（制冷）	30/35	≥1.20	—
—/60（供热）	—	—	≥0.90

（五）采用空气源热泵机组供热时，在冬季设计工况下，冷热风机组性能系数(COP)不应小于1.8，冷热水机组性能系数(COP)不应小于2.0。

（六）采用锅炉供热时，其在名义工况和规定条件下的性能参数应符合表1-9的规定。

表1-9　锅炉供热的性能参数

锅炉类型及燃料种类		锅炉额定蒸发量 D(t/h)/额定热功率 Q(MW)					
		$D<1$/$Q<0.7$	$1≤D≤2$/$0.7≤Q≤1.4$	$2<D≤6$/$1.4<Q<4.2$	$6≤D≤8$/$4.2≤Q≤5.6$	$8<D≤20$/$5.6<Q≤14.0$	$D>20$/$Q>14.0$
燃油燃气锅炉	重油	86			88		
	轻油	88		90			
	燃气	88		90			
层状燃烧锅炉	Ⅲ类烟煤	75	78	80		81	82
燃煤机链条炉排锅炉		—	—	—		82	83
流化床燃料锅炉		—	—	—	84		

三、医院空调冷热源系统能效评价标准

(一) 名词解释

1. 冷热源系统　指为室内空调末端系统生产和输送冷热量的系统,如多联机室外机、风冷热泵机房、冷水(热泵)机房。

2. 冷热源系统名义工况制冷能效比(EERn)　指冷热源系统名义(设计)工况条件下总制冷量和总用电量的比值。

3. 冷热源系统名义工况制热能效比(COPn)　指冷热源系统名义(设计)工况条件下总制热量和总用电量的比值。

4. 冷热源系统年均制冷能效比(EERao)　指冷热源系统实际运行时全年累计总制冷量与全年累计总用电量的比值。

5. 冷热源系统年均制热能效比(COPao)　指冷热源系统实际运行时全年累计总制热量与全年累计总用电量的比值。

(二) 冷热源系统能效评价标准

所有冷热源系统均以制冷能效比(EER)和制热能效比(COP)作为评价标准,对比美国、新加坡和中国地方标准,规定如下:

1. 美国采暖、制冷和空调工程师学会(ASHRAE)标准对空调机房能效的规定(图1-1)。

图 1-1　ASHRAE 空调机房标准

2. 新加坡绿建评价标准对空调机房能效的规定(表1-10)。

表 1-10　新加坡绿建空调机房能效标准

绿色标志等级	建筑冷负荷峰值(RT)	
	<500	≥500
	效率/(kW/RT)	
认证级	0.8	0.7
黄金级	0.8	0.7
黄金+级	0.7	0.65
白金级	0.7	0.65

3. 中国广东省《集中空调机房系统能效监测及评价标准》对空调机房能效的规定（表1-11）。

表1-11 我国广东空调机房标准

系统额定制冷量/kW	制冷机房系统能效等级	最低要求
<1 758	三级	3.2
	二级	3.8
	一级	4.6
≥1 758	三级	3.5
	二级	4.1
	一级	5.0

4. 以电力驱动的冷热源系统。制冷（热）能效比即冷热源系统总制冷（热）量和总用电量的比值，系统用电量为制冷（热）机组、冷水泵、冷却泵及冷却塔等所有耗电设备的用电量之和。既有建筑空调系统可安装能效监测平台，通过实测能效比与能效标尺对标。新建医院中央空调冷热源系统宜设计能效监测平台，建设单位根据需要选择冷热源系统能效值，分别对设计单位、施工单位和运营单位提出能效目标要求，冷热源系统第1年和第2年的运行能效应≥设计值。

5. 以非电力驱动的冷热源系统。采用虚拟能效比换算，即冷热源系统总运行成本与总制冷（热）量的比值，计算出制冷和制热能量单价成本[元/(kW·h)]，以项目电价分别除以制冷和制热能量单价成本，得出制冷虚拟能效比和制热虚拟能效比，与能效标尺对标。

（三）节能率测算

两个不同能效比（能效比1<能效比2）的冷热源系统节能率测算公式如下：

① 能源单价$=\dfrac{电价}{能效比}$；

② 节能率$=\dfrac{能源单价1-能源单价2}{能源单价1}=1-\dfrac{能源单价2}{能源单价1}$；

③ 将公式①代入②得出，节能率$=1-\dfrac{能效比1}{能效比2}$。

例如高效机房能效比为5.0，相比行业中央空调制冷机房能效平均水平3.0，节能率为40%。

医院空调系统规划与管理

第一章 概述

第二章
医院建筑空调系统规划
一般规定

各类医院建设标准与建筑设计规范均对不同功能空间的"采暖通风及空调系统"设计提出了具体要求,并强调在空调系统的规划设计中,各"医院应根据其所在地区的气候条件、医疗性质,以及部门、科室的功能要求,确定在全院或局部实现采暖与通风、普通空调或净化空调"。我们遵循相关规范对医疗卫生建筑空调系统的要求,也对部分专科医院、疾病控制中心、急救中心建筑的采暖、通风及空调的要求进行了整理。本章未列举的专科医院,在其规范中也明确可参照综合医院要求进行规划与建设。

第一节　综合医院空调系统的规划

一、基本要求

综合医院在空调系统规划初始阶段,如确定采用散热器采暖时,应以热水为介质,不应采用蒸汽。供水温度不应高于 85 ℃。散热器应便于清洗消毒。此外,按照洁净用房的分级标准,在Ⅲ级、Ⅳ级洁净用房中,应采用板式或光管式散热器采暖,且应采取防护、防尘措施。

表 2-1　医院室内采暖计算温度按下表计算

用房名称	计算温度/℃
病房	20～24
诊室、检查室、治疗室	18～24
患者浴室、盥洗室	22～26
一般手术室、产房	20～24
办公、活动用房	18～20
无人活动用房	≥10

当采用上述计算标准时,要注意以下问题:

1. 排风系统组织

采用自然通风时,中庭必须无障碍,当有遮挡物时宜辅之以机械排风。气候条件合适的地区可利用穿堂风,应注意保持清洁区域位于通风的上风侧。凡是产生气味、水汽和潮湿作业的用房,应设机械排风。对核医学检查室、放射治疗室、病理取材室、检验科、传染病病房等含有有害微生物、有害气溶胶等污染物质的排风,应处理达标后排放。没有特殊要求的排风机应设在排风管路末端,使整个管路为负压。

2. 气流系统组织

医院应根据各房间的室内空调设计参数、医疗设备、卫生学要求、使用时间、空调负荷等要求合理分区;各功能区域宜独立分区,采用独立的系统,并要注意各空调分区能互相封闭、避免空气途径交叉感染的原则,有洁净度要求的房间、严重污染的房间应单独成为一个系统。

3. 空调机组的选择

医院的通风与空调机应采用容易消毒、清洗,停机后容易保持干燥、无积水的专用医用通风空调机组。普通空调系统的回风口必须设低阻中效过滤器,选用空调机时应考虑到回风过滤器的阻力。采用集中空调系统医疗用房的送风量不宜低于 6 次/h。集中空调系统和风机盘管机的回风口必须设初阻力小于 50 Pa、微生物一次通过率不大于 10%和颗粒物一次通过率不大于 5%的过滤设备。没有特殊要求不应在机组内安装臭氧消毒装置等。不得使用淋水式空气处理装置,不宜采用风管式加湿器。特别要注意:空调机房宜设置在便于日常检修及设备更换的空间内或设备夹层内。

4. 空气质量管理

当室外可吸入颗粒物 PM10 的年平均值未超过现行国家标准《环境空气质量标准》(GB 3095—2012)中二类区适用的二级浓度限值时,新风采集口应至少设置初效和中效二级过滤器,当室外 PM10 超过年平均二级浓度限值时,应再增加一道高中效过滤器。设置采风口时,应远离冷却塔排风口、烟囱排烟口及所有排气口,新风采集口与排气口间应有足够的距离。新风采集口的下端应距地面 3 m 以上。设在屋顶时应距屋面 1 m 以上。医疗用房的集中空调系统的新风量不应低于 40 m³/h,或新风量不应小于 2 次/h。对人员多的场所,经过经济与技术比较,宜变新风量运行。

对核医学检查室、放射治疗室、病理取材室、检验科、传染病病房等含有有害微生物、有害气溶胶等污染物质的排风,应处理达标后排放。没有特殊要求的排风机应设在排风管路末端,使整个管路为负压。

二、洁净用房空调系统设置要求

1. 医院洁净用房(不含洁净手术室)在空态或静态条件下,细菌浓度(沉降菌法浓度或浮游菌法浓度)和空气含尘浓度应按表 2-2 规定分级。换气次数不应超过规定上限的 1.2 倍。

2. Ⅰ级洁净用房的送风末端应设高效过滤器,Ⅱ级洁净用房的送风末端可设高效或亚高效过滤器,Ⅲ级洁净用房的送风末端可设亚高效过滤器,Ⅳ级洁净用房的送风末端可设高中效过滤器。洁净用房应采用阻隔式空气净化装置作为房间的送风末端。

3. 洁净用房内不应采用普通的风机盘管机组或空调器。Ⅲ、Ⅳ级洁净用房内采用带有亚高效或高中效过滤器的净化风机盘管机组或立柜式净化空调器时,新风可集中供给或设立独立的新风机组。

4. 洁净用房内(不含走廊)不宜采用上送上回气流组织。洁净用房的患者通道上不应设置空气吹淋室。净化空调系统应在新风口、回风口和空调机组正压出风面、送风口三处设置空气过滤器。

表 2-2　洁净用房分级标准

用房 等级	沉降法(浮游法) 细菌最大平均浓度/ [CFU/(30 min · φ90 皿)](CFU/m³)	换气次数/ (次/h)	表面最大 染菌密度/ (个/cm²)	空气洁净度
Ⅰ	局部为 0.2(5)*,其他区域 0.4(10)	截面风速根据房间功能确定,在具体条文中给出	5	局部为 5 级,其他区域 6 级
Ⅱ	1.5(50)	17～20	5	7 级,采用局部集中送风时,局部洁净度级别高一级
Ⅲ	4(150)	10～13	5	8 级,采用局部集中送风时,局部洁净度级别高一级
Ⅳ	6	8～10	5	8.5 级

注:局部集中送风时的标准。若全室为单向流时,局部标准应为全室标准

三、医院普通区域空调系统设置

(一) 门诊部的空调系统设置

1. 门诊部在气候条件合适时应优先采用自然通风。当采用采暖系统时,候诊区、办公室等冬季采暖设计温度不应低于 18 ℃。当采用空调系统时,夏季空调设计温度不宜高于 26 ℃。

2. 医院的门厅采用空调时应尽量减少室外空气流入,并应维持室内定向的空气流动和热环境。如采用中庭形式的门厅,可采用自然通风,如采用空调,宜采用分层空调。冬季可设置其他补充采暖装置。

3. 候诊区的空调系统应结合平面布局,使空气从清洁区流向非清洁区。诊室的空调温度应比候诊区高 1～2 ℃,冬天温度不低于 22 ℃。在化验室、处置室、换药室等污染较严重的地方应设置局部排风。

4. 小儿科候诊室和诊室对其他区域应为正压。隔离诊室及其候诊前室应采用单独的空调,其回风应有中效(含)以上的过滤器。当与其他诊室为同一空调系统时,应单独设回(排)风,并应维护室内负压。

(二) 急诊部的空调系统设置

1. 急诊部门应采用独立的空调系统,送风量不低于 10 次换气,新风量不小于 3 次,可 24 h 连续运行。冬季采暖设计温度不应低于 18 ℃,夏季空调温度宜在 20～26 ℃。

2. 急诊隔离区的空调系统应独立设置,其回风应有中效(含)以上过滤器,并应有排风系统。当与其他诊室同为一空调系统时,应单独排用,不应系统回风,与相邻并相通的区域应保持不小于 5 Pa 负压差。

3. 发热门诊室对外界的负压差应不小于 10 Pa,排风出口应设在无人员频繁流动或滞留的空旷场所,如无合适场所则在排风口处设高效过滤器。

(三) 住院部的空调系统设置

1. 普通病区空调

普通病区的病房首先应考虑开窗(有纱窗)通风。当有条件设置普通空调时,冬季温度宜在 20 ℃以上,夏季温度不宜高于 27 ℃;应有新风供应和排风,并尽量减小系统规模。病区换药室、处置室、配餐室、污物室、污洗间、公共卫生间等应设排风,排气口的布置不应使局部空气滞留。每小时换气 10~15 次。

2. 产科产房空调

分娩室以及准备室、淋浴室、恢复室等相关房间如设空调系统,应能 24 h 连续运行。分娩室宜采用变新风的空调系统,可根据需要进入全新风运行状态。新生儿室内温度全年应保持 22~26 ℃;早产儿室、新生儿重症监护室(NICU)和免疫缺陷新生儿室,室内温度全年宜保持 24~26 ℃,噪声不宜大于 45 dB(A);早产儿室和新生儿室宜为Ⅲ级洁净用房。相对湿度夏、冬季均为 50%。

3. 监护病房空调

温度在冬季不宜低于 24 ℃,夏季不宜高于 27 ℃,采用普通空调系统时宜采用连续运行,并符合"集中空调系统和风机盘管机组的回风口必须设阻力小于 50 Pa、微生物一次通过率不大于 10% 和颗粒物一次通过率不大于 5% 的过滤设备"。相对湿度宜为 40%~65%,噪声不应大于 45 dB(A),采用上送下回的气流组织,送风气流不宜直接吹向头部。每张病床均不应处于其他病床的下风侧。排风(或回风)应设在床头附近。如重症病房采用洁净用房时,宜用Ⅳ级标准设计,宜设置独立的净化空调系统,病房对走廊或走廊对外界宜维持 5 Pa 的正压差。

4. 血液病房空调

治疗期血液病房应选用Ⅰ级洁净用房。恢复期血液病房应选用不低于Ⅱ级洁净用房。应采用上送下回的气流组织方式。Ⅰ级病房应在包括病房在内的患者活动区域上方设置全室垂直单向流,其送风口面积不应小于 6 m²,并应采用两侧下回风的气流组织。采用水平单向气流时,患者活动区应布置在气流上游,床头应在送风侧。各病房的净化空调系统应采用独立的双风机并联,互为备用,24 h 运行。送风应采用调速装置,至少采用两档风速。患者活动或进行治疗时,工作区截面风速不低于 0.20 m/s,患者休息时不低于 0.12 m/s。冬季室内温度不宜低于 22 ℃,相对湿度不宜低于 45%;夏季室内温度不宜高于 27 ℃,相对湿度不宜高于 60%。噪声应小于 45 dB(A)。与相邻并相通房间应保持 5 Pa 正压差。

5. 烧伤病房空调

烧伤病房应根据治疗方法的要求,确定是否选用洁净用房。当选用洁净用房时应符合以下要求:

(1) 重度(含)以上烧伤患者的病房:应在病房上方布置送风风口,送风面积应为病床外的四条周边各延长 30 cm 或以上,并应按Ⅲ级洁净用房换气次数计算,有特殊需要时可按Ⅱ级洁净用房换气次数计算;其辅助用房和重度以下烧伤患者的病房可分散设置送风口,宜按Ⅳ级洁净用房换气次数计算。各病房净化空调系统应设备用送风机,保证24 h不间断运行。应能根据治疗过程要求调节温度、湿度。洁净病房噪声控制在白天不超过50 dB(A),晚上不高于 45 dB(A)。

(2) 对于多床一室的Ⅳ级烧伤病房:每张病床均不应处于其他病床的下风侧。温度全年宜为 24～26 ℃;相对湿度冬季不宜低于 40%,夏季不宜高于 60%,室内湿度可按治疗过程要求进行调节。

(3) 重度(含)以上烧伤患者的病房:宜设独立空调系统,室风温度可按治疗进程进行调节。温度最高可调至 32 ℃,湿度最高可调至 90%。与相邻并相通房间应保持 5 Pa正压。

(4) 热伤处置室:宜按Ⅳ级空气洁净度设计,温度 24～27 ℃,相对湿度≤60%,噪声≤60 dB(A)。

(5) 病区内的浴室、卫生间等:应设置排风装置,同时应设置与排风机相连锁的密闭风阀。病房噪声不应大于 45 dB(A)。

6. 过敏性哮喘病室空调

过敏性哮喘病室可采用洁净病房,宜按Ⅱ级洁净用房设计。各病房应采用独立的净化空调系统,24 h 运行。温湿度应相对稳定,全年温度宜为 25 ℃±1 ℃,相对湿度宜为50%,与相邻并相通房间应保持 5 Pa 的正压,噪声不应大于 45 dB(A)。

7. 解剖室、标本制作室、太平间空调通风

(1) 非传染病尸体解剖室、标本制作室须进行充分的通风换气。应采用专用解剖台或在室内均匀布置下排风口,排风应直接排到室外。解剖室的空调应采用全新风全排气独立系统。可配合采用专用排风解剖台;当标本制作室和保管室为同一空调系统时,应能根据各室的温度条件独立控制。

(2) 传染病尸体解剖室、标本制作室在解剖台上集中送风,按Ⅰ级手术室要求设计,室内可保持 10 000 级,采用全新风系统。排风应设高效过滤器。对邻室保持 10 Pa 的负压差。室外排风管道应为负压管道。

(3) 太平间应有足够的通风,设机械排风时须维持负压。

8. 负压隔离病房空调、通风

(1) 应采用自循环空调系统,换气次数 10～12 次/h,新风可集中供给。空气传染的特殊呼吸道疾病患者病房应采用全新风系统。

(2) 送风的末节过滤器宜采用高中效过滤器,回(排)风口应设无泄漏的负压高压排风装置;宜在床尾或床侧及床尾各设一送风口,回风口宜设在床头侧下方。

(3) 病人入口应设缓冲室,病区走廊入口宜设缓冲室,卫生间内应设无泄漏的负压排风装置。病房对缓冲室、缓冲间对走廊应保持 5 Pa 的负压差。

9. 手术部的空调、新风系统设置

洁净手术部的设计应符合现行国家标准《医院洁净手术部建筑技术规范》(GB 50333—2013)的规定。

（四）医技科室的空调、新风系统设置

1. 检验科、病理科、实验室空调、通风

应按照下列要求进行设置：应有单独排风系统，产生有害气体的部位（试剂配制、标本处理、实验装置等）应采用负压洁净工作台，涉及对人体或环境有危害的微生物气溶胶操作，应在二级（含）以上生物安全实验室中进行。采用普通空调时，室内温度冬季不宜低于 22 ℃，夏季不宜高于 30 ℃；室内相对湿度冬季不宜低于 30%，夏季不宜高于 65%。

2. 生殖医学中心的空调、通风

（1）体外受精实验室应按Ⅰ级洁净用房设计，并应采用局部集中送风或洁净工作台。取卵室应按Ⅱ级洁净用房设计。并应采用局部集中送风或洁净工作台。体外受精实验室和取卵室的噪声均应不大于 45 dB(A)。冷冻室、工作室、洁净走廊等其他洁净辅助用房可按Ⅳ级洁净用房设计，并应局部集中送风。

（2）检查室应满足以下要求：电生理、超声、纤维内窥镜等科室宜设置独立的普通空调系统。温度 22～26 ℃，相对湿度 30%～60%。

3. 听力检查室空调

宜设置集中式空调系统，应采取消声减振措施，且噪声≤30 dB(A)。如条件不允许，应该将末端装置设置在远离无声室的顶棚内，并采用消声装置、隔声设施；无声要求高的检测，可以采用暂时停止空调、隔断气流等方法。

4. 心血管造影室空调

操作区宜为Ⅲ级洁净用房。洁净走廊应低于操作区一级。与邻室并相通的房间应保持 5 Pa 的正压差。辅助用房应采用普通空调。心脏导管治疗室、导管室、无菌敷料室均应不低于Ⅳ级空气洁净度设计，温度 22～26 ℃，相对湿度 40%～60%，噪声≤55 dB(A)。

5. 放射科的空调

检查室、控制室和机械间的空调系统和排风系统应符合下列要求：

（1）由于放射科的设备不同，选择空调系统的方式应根据设备需要。

（2）采用一般空调，能独立调节，应考虑室内设备发热量的影响。采用半集中式空调时，不应在机器上方设置任何风机盘管机组等末端装置及其凝水管。

（3）放射科的检查室、控制室和暗室应设排风系统，自动洗片机排风采用防腐蚀的风管。排风管上应设止回阀。

（4）在有射线屏蔽的房间，对于穿墙后的风管和配管，应采取不小于墙壁铅当量的屏蔽措施。

6. 磁共振（MRI）室空调、通风

宜采用独立的恒温恒湿空调系统，室内温度宜取 22 ℃±2 ℃，相对湿度 60%±10%。扫描间内必须采用非磁性、屏蔽电磁波的风口，不允许任何建筑设施管道穿越。核磁共振机的液氦冷却系统必须设置单独的排气系统，并应直接连接到核磁共振机的室外排风管。管道必须采用非磁性材料，管径不小于 250 mm。

7. 核医学科空调

所有具有核辐射风险的用房宜采用独立的恒温恒湿空调系统，扫描间温度宜取 22 ℃±2 ℃，相对湿度 60%±10%。且 1 h 内的温度变化不大于 3 ℃。其他房间可采用一般空调,但排风应按《临床核医学卫生防护标准》(GBZ 120—2020)和《医用放射性废弃物管理卫生防护标准》(GBZ 133—2020)的规定处理。

8. 放射性同位素治疗用房的空调系统设置

应根据放射性同位素种类与使用条件确定。宜采用全新风空调方式。放射性同位素管理区域内相对于管理区域外应保持负压,排气风管宜采用氯乙烯衬里风管,并应在排风系统中设置气密性阀门;应在净化处理装置的排气侧设置风机,并应保持排风管内负压,排风机应后于空调系统关闭。当贮藏室、废物保管室贮藏放射性同位素时,要求24 h排换气。

放射性同位素区域内和各室均应保持必要的送排风量。根据放射物质所规定的室内外浓度计算送排风量,室内外浓度应控制在上限定值以下。新风空调机内应设置粗效和中效以上两级空气过滤器。如当排气超过排放浓度上限定值时,应在排气侧使用高效过滤器。

(五) 消毒供应中心空调系统设置

1. 消毒供应中心应保持有序梯度压差和定向气流。定向气流应经灭菌区流向去污区。无菌存放区对相邻并相通房间应维持不低于5 Pa的正压差,去污区对相邻并相通房间和室外应维持不低于5 Pa的负压差。

2. 消毒供应中心的无菌存放区宜按洁净用房设计,应采用独立的净化空调系统,高温灭菌器应设置局部通风,低温灭菌室(如环氧乙烷气体消毒器)应有独立排风系统,并设相应净化器(或解毒器)。温度:冬季不宜低于18 ℃,夏季不宜高于24 ℃。室内相对湿度冬季不宜低于30%,夏季不宜高于60%。

3. 消毒供应中心的污染区是发生污染量大的场所,应设置独立局部排风系统,总排风量不低于负压所要求的差值风量。污染区内的回风应设置不低于中效的空气过滤器,送风口不做特殊要求。

4. 清洁区、生活区和卫生通过区可采用普通空调。清洁区温度为18～21 ℃,相对湿度30%～60%。

第二节　精神病医院空调系统的规划

精神病专科医院的采暖、通风空调系统的规划与设计,除须满足一般医院空间空调规划与设计的要求外,还应从精神病专科医院的实际出发进行规划。具体要求如下:

1. 严寒地区和寒冷地区的精神专科医院应设置集中采暖系统,夏热冬冷地区若有条件,宜设置集中采暖系统。各种用房室内采暖设计计算温度不应低于表2-3中的规定。

表 2-3　严寒地区室内采暖设计温度

房间名称	室内采暖设计温度/℃
病房	20
诊室	18

房间名称	室内采暖设计温度/℃
候诊室	18
各种实验室	20
药房	18
药品储藏室	16

2. 采暖热媒应采用热水,采暖散热器宜暗装。最热月平均室外气温高于和等于 25 ℃的地区宜设置空调降温设备,室内空调设计计算温度参数如表2-4所示。

表2-4　室内空调设计计算温度参数

房间名称	夏季		冬季	
	干球温度/℃	相对湿度/%	干球温度/℃	相对湿度/%
病房	26～27	50～60	20～22	40～45
诊室	26～27	50～60	18～20	40～45
候诊室	26～27	50～60	18～20	40～45
各种实验室	26～27	45～60	20～22	45～50
药房	26～27	45～50	20～22	40～45
药品储藏室	22	60以下	16	60以下
射线室	26～27	50～60	23～24	40～45
管理室	26～27	50～60	18～20	40～45

3. 精神病医院建筑宜采用自然通风,并宜设置机械通风系统。采用空调系统时,应有新风供应和排风。各种用房室内通风或新风量应符合表2-5要求。

表2-5　各种用房室内通风或新风量要求

房间名称	室内通风或新风量参数/(次/h)
病房	20
诊室	18
候诊室	18
各种实验室	20
药房	18
药品储藏室	16

4. 各区域的通风空调系统设计应结合平面规划布局,使空气从清洁区流向非清洁区。

第三节　传染病医院空调系统的规划

传染病医院的采暖通风与空气调节,在医疗设备用房中,首先应保证医疗设备正常工作同时兼顾人员舒适度;病房与治疗室等应满足病人治疗及舒适要求。具体规定如下:

1. 传染病医院各部门的温度、湿度在设置空调系统时,应符合表2-6要求。

表2-6　主要用房内室内空调设计温度、湿度

房间名称	夏季		冬季	
	干球温度/℃	相对湿度/%	干球温度/℃	相对湿度/%
病房	26~27	50~60	20~22	40~45
诊室	26~27	50~60	18~20	40~45
候诊室	26~27	50~60	18~20	40~45
各种实验室	26~27	45~60	20~22	45~50
药房	26~27	45~50	20~22	40~45
药品储藏室	22	60以下	16	60以下
射线室	26~27	50~60	23~24	40~45
管理室	26~27	50~60	18~20	40~45

2. 位于采暖地区的无空调系统的传染病医院,应设集中采暖。可设置散热器采暖。各种用房的采暖设计计算温度应满足表2-7要求。

表2-7　主要用房内室内采暖设计温度

房间名称	室内采暖设计温度/℃
病房	20
诊室	18
候诊室	18
各种实验室	20
药房	18
药品储藏室	16

3. 为了控制整个传染病医院或综合医院的传染病区的空气流向,防止污染空气扩散,减小传染范围,传染病医院或传染病区应设置机械通风系统。控制空气流向可有效防止交叉感染的发生。医院内清洁区、半污染区、污染区的机械送排风系统应按区域独立设置。

(1) 医院门诊、急诊部入口处的筛查,其通风系统应独立设置。机械送、排风系统应

使医院内气压从清洁区至半污染区至污染区依次降低,清洁区应为正压区,污染区应为负压区。清洁区送风量应大于排风量,污染区排风量应大于送风量。

（2）排风系统的排出口应远离送风系统取风口,不应临近人员活动区。病房卫生间不宜通过共用竖井排风,应结合病房排风统一设计。

（3）医院各处大门入口不宜设置空气幕。有条件设置集中空调的地方,诊室、病房、医护办公等小空间可结合机械送排风系统做风机盘管系统,机械送风系统应设计为空调新风系统。

（4）中庭、门诊大厅等大空间可设计全新风直流式空调系统。全新风直流式空调系统应采取在非呼吸道传染病流行时期回风的措施。

（5）手术室、重症监护室(ICU)、负压隔离病房以及高精度医疗设备用房等宜采用空气调节。

（6）医疗设备用房应在根据房间压差要求设置送排风系统的基础上,根据设备的温度、湿度要求设置独立的空调机组或恒温恒湿空调。传染病医院空调的冷凝水应分区集中收集,并应随各区污水、废水集中处理排放。

4. 非呼吸道传染病区风量设计:非呼吸道传染病的门诊、医技用房及病房最小换气次数(新风量)应为 3 次/h。污染区房间应保持负压,每房间排风量应大于送风量 150 m^3/h。

5. 呼吸道传染病区空调系统设计要求

（1）呼吸道传染病的门诊、医技用房及病房、发热门诊最小换气次数(新风量)应为 6 次/h。

（2）建筑气流组织应形成从清洁区至半污染区至污染区有序的气压梯度。房间气流组织应防止送、排风短路,送风口位置应使清洁空气首先流过房间中医务人员可能的工作区域,然后再流过传染源进入排风口。

（3）送风口应设置在房间上部。病房、诊室等污染区的排风口应设置在房间下部,房间排风口底部距地面不应小于 100 mm。

（4）清洁区每个房间送风量应大于排风量 150 m^3/h。污染区每个房间排风量应大于送风量 150 m^3/h。

（5）同一个通风系统,房间到总送、排风系统主干管之间的支风道上应设置电动密闭阀,并可单独关闭,进行房间消毒。

6. 负压隔离病房通风与空气调节

（1）负压隔离病房宜采用全新风直流式空调系统。最小换气次数应为 12 次/h。

（2）负压隔离病房的送风应经过粗效、中效、亚高效过滤器三级处理。排风应经过高效过滤器过滤处理后排放。

（3）负压隔离病房排风的高效空气过滤器应安装在房间排风口处。每间负压隔离病房的送、排风管上应设置密闭阀。

（4）负压隔离病房的通风系统在过滤器终阻力时的送排风量,能保证各区气压梯度要求。有条件时,可在送、排风系统上设置定风量装置。

（5）负压隔离病房送排风系统的过滤宜设压差检测、报警装置。负压隔离病房应设置压差传感器。

（6）负压隔离病房与其相邻、相通的缓冲间、走廊压差,应保持不小于 5 Pa 的负压差。

第四节　急救中心空调系统的规划

急救中心空调系统的规划设计在整体上应符合安全、卫生、节能、环保的要求,设计时应统一规划。其采暖通风与空气调节,应根据所在地的气象条件及功能要求,设置全部局部的采暖、通风、空调或净化工程。

1. 隔离用房应采用独立的空调系统,送风量不宜小于每小时 10 次换气次数,新风量不宜小于每小时 3 次换气次数,并应能 24 h 连续运行。隔离用房还应有独立排风系统,并应与其相邻房间保持 10 Pa 的负压差。

2. 急救中心的采暖、通风与空气调节应符合国家现行有关标准的规定。建议参照综合医院建设中采暖通风与空气调节的相关要求执行。

3. 急救中心应按功能要求设置清洁区、半污染区及污染区。隔离用房的送排风系统应按区域设置,机械送排风系统应使气压从清洁区、半污染区、污染区依次降低。清洁区应为正压或常压,半污染区、污染区应为负压。

4. 消毒区应设置独立送排风系统,并应保持负压,其各功能房间气压与通风应满足表 2-8 的要求。

表 2-8　消毒区各功能房间压力和通风要求

功能房间	相对于相邻区域气压关系	每小时最小换气次数/(次/h)	每小时新风最小换气次数/(次/h)
消毒间	负压	10	—
污物间或去污间	负压	6	2
消毒后存放间	正压(或常压)	4	2

5. 负压房间应设置压差传感器。

6. 隔离用房的送风口应设置于房间的上部,采用顶送或侧上送,回(排)风口应设于房间一侧下部,回(排)风口下沿距地面不应小于 100 mm。回(排)风口宜设置低阻中效过滤器。

7. 隔离用房等排风系统应设置高效过滤器及防倒流装置,其他用房排风系统应设置防倒流装置,并均应高空稀释排放。过滤器的两端应设置压差检测报警装置。隔离用房内空调冷凝水应集中收集,并应排放至废污水处理站。

8. 新风采集口距所有排风口距离不应小于 10 m,且应设在排风口上风侧无污染干扰源的清洁区域;新风采集口下端距地面的距离不应小于 3 m;当新风采集口设在屋顶时,其距屋顶面的距离不应小于 1 m。新风系统宜设置初、中效两级过滤器,隔离用房宜再设置亚高效过滤器。

第五节　疾控中心空调系统的规划

疾控中心建筑空间空调系统的规划设计,除涉及生物安全、实验工艺环境的特殊要求外,大部分房间或空间仅需满足一般公共建筑的舒适性和节能要求。即在满足安全和使用要求的前提下,节省建筑物运行使用能耗。

一、疾控中心采暖通风与空气调节的一般规定

1. 疾控中心建筑的冷热源应根据内部功能要求、工程所在地的气候条件、能源状况,结合国家有关安全、环保、节能、生产的相关规定确定,并应具有可靠性、安全性、经济性,方便维护管理。

2. 各实验室实验工艺过程、设备仪器、实验用品等对室内环境的要求,应通过详细、认真的调研,进行充分了解,包括室内温度、湿度、洁净度、新风量、相对压差、气流速度等;实验工艺过程、设备仪器、实验用品等对室内环境的影响,包括设备仪器和实验过程的散热量、异味、刺激性气体、微生物、病毒等。

3. 除实验室环境和实验工艺有特殊要求的房间外,疾控中心建筑的设计应结合气候条件,充分利用自然通风。

4. 设置散热器采暖的疾控中心建筑,散热器采暖热媒应以热水为介质,散热器应明装,散热器形式应便于清洗和消毒。

5. 疾控中心实验室空调通风系统的设计,应根据实验室工艺和操作要求,结合室内实验通风设备的位置确定送排风口的位置,在保证实验人员、实验环境、实验对象安全的前提下,提供满足实验工艺要求和人员舒适要求的室内环境和气流组织。

6. 暖通空调系统设备、管道的抗震设计和措施应根据抗震设防烈度、建筑使用功能、建筑高度、结构类型、变形特征、设备配置和运转要求等按照抗震设计标准和规范经综合分析后确定。

二、疾控中心实验室建筑空调送风系统设计

1. 实验室的新风量应按同时满足下列要求的最大值确定:实验室工作人员对新风量的卫生要求,实验室所要求的房间气压或与邻室的压差要求,各种实验条件下实验室房间的风量平衡要求。

2. 当实验室采用全空气空调系统时,应避免不同实验室之间的空气交换。

3. 除实验室排风有生物安全危险性、放射性、异味、刺激性、腐蚀性或爆炸危险性的情况外,应避免采用全新风式直流式空调系统。

4. 实验室排风中含有生物安全危险、异味、腐蚀性、刺激性等气体的通风系统,不应设置对新风预冷或预热的排风能量回收装置。

三、疾控中心建筑空气调节中的排风系统设置

1. 凡在使用、操作、实验过程中有或者产生异味、生物安全危险气体、有害气体/蒸

医院空调系统规划与管理

第二章　医院建筑空调系统规划　一般规定

23

汽、真菌、水汽和潮湿的作业的用房应设置机械排风系统,并保持房间相对邻室或走廊的负压差。当污染源相对集中、固定时,应优先采用通风柜、排气罩等局部排风措施;当污染源多点散发时,宜采取全面机械通风措施。

2. 当排风污染物浓度高于环保部门的排放标准要求时,应按照生物污染或化学污染分类采取净化处理措施。排除生物安全危险、腐蚀性气体的管道材质应满足耐腐蚀、易清洗的要求,排风口至少应高出屋面2 m,排风口宜向上并有防雨措施。

3. 不同通风柜、负压排气罩等局部排风设备排风应分别独立设置;当独立设置有困难时,应对共用排风系统气体的安全性进行评估。

4. 不同的通风柜、负压排气罩、排风型的生物安全柜等局部排风设备宜按照生物污染或化学污染分类设置排风系统。当多台排风设备共用一套排风系统时,应按照排风设备的不同使用和运行要求,严格进行风量平衡和热平衡的计算与设计。房间的送、排风量和供冷量、供热量应满足实验室不同工况使用的要求。

5. 放射化学实验室和放射性计量测试实验室不应采用带有回风的全空气空调系统。其房间排风和通风柜排风应独立、直接排出室外。

6. 房间有严格正负压控制要求的空调通风系统,应设置通风系统启停次序的连锁控制装置。

四、疾控中心建筑空气调节中的空调系统设计

1. 除特殊实验室外,疾控中心的理化实验室等房间的室内设计计算参数可根据工程所在地的气候条件按表2-9确定。其他无特殊要求的房间,暖通空调系统设计应符合现行国家标准《公共建筑节能设计标准》(GB 50189—2015)的有关规定。

2. 实验室暖通空调用的冷、热水系统宜设计为变流量系统形式,适应系统冷、热负荷的变化。

3. 实验室的暖通空调系统应具备较好的负荷调节能力,满足和适应实验室非满负荷使用时的要求。

表2-9 疾控中心室内设计计算参数表

房间名称	冬季室内温度/℃	冬季室内湿度/%	夏季室内温度/℃	夏季室内湿度/%	换气次数/(次/h)
理化实验室	19~21	≥30	25~27	≤70	6~8
样品室	14~16	—	24~28	≤65	2~3
毒菌种室	14~16	—	24~28	≤65	2~3
洗涤消毒室	20~22	≥30	25~27	≤65	6~8
微生物实验室	19~21	≥30	25~27	≤75	根据风量平衡确定

4. 凡有不同室内环境要求、不同生物安全等级要求、不同使用时间要求或使用中可能产生严重污染物气溶胶的房间,应分别设置独立的空调通风系统。

5. 当实验室有散发热量的实验设备时,应按实验设备的使用时间将其发热量计入房间空调负荷。实验设备散热量较大且在冬季形成冷负荷的房间,应具有全年供冷措施。

6. 等离子光谱仪/质谱仪检测室宜按照仪器要求的空气洁净度等级设置净化空调系统。

第三章
医院舒适性空调系统的
规划与管理

舒适性空调是指通过机械设备调节控制室内温度,从而使人体感到舒服的设备。医院建筑中的舒适性空调以患者及工作人员为服务对象,按照医疗建筑对空气调节的相关标准,采用各种设备对空调介质按需进行加热、加湿、冷却、去湿、过滤等处理,使之具有适宜的参数与品质,再借助介质传输系统和末端装置向受控环境空间进行能量、质量的传递与交换,从而实现对该空间空气温湿度的调控,以满足患者及医护人员在就诊、医疗等活动中对环境品质的特定需求。

第一节　舒适性空调系统分类

空调系统的基本组成包括空气处理设备、冷热介质输配系统(风机、水泵、风道、风口、水管等)和空调末端装置。完整的空调系统应包括冷热源、自动控制系统以及功能空间。使用过程的分类方式有如下三类:

一、按空气处理设备的分散程度分类

1. 集中式系统

所有的空气处理设备都集中在空调机房内,对空气进行集中处理、输送和分配。此类系统的主要形式有单风管系统、双风管系统和变风量系统等。

2. 半集中式系统

除了在机房设有集中的中央空调处理机组外,半集中式空调系统还设有分散在各空调房间内的二次设备(又称末端设备)。其主要功能是对送入室内的空气进行进一步处理。常见的半集中式系统有:末端再热式系统、风机盘管系统、诱导式系统以及冷热辐射式空调系统。

3. 分散式系统

每个区域的空气处理任务分别由独立空调机组承担,根据需要分散于空调房间内,一般不设置集中空调机房。此类系统的主要形式为分体式空调器系统。

二、按承担室内负荷所用介质种类分类

1. 全空气系统

指房间内冷、热、湿负荷均由经过集中处理的空气来承担的空调系统。由于空气比热小,所以系统一般风量较大,需要较大的风管空间。这类系统的主要形式有一次回风

系统、二次回风系统等。

　　2. 全水系统

　　指房间内的冷、热、湿负荷均由水作为冷、热介质来承担的空调系统。由于水的比热较大，所以所需水管空间较小。但将水作为消除余热、余湿的介质并不能有效解决室内通风换气的问题，所以这种系统一般不单独使用。常见的使用形式包括风机盘管系统、冷热辐射系统等。

　　3. 空气-水系统

　　指室内的冷、热、湿负荷由经过处理的空气和水承担的系统。这也是最常见的系统之一，主要应用形式包括风机盘管加新风空调系统、辐射冷板加新风空调系统等。

　　4. 制冷剂系统

　　指将制冷系统的蒸发器直接设置在室内来承担房间的冷、热、湿负荷的空调系统。这种系统在家庭中最为常见，且由于制冷剂不适合长距离输送，所以系统规模受到限制。常见应用形式包括单元式空调器、分体式空调器及多联机空调系统等。

三、按集中系统处理的空气来源分类

　　1. 封闭式系统

　　所处理的空气全部来自空调房间本身，没有室外空气补充。系统形式为再循环空气系统。

　　2. 直流式系统

　　处理的空气全部来自室外，室外空气经处理后送入室内，然后全部排出室外。系统形式为全新风系统。

　　3. 混合式系统

　　运行时混合一部分回风，这种系统既能满足卫生要求，又经济合理。系统形式为一次回风系统和二次回风系统。

第二节　舒适性空调系统集成

一、集中式冷热源空调系统

　　所谓集中冷热源系统，是针对建筑本身而言的。通常是指建筑内集中设置一处（当建筑规模较大时也可能多处）机房，并将空调用冷、热介质（通常为冷、热水）通过管道输送到分散设置的空气处理设备之中。集中冷热源系统是中、大型建筑目前较为常见的空调系统，具有以下主要特点：

　　1. 具有较高的冷热源能效

　　在集中冷热源系统中，冷热源设备的容量通常都比较大，因此设备本身的能效比较高。以冷水机组为例，大型冷水机组的COP通常比小容量机组的COP高出20%～30%。

　　2. 便于集中管理和能源系统的优化运行

　　集中冷热源系统的设置，可以使得制冷与供热的能源形式多样化，可通过多种组合

方式,使各类能源充分发挥其自身的特点与功效。集中式冷热源还适合于采用移峰填谷的蓄能空调技术、能源梯级利用的冷热电三联供技术和利用可再生能源的各种水源热泵技术。冷热源装置集中设置,对于运行管理也非常有益,可以做到方便、快捷、及时地处理各种突发的问题。

3. 能够较好地与建筑设计相配合

相对于分散设置冷热源的系统,集中设置冷热源后,与建筑外观配合更为方便,制冷时需要与建筑设计协调的主要是少数冷却设备(如冷却塔等)。如果采用锅炉供热,则与建筑外观相联系的只有烟囱。

4. 采用冷、热水输送,安全可靠。

5. 输送系统能耗占比较大

由于冷热水输送的距离较长,输送系统的能耗所占的比例比较大(与短距离输送的分散冷热源系统相比)。因此,需要对冷热源装置的效率和输送能效进行综合评估。如:当冷热源装置能效提升的节能量大于输送能耗增加的能耗量(全年评估)时,它具有较好的节能效果。

6. 部分负荷运行效率和满足性相对较差

以供冷为例,当建筑的冷负荷较低时,冷水机组由于受到最小制冷量的限制,有可能无法满足低负荷的运行要求,或者即使能够运行,其制冷 COP 也处于较低的运行状态。同时,在目前大多数采用定速水泵运行的系统中,低负荷状态下,输送能耗在系统能耗中所占的比例将进一步增大。因此,集中冷热源系统适用于规模较大的建筑。同时为了限制输送能耗的比例,对输送半径也有一定的限制。

二、直接膨胀式空调系统

与集中冷热源系统相对应的是分散冷热源系统。其主要特点是制冷与供热装置都是在建筑中各处分散设置的。从原理上看,它们大多数都属于直接膨胀式制冷(热泵)系统。这些系统的特点与集中冷热源系统正好相反。其优点是:由于分散设置,输配系统能耗比例很小(或者没有),适合于个性化运行,可以满足用户体验。不足的是:制冷与供热装置的能效低于集中系统,分散设置对于运行管理的难度增加,可用的能源种类相对较少(通常以电能为主),需要与建筑进行更多的设计配合。直接膨胀式系统有以下几种类型:

(一) 直接膨胀式空调机组

常见的直接膨胀式空调机组有窗式空调机、分体式空调机和柜式空调机。当制冷量 >7 kW 时也可称为单元式空调机。局部空调机组使用灵活,控制方便,能满足不同场合的要求。

直接膨胀式空调机组不仅能满足民用需求,在商业、工业和医疗行业也得到广泛应用,按其功能需要可做成诸多专用机组,如:全新风机组、低温机组、通用型恒温恒湿机组、计算机房专用机组和净化空调机组等。此外,还有与冰蓄冷空调机组结合,具有蜜热和热水供应功能的机组。

(二) 水环式热泵空调系统

水环式热泵空调系统由水源热泵单元机组、辅助加热装置、冷却塔、水泵和水系统组成,是水-空气热泵机组通过水侧管路网络化的应用。系统通过同时制冷或供热机组相互间的热量利用,可实现建筑物内部的热回收。当同时供冷、供热的热回收过程中冷热量不全匹配时,启动冷却塔或辅助加热器给予补充。

水环式热泵空调系统具有节能的热回收功能,各房间可以同时供冷供热,灵活性大,无须专用冷冻机房和锅炉房,系统可按需要分期实施等优点。但应注意机组小型换热器易受冷却水水垢影响而造成堵塞,故宜采用闭式冷却塔,或用板式换热器将冷却水与水环水隔断为间接换热。

水环式热泵适用于建筑规模大,各房间或区域负荷特性相差较大,尤其是内部发热量较大、冬季需同时分别供热和供冷的场合。特别适用于用户需独立计费的办公楼或既有建筑增设空调。冬季不需供热或供热量很小的地区,不宜采用水环式热泵空调系统。

(三) 多联式空调系统(变制冷剂流量系统)

变制冷剂流量系统是直接蒸发式系统的一种形式,主要由室外主机、制冷剂管路、室内机以及一些控制装置组成。在高层建筑中室外机组设置受到一定限制,因此多联机系统一般适用于中小型建筑的舒适性空调。一般要求系统制冷剂管路的等效长度不宜超过 70 m。

三、温湿度独立控制系统

常规的空调系统夏季普遍采用热、湿耦合的处理方法对空气进行降温、除湿处理,以除去建筑物内的显热负荷与潜热负荷。但由于全年的运行工况并非设计工况,在大部分运行过程中,容易导致其温度或湿度中的某个参数失控。

舒适性空调系统通常采用室温作为控制目标,实际上只是对显热进行了控制而放弃了对潜热的控制。因此室内的相对湿度并不能得以实时保证。在对湿度要求严格的工艺空调系统中,为了保证经过冷凝除湿处理后的空气湿度(含湿量)满足要求,则需要二次回风或再热才能满足送风温度的要求。

温湿度独立控制空调系统中采用的具体技术与传统的制冷与除湿技术并没有过多的差别,其实质是采用了温度与湿度两套独立的空调控制系统分别控制、调节室内的温度与湿度。

(一) 湿度控制系统

在温湿度独立控制空调系统中,采用新风处理系统来控制室内湿度。夏季新风处理机组提供干燥的室外新风以满足除湿、除味、稀释二氧化碳和提供新鲜空气的需求。

1. 转轮除湿方式是一种可能的解决途径

通过在转轮转芯中添加具有吸湿性能的固体材料(如硅胶等),被处理空气与固体吸湿材料直接接触,从而完成对空气的除湿过程。吸湿材料需要进行再生,再生温度一般在 120 ℃。近年来也有研究采用 60~90 ℃中低温再生方法。转轮除湿方式中空气的除湿过程接近于等焓过程,减湿升温后的空气需进一步通过高温冷源冷却降温。

2. 溶液除湿方式是另一可行的途径

将空气直接与具有吸湿能力的盐溶液(如溴化锂、氯化钙等)接触,空气中的水蒸气被盐溶液吸收,从而实现空气的除湿过程。溶液除湿与转轮除湿的机理相同,但由于溶液可以改变浓度、温度和气液比,因此可以实现空气的加热、加湿、降温、除湿等各种处理过程。与转轮不同,吸湿后的溶液需要浓缩再生后才能重新使用,但溶液的浓缩再生可采用 70~80 ℃的热水、冷凝器的排热等低品位热能。

3. 传统的冷凝除湿是第三种途径

如采用双冷源温湿分控空调系统,高温冷源承担空调系统总负荷的 85%~90%,低温冷源承担空调系统总负荷的 15%~10%。

4. 特定场所的温度控制

对于一些特定的场所,如:经过分析,全年任何时候都不需要采用冷却一再热的方式时,新风冷却和除湿同时进行就成为可能。基于湿度控制系统的主要目的是除湿,从"按需送风,就近除湿"的原则出发,风口应就近人员主要活动区。末端风量的调节方法可与传统的变风量系统类似,采用相对湿度传感器或者二氧化碳传感器检测,调节变风量末端开关实现。

(二)温度控制系统

在温度独立控制的空调系统中,仅为消除室内显热的温度控制系统通常采用冷热辐射装置或干式风机盘管等干工况末端。

冷热辐射装置有吊顶式或垂直式之分,当室内温度为 25 ℃,平均水温为 20 ℃时,每平方米辐射表面可排除显热 40W。由于水温一直高于室内露点温度,因此不存在结露的危险和排除凝结水的要求。

干式风机盘管接入高温冷水处理显热无须排除凝结水。干式风机盘管设计风量较大,应选取较大的盘管换热面积,以较少的盘管排数降低空气侧流的阻力,相应带来末端设备的初始投资的增加。但因不设置凝水盘和凝水管,安装布置方式可以更加灵活多样。由于潜热由湿度控制系统承担,无须再用传统的 7~12 ℃低温冷冻水进行冷冻去湿,因而在温度控制系统中仅需采用 16~18 ℃的冷水即可满足降温要求。

(三)系统特点

温湿度独立控制将降温处理从常规的热湿联合处理中独立出来,大幅提高了冷冻水的温度,为很多天然冷源的直接使用创造了条件。例如水源热泵、太阳能制冷等可再生能源利用方式更加有效,常规机械制冷方式由于冷冻水温度提高,冷水机组的 COP 也得到了明显提高。

温湿度独立控制可以满足不同房间热湿变化的要求,克服了常规空调系统温湿度难以同时满足、室内湿度偏高或偏低的现象。室内温度控制系统采用显热处理方式,消除了冷凝水盘,提高了室内空气品质。且由于室内显热处理方式、处理能力有限,送风温差较小,所以不适合于室内显热负荷很大、需要高换气次数和空气过滤要求较高的全空气系统的场合。对于温湿度独立控制空调系统无法全覆盖的大型多功能综合建筑,可能仍需再有一套适合常规空调系统的低温冷冻水系统相配合。

第三节　舒适性空调的冷热源系统分类

冷热源是指生产冷热量的介质,通常有空气源、地源、水源及工业系统的余热等。冷热源系统,是指为室内空调末端生产冷热量的设备以及冷却和输送冷热量的辅助系统,如多联机室外机、风冷热泵机组、水冷机组等。其系统分类方式大致有如下三种:

一、按消耗能源类型分类(表3-1)

表3-1　按消耗能源类型分类

能源类型	能源名称	冷热源设备
高品位能源	电力	分体空调、多联机、风冷热泵、水冷(热泵)机组、电锅炉
一次能源	天然气、油、煤	溴化锂机组、燃油锅炉、燃气锅炉
可再生能源	太阳能、浅表(地下1 000 m以上)地热能、深层(地下1 000 m以下)地热能、再生水、工业余热	地源热泵、再生水源热泵、余热回收

二、按驱动方式分类(表3-2)

表3-2　按驱动方式分类

驱动方式	制冷机名称	制冷机类型
电力驱动	电动压缩式冷(热)水机组	活塞式、涡旋式、螺杆式、离心式
非电力驱动	溴化锂吸收式冷(热)水机组	蒸汽型、热水型、烟气型、直燃型

三、按冷却方式分类(表3-3)

表3-3　按冷却方式分类

冷却方式	冷热源形式	常见机型
风冷	空气源冷(热)水机组	风冷热泵、空气源热泵
水冷	水冷式冷水(热泵)机组	冷水机组、水源热泵、溴化锂机组

第四节 舒适性空调冷热源系统选择

舒适性空调冷热源系统的选择,应进行技术经济综合对比分析,以满足制冷供热功能为前提,宜将项目全寿命周期成本控制至最低,或使投资增量回收期不超过五年,选择最佳的冷热源形式。现将各类冷热源设备分类介绍如下:

一、地源热泵系统

地源热泵系统以岩土体、地下水或地表水为低温热源,由水源热泵机组、地热能交换系统、循环水泵、管网及电气控制系统组成。根据地热能交换系统形式的不同,地源热泵系统分为地埋管地源热泵系统、地表水地源热泵系统和地下水地源热泵系统。

(一) 地源热泵系统特点(表 3-4)

表 3-4 地源热泵系统特点

优缺点		特点	说明
优点		可再生性	地源热泵利用土壤夏季储热、冬季取热蓄热或地表水能量,属可再生能源
		系统能效比高,节能性好	土壤和地表水温度变化范围小,夏季比大气温度低,冬季比大气温度高,使水源热泵机组具有 5~6 COP 的制冷制热效率,供冷供热成本低,尤其供热成本比燃气锅炉节省 50%~70%
		一机多用	热泵机组可满足制冷、采暖及生活热水需要,性价比高
		环保	与土壤和地表水体只有能量交换,没有质量交换,对环境没有污染;与燃油燃气锅炉相比,减少污染物的排放
		系统寿命长	地埋管寿命可达 50 年以上
缺点	地埋管系统缺点	占地面积大	地源热泵系统需要有可利用的埋设地下换热器的空间,如道路、绿化带、基础下位置等
		初投资额较高	增加了地埋管系统,投资额较高
	地表水系统缺点	水源条件要求高	对地表水源水质、水温、水量要求高,受水源条件限制
	地下水系统缺点	回灌困难	地下水回灌困难,长期取水会引起地下水位降低,地面沉降,一般政策不允许使用

(二) 地源热泵的热源交换形式

1. 地埋管地源热泵系统。地埋管地源热泵系统也称为土壤源热泵系统,在夏季,地埋管内的传热介质(水或防冻液)通过水泵送入冷凝器,将热泵机组排放的热量带走并释放给地层(向大地排热,地层蓄热);蒸发器中产生的冷水通过循环水泵送至空调末端设备,对房间进行供冷。在冬季,热泵机组通过地下埋管吸收地层的热量(向大地吸热,地层蓄冷),冷凝器产生的热水则通过循环水泵送至空调末端设备,对房间进行供暖(图 3 - 1)。

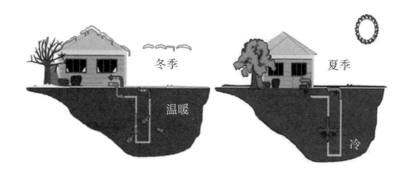

图 3 - 1　地理管地源热泵技术示意图

　　2. 地表水地源热泵系统。水源热泵是利用地球水体所储藏的太阳能资源作为热源,利用地球水体自然散热后的低温水作为冷源,进行能量转换的空调系统。其中,可以利用的水体包括江水、河水、湖水以及海水。地表土壤和水体不仅是一个巨大的太阳能集热器,收集了 47% 的太阳辐射能量,比人类每年利用能量的 500 倍还多(地下的水体通过土壤间接地接受太阳辐射能量),而且是一个巨大的动态能量平衡系统,地表的土壤和水体自然地保持能量接收和发散的相对平衡。这使得利用储存于其中的近乎无限的太阳能或地能成为可能。所以说,地表水地源热泵技术是利用清洁的、可再生能源的一种技术(图 3 - 2)。

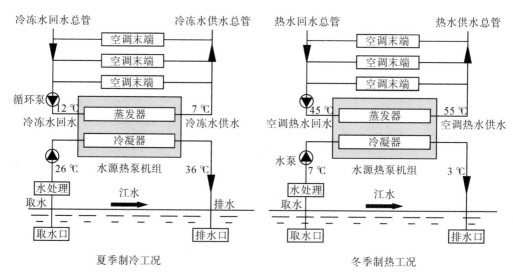

图 3 - 2　地表水地源热泵技术示意图

　　以地表水为冷热源,向其放出热量或吸收热量,不消耗水资源,不会对其造成污染;省去了锅炉房及附属煤场、储油房、冷却塔等设施,机房面积大大小于常规空调系统,节省建筑空间,也有利于建筑的美观。

　　3. **地下水源热泵系统。** 地下水源热泵系统是以地下水作为低位热源,并利用热泵技术,通过少量的高位电能输入,实现冷热量的低位能向高位能的转移,从而达到为使用对象供热或供冷的一种系统。该系统适合于地下水资源丰富,并且当地资源管理部门允许开采利用地下水的场合。

地下水源热泵系统可分为把地下水供给水-水热泵机组的中央系统和把地下水供给水-空气热泵机组(水环热泵机组)的单元式系统。还可以根据其与建筑物内循环水系统的关系,分为开式环路地下水系统和闭式环路地下水系统。在开式环路地下水系统中,地下水直接供给水源热泵机组;在闭式环路地下水系统中,使用板式换热器把建筑物内循环水系统和地下水系统分开。

地下水源热泵系统一般由水源系统、水源热泵机房系统和末端用户系统三部分组成。其中,水源系统包括水源、取水构筑物、输水管网和水处理设备等。

水源系统的水量、水温、水质和供水稳定性是影响水源热泵系统运行效果的重要因素。应用水源热泵时,对水源系统的原则要求是:水量充足,水温适度,水质适宜,供水稳定。

4. 再生水源热泵系统。再生水是指人工利用后排放但经过处理的城市生活污水、工业废水、矿山废水、油田废水和热电厂冷却水等水源,具有良好的水温、水量优势。水体经过专业物理工艺处理后,可作为水源热泵机组的冷热水源,夏季排热、冬季取热,为用户制取空调冷水、采暖热水及生活热水。其技术原理及系统优点同地源热泵系统。

二、水冷式冷水机组系统

水冷式冷水机组系统主要由冷水机组、空调循环泵、冷却水循环泵、冷却塔和电气控制系统组成。冷水机组通过消耗少量电能,将空调回水储存的房间热量转移到冷却供水中,表现为空调回水温度降低、冷却供水温度升高,冷却回水将热量送入冷却塔,通过冷却塔风机强制换热向大气排放热量,以达到制冷的需求(图 3-3)。

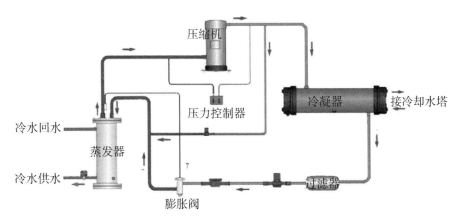

图 3-3　水冷式冷水机组系统示意图

水冷式冷水机组系统特点(表3-5):

表3-5 水冷式冷水机组系统特点

特点		说明
优点	可再生性	将室内热量排放到室外空气中,属可再生能源
	系统能效比高,节能性好	水冷机组具有5～6 COP的制冷效率,相比风冷机组更节能
	环保	与室外空气只有能量交换,没有质量交换,对环境没有污染;与燃油燃气锅炉相比,减少污染物的排放
	运行寿命长	离心机组10万h,螺杆机组8万h
缺点	热岛效应	夏季增加了室外空气热量,易出现建筑热岛效应

三、风冷热泵系统

风冷热泵系统由风冷热泵机组、空调循环泵和电气控制系统组成,风冷冷水(热泵)机组的基本原理是基于压缩式制冷循环,利用冷媒作为载体,通过风机强制换热从大气中吸取热量或者排放热量,以达到制冷或者制热的目的(图3-4)。

风冷热泵机组按功能分为单工况冷水机组和双工况冷热水机组,市场上部分厂家已开发出带热回收功能的机组,制冷时回收冷凝器热量制取生活热水。

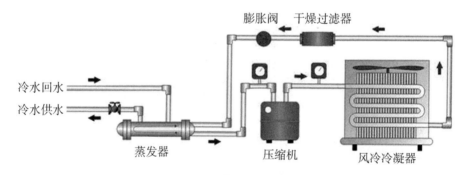

图3-4 风冷热泵系统示意图

风冷冷热水机组与风冷冷水机组的区别,在机组内部至少增加了一个四通换向阀,做制冷或制热的功能切换。风冷热泵是靠室外空气来冷却的一种空调形式,有如下特点:

1. 风冷热泵机组属中小型机组,适用于200～10 000 m² 的建筑物。
2. 空调系统冷热源合一,更适用于同时具有采暖和制冷需求的用户,省去了锅炉房。
3. 机组户外安装,省去了冷冻机房,减少了建筑投资。
4. 风冷热泵系统年制热效率约2.0～3.0 COP,相比燃气锅炉供热节省了运行成本。
5. 无须冷却塔,同时省去了冷却水泵和管路,减少了附加设备的投资。
6. 风冷系统替代冷却水系统,更适用于缺水地区。
7. 对于小规模建筑,可以将机组放置于屋顶,不需要专门的空调机房。

四、吸收式热泵系统

吸收式热泵系统是一种利用低品位热源,实现将热量从低温热源向高温热源泵送的循环系统,是回收利用低品位热能的有效装置,具有节约能源、保护环境的双重作用。

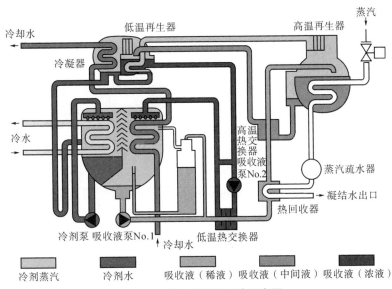

图3-5 吸收式热泵系统示意图

与电驱动压缩式制冷系统不同,吸收式热泵系统是利用两种沸点不同的物质组成的溶液(通常称为工质对或者二元溶液)的气液平衡特性来工作的,其运行成本低。吸收式热泵系统多采用 $H_2O - LiBr$ 溶液、$NH_3 - H_2O$ 溶液等工质对作为制冷剂,不污染环境,安全可靠性高(图3-5)。

虽然吸收式制冷系统在热驱动制冷系统中具有较大的优势,但仍然存在中低温余热利用效率低、难以充分利用大温降余热等技术难题。

1. 吸收式热泵系统的优点

(1)可以利用各种热能作为驱动热源,如热水、蒸汽、燃气或者燃油燃烧产生的高温烟气等,机组设备中除几个溶液循环泵外几乎不耗电,所以有利于减轻电网压力。

(2)可利用的低温热源资源广泛,如工业余热、废热、太阳能、地下热能、江河湖泊等低位热能,利用大量的低位能,节能效果显著。

(3)机组设备结构简单,维护简单,操作方便,有利于机组自动化运行,整个系统中只有溶液泵一种传动设备,耗电量极小,设备运行稳定,噪音小。

(4)单台设备的制热量大,一般情况下单台设备的制热量在几百万千焦每小时。

(5)能源应用效率极高,经济性能显著。用于采暖供热工程中与传统的供热设备相比较具有热效率高、节能效果好等特点。

(6)溴化锂吸收式热泵工作所用的工质对溶液无臭、无味、无毒,不会破坏大气,具有环保特性。

(7)机组可以根据负荷的变化进行调节的范围广。

（8）机组可实现一机多用，可以用于供热采暖、制冷以及生活热水制备。夏季可以在电力供应紧张期使用燃油、燃气作为驱动力，冬季可以利用余废热采暖，有效平衡季节性能源紧张的问题。

2. 吸收式热泵系统的缺点

（1）机组能效系数较低，一般在 0.4～2 COP 之间。

（2）吸收式热泵机组有发生器和吸收器两个储存溶液的构件，所以它的体积相对压缩式热泵机组体积大，占地较多。

（3）吸收式热泵的循环系统要求在真空状态下运行，因此对设备的密封性要求极高，对设备的制造工艺水平要求较高。

（4）溴化锂-水溶液是吸收式热泵常用的工质对，具有较强的腐蚀性，特别是在有空气进入后，腐蚀情况会更严重，而且溴化锂溶液价格较高，造成整个系统初投资成本较高。

五、多联机系统

多联机中央空调俗称"一拖多"，指的是一台室外机通过配管连接两台或两台以上室内机，室外侧采用风冷换热形式、室内侧采用直接蒸发换热形式的一次制冷剂空调系统，适用于中小型建筑(图 3-6)。

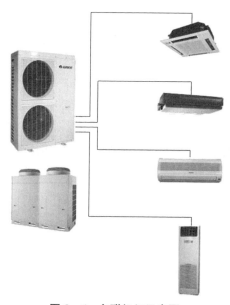

图 3-6　多联机组示意图

第五节　医院空调末端系统选择

一、全空气系统空调

全空气系统是指空调房间内的负荷全部由经处理过的空气来负担的空调系统。在全空气系统中,空气的冷却、去湿处理完全由集中于空调机房内的空气处理机组来完成;空气的加热可在空调机房内完成,也可在各房间内完成(图3-7)。

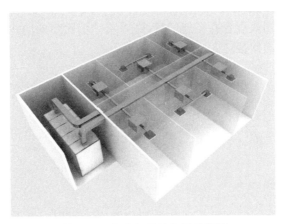

图3-7　全空气系统空调示意图

(一) 全空气系统空调特点

有专门的过滤段、较强的空气除湿能力和空气过滤能力;送风量大,换气充分,空气污染小;在春秋过渡季节可实现全新风运行,节约运行能耗;空调机置于机房内,运转、维修容易,能进行完全的空气过滤;产生震动、噪声传播的问题较少。

(二) 全空气系统空调系统分类

1. 按送风参数的数量(风道数)分类

(1) 单参数或单风道系统:提供一种送风参数(温、湿度)的空气,供一个房间或多个区域应用。夏季供冷,冬季供热。特点:对要求不同负荷、变化功率不同的多区系统,不易精确调节;设备简单,初始投资少。

(2) 双参数系统:提供两种不同参数(温、湿度)的空气,供多区或房间应用。通过双风管系统,分别送出两种不同参数的空气,在各个房间按一定比例混合后送入室内。

(3) 多区系统:在机房内根据各区的要求按一定比例将两种不同参数的空气混合后,再由风管送到各个区域或房间。特点:调节容易,冷热混合损失大,系统复杂,占建筑空间大,初始投资大,运行费用高。

2. 按送风量是否恒定分类

(1) 定风量系统(constant air volume,CAV)。送风量按最大负荷确定,送风状态按负荷最大房间确定,靠调节再热量控制房间送风参数。特点:部分负荷的风机与再热能耗大;风量分布控制简单。

（2）变风量系统（variable air volume VAV）。送风量根据室内负荷的变化而变化。特点：节能，经济合理。气流组织、新风量的保证、系统静压控制等方面还存在问题。

3. 按所使用空气的来源分类

（1）全新风系统（又称直流系统）。全部采用室外新鲜空气（新风）的系统。新风经处理后送入室内，消除室内的冷、热负荷后，再排到室外。特点：经济性差。可设置热回收设备。适用于不允许采用回风的场合，如放射性实验室、散发大量有害物的车间等。

（2）再循环式系统（又称封闭式系统）。全部采用再循环空气的系统。室内空气经处理后，再送回室内消除室内的冷、热负荷。特点：节能，空气品质差。用于仓库及战备工程。

（3）回风式系统（又称混合式系统）。采用一部分新鲜空气和室内空气（回风）混合的全空气系统。新风与回风混合并经处理后，送入室内消除室内的冷、热负荷。特点：满足卫生要求，经济合理，应用最广。

4. 按房间控制要求分类

（1）全空气空调系统：用于消除室内显热冷负荷与潜热冷负荷的全空气系统。空气经冷却和去湿处理后送入室内。

（2）热风采暖系统：用于采暖的全空气系统。空气只经加热和加湿（也可以不加湿）处理，而无冷却处理。

二、全水系统空调

全水空调系统中房间的冷负荷或热负荷全靠水来承担。由于全水空调系统的末端装置为风机盘管，因此全水空调系统又称为全水风机盘管系统。

（一）分类

风机盘管主要由表冷器、风机、冷凝水盘构成，按照国家标准《风机盘管机组》（GB/T 19232—2003）第4部分分类的规定，风机盘管可按如下方式分类：

①按结构形式可分为卧式、立式（含柱式和低矮式）、卡式、壁挂式（图3-8），②按安装形式可分为明装和暗装，③按进水方位可分为左式（面对机组出风口，供回水管在左侧）、右式（面对机组出风口，供、回水管在右侧）。

图3-8　全水系统空调按结构形式分类

（二）全水空调系统的优缺点

1. 优点

（1）由于水的比热比空气大得多，系统水量比全空气空调系统中的空气量小得多，输送能耗低，水管所占空间比风管小得多。对现有建筑改造时，易于解决布管问题。

（2）可兼备集中供冷和供热的优点，同时各末端装置又有独立开关和调节的功能。使用灵活方便，各个房间可单独开关、调节与控制，节省运行费用。

（3）可在各房间设末端装置处理空气，各房间之间的空气互不串通，避免了空气交叉污染，有利于保证室内空气品质。

（4）除冷、热源机房外，无其他空调机房，末端装置吊挂或靠墙安装，比全空气空调系统占用建筑面积少。

2. 缺点

（1）运行维护量比全空气空调系统大。

（2）有冷却去湿功能，无加湿功能，靠门窗渗风或定期开窗来满足房间对新风的要求，不能解决房间有组织地通风换气的问题。

（3）风机盘管运行时有噪声。

三、空气-水系统空调

空气-水系统空调是由空气和水共同来承担室内冷、热负荷的系统，如风机盘管＋新风系统，除了向室内送入经处理的空气外，还在室内设有以水作为介质的末端设备对室内空气进行冷却或加热。其特点是风道、机房占建筑空间小，不需设回风管道；如采用四管制，可同时供冷、供热；过渡季节不能采用全新风；检修较麻烦，湿工况要除真菌；部分负荷时除湿能力下降。空气-水系统空调根据房间内末端设备的形式可分为：

1. 空气-水风机盘管系统。特点：可用于建筑周边处理周边负荷，系统分区调节容易；可独立调节或开停而不影响其他房间，运行费用低；风量、水量均可调；风机余压小，不能用高性能空气过滤器。适用于客房、办公楼、商用建筑。

2. 空气-水辐射板系统。特点：可用于抵消窗际辐射和处理周边负荷，无吹风感，舒适性较好，室温可以提高，承担瞬时负荷能力强，吊顶辐射板不能除湿，单位面积承担负荷能力受限。

四、冷剂系统空调

空调房间的冷、热负荷由制冷剂直接负担的系统称为冷剂系统，又称机组式系统。该系统的优缺点如下：

（一）冷剂系统的优点

1. 系统相对简单，冷热一体，不需专用空调机房。

2. 系统设计灵活，可以为小的供冷区域配置独立系统。

3. 采用空气冷却，冷却效果比水冷差，机组的能效比（COP）很低（样本标定一般小于3 COP，而实际运行时远低于 2.5 COP），空调效果差、运行费用高。在最热的天的 COP 更低（COP 随环境温度的升高而急剧下降），运行费用很高；同样冬季采暖也存在同样的效率低的问题，且随着环境温度的下降，制热量不断降低。

（二）冷剂系统的缺点

1. 因机组放于室外,靠空气冷却,时间长了冷凝器上结满灰尘,极大地影响了换热效率,机组运行效率下降,制冷量也急剧下降,3年后基本不能满足冷量的需要,需另外加配机组。

2. 一个室外机与多个室内机通过铜管连接,制冷剂在管道内,因此安装时必须保证无泄漏。而由于室内室外机安装时接点较多,有一个接点泄漏会造成整个系统空调失去效果。

3. 当室内机与室外机距离过大时,会造成回油困难,影响压缩机的工作效率与寿命,同时影响机组的换热能力。

4. 维修不便,室内维修时会破坏装修。机组的数量与容量较大,维护工作量大。

5. 总用电负荷大,增加了变压器配电容量与配电设施费。

第六节　医院空调节能产品发展

一、分布式能源技术

（一）分布式能源系统简介

分布式能源系统是以能量梯级利用为设计准则,设置在用户端,根据末端用户的需求进行供电、供热(或供冷),从而实现能源高效利用的系统。另外,该系统可以利用多种清洁无污染的能源,环保效益显著。

其中,天然气分布式能源系统是最常用的分布式能源系统之一(图3-9)。首先,该系统利用天然气燃烧产生的能量发电,然后利用发电后排出的烟气余热来制热或制冷,满足用户对热负荷、冷负荷以及热水负荷的需求,综合能源利用效率在80%以上,并在负荷中心就近实现能源供应的现代新型能源供应方式,是天然气高效利用的重要方式。

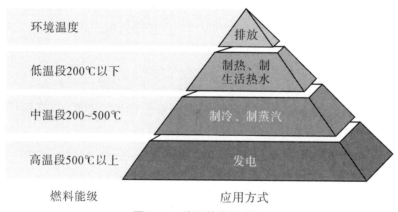

图3-9　能源的梯级利用

近年来,随着技术的提高,分布式能源站的数量不断增多,大部分集中在电价较高、政府给予天然气价格补贴的城市,如北京、上海、广州等地。

分布式能源系统作为一种新型的能源供应理念与形式,在世界上受到越来越多的关注,被越来越多的人接受,在现实中呈现出快速发展的势头。分布式能源之所以受到提倡,主要基于以下优势:

1. 节能

分布式能源系统多为以热电冷联供为主要形式的多联产系统,在理论上有效地实现了能源的梯级利用,可达到相较分产系统更高的全系统燃料利用效率。

2. 环保

分布式能源系统多采取天然气、轻油以及可再生能源等清洁能源为燃料,动力设备本身,如燃气轮机、锅炉等可达较高的污染排放标准,并且其配套辅助设施也具有较高的环保要求。

总体而言,分布式能源系统较之常规的分产能源供应设施(如燃煤发电厂和燃煤供热锅炉)更加环保。此外,分布式能源系统的适度集中较之一家一户式的供能设施(如户式燃气锅炉),其污染排放总量和对人群的影响更小。因此,实现低污染高环保是分布式能源建设所要追求的另一重要指标。

3. 提高电网安全性

不仅减少了大量的输配电环节,当发生电力短缺的现象时,此系统仍可以供电。该系统不仅可以满足特殊场所(如:医院、商场等)的需要,甚至可以满足电网发展落后的偏远地区的电力需求。

4. 经济可行

分布式能源系统建在用户附近,可大大减少线损,减少大型管网和输配电设施的建设和运行费用,相对于向电网购买高价电力和单纯使用高价天然气供热,可能有较好的经济效益。

在市场经济的大环境下,没有经济效益就没有生存力,这种经济效益是与现行常规供能方式比较下的经济效益,是对终端用户而言的经济效益,是对分布式能源经营者的经济效益,同时也应是相关企业的经济效益,即所谓的"双赢"或"三赢"的经济效益。脱离这一点,就不可能有分布式能源的大发展。

因此,无论在制定相关政策,还是在规划和建设分布式能源项目时,从一开始,从基本出发点到运作模式,到设计思路,再到经营模式等诸环节都必须兼顾这些相关方面,从中寻求经济可行性。这是至关重要的一点。

5. 运行灵活

分布式能源系统多采用性能先进的中小型、微型机组,具有较高的自动控制水平和运行灵活性。再加之合理的设备配置和系统搭配,可实现设备启停方便、负荷调节灵活,以及高度的可靠性和安全性。

对一个实际的系统,其运行性能的优劣在相当程度上取决于系统的设计与设备的选型。因此,我们在分布式能源系统设计中,特别是在自发自用型系统设计中,一定要追求和保障系统这方面的性能,以满足负荷特性的要求和经济性的要求。

从上面的分析中可以看出,分布式能源系统理论上和原则上具有实现以上优势的可能。但是,对于一个实际的系统而言,这些主要优点并不都是与生俱来的,需要我们通过精心而正确的规划和设计,努力加以实现。

（二）分布式能源规划原则

1. 规划的系统范围

分布式能源的基本内涵，就是在用户附近，直接为用户提供所需的电、热、冷等形式的能源。因此，分布式能源系统规划的范围应该是从源到用户的全系统，即包含动力、产热、制冷、换热（冷）、配电、管网、电力和负荷等全部相关部分。

2. 用能的负荷

负荷是最基础的关键性数据，为了实现良好的项目经济性，在对用户冷、热、电、蒸汽等多种能源需求在不同时间的不同负荷做预测分析，如此才能规划设计出经济可靠合理的分布式能源梯级利用系统。此条为分布式能源规划和系统设计的基础。

3. 外部条件

分布式能源最为重要的外部条件是电力、热力、燃料等能源供应价格及相关费用。此外，还需要搞清楚当地的能源规划、政策、环保要求、资金等条件。这些相对宏观的条件往往直接影响着项目的经济性，对项目成立与否起着决定性的作用。

在具体规划中，还要充分了解诸如电力和清洁燃料（如天然气）的供应保障，电力、热力与燃料的接入或/和送出条件，管道和电缆的路由，建设用地等条件，做好前期的调研和规划。

4. 确定项目的基本类型

分布式能源系统种类较多，如发电上网型和自发自用型（过网不上网）或不并网型、热力并网型和自产自销型，根据经济模式还可以分为自建自运自用型和建设运行经验型等。不同的模式所面临的外部条件和对自身的要求也不同。在项目的调研前期就要对此明确。

5. 前期的分析比较

项目前期需要从安全、投资、经济、运行、维护、环保等多方面进行论证，对分布式能源与常规供能方式进行对比分析，由此论证项目的可行性。

（三）分布式能源设计原则

1. 能源站的规模

能源站是分布式能源系统的核心，能源站规模过大，设备不能满负荷运行，效率降低，设备利用时间短，经济效益差；能源站规模过小，不能充分满足负荷需求，经济效益获取不充分。

分布式能源的装机一般应保证设备年运行 5 000 h 以上，并且各梯级能源得到充分利用。具体的最低保证利用小时数应就具体项目具体分析测算决定。在电网售电分峰、谷电价的地区，需测算电网峰谷电价与发电成本的关系，在充分考虑可能的谷电购进、峰电自发的经济性前提下，选择"以电定热"或"以热定电"的设计方式，确定能源站的规模。

2. 能源站机组选型与配置

在能源站的装机规模确定后，选择单机容量和系统配置是关键，应从电热负荷特点、负荷调节灵活性、初投资、运行费、维修费等多角度考虑。

二、高效磁悬浮冷水机组

磁悬浮技术利用了直流变频驱动技术、高效换热器技术、过冷器技术、基于工业微机的智能抗喘振技术,以及磁悬浮无油运转技术等,从根本上提高了离心式冷水机组的运行效率和稳定性。

磁悬浮压缩机大致可分为压缩部分、电机部分、磁悬浮轴承、控制器及变频控制部分。其中压缩部分由离心叶轮和进口导叶组成。

磁悬浮式冷水机组的优点是使用环保冷媒 R134a、运行噪声低、无油运行、结构紧凑、占地面积小、运行高效、性能稳定等。

根据磁悬浮变频离心式冷水机组噪声低、部分负荷时能效比卓越(IPLV 高达 10.0 以上)的特点,它特别适合于供冷时间长且负荷率低的建筑空调低负荷调节。它能充分发挥机组部分负荷高效节能的作用,很大程度上节省了空调系统低负荷时段冷机运行费用。

另外,由于磁悬浮变频离心式冷水机组在出水温度为 3~18 ℃时都有很高的 COP,所以也可以应用于低温送风系统、独立新风系统等空调场合。

设计选用磁悬浮冷水机组时,应充分考虑机组部分负荷运行时对应冷冻泵、冷却泵均为大流量运行,"大马拉小车"造成制冷机房系统综合能效比不高。制冷机房设计施工应以提高制冷机房系统年均运行能效比为目标,不能仅看磁悬浮主机效率。

三、高效蒸汽热源机

1. 蒸汽热源机原理

蒸汽热源机颠覆了传统蒸汽设备"储水—加热—水沸腾—产生蒸汽"的工作原理和工作过程。蒸汽热源机运用新型的"直流蒸汽发生技术",使自来水高速流经燃烧室就瞬间转化成蒸汽,从而减少了传统蒸汽设备"储水—加热—水沸腾"的过程和环节,从开机到蒸汽产生的整个过程在 5 s 左右完成。

2. 蒸汽热源机性能

(1) 彻底改变了传统锅炉的冷水加热高温蒸汽的传统工艺,而是有炉无锅,直接将净化水雾化高温加热 5 s 出蒸汽,缩短水变蒸汽的时间,降低燃料消耗,大幅度降低了生产成本。

(2) 常压造汽,有炉无锅,安全性高,无爆炸危险,非压力容器,无须报批,无须年检,无须专人值守,无须除垢,可直接点对点供到设备。

(3) 智能控制,按需供能,既无"大马拉小车"的能源浪费,又克服了"小马拉大车"的能源不足,真正达到按需供能、行为节能的智能化。

(5) 模块化组合,按供能需求量配置,无须超出,设备体积小,噪音小,效率高,占地面积小,安装、维修方便快捷。

(6) 适用范围广:适合各类项目供暖、供热水、供蒸汽配套。蒸汽热源机的应用可降低综合运行成本 20% 左右。

(7) 污染物高标准达标排放,氮氧化合物排放量远低于国家标准,蒸汽热源模块机组碳排放量为国家标准的 1/69,氮氧化合物排放量低于国家标准,无其他污染物排放。因此,以蒸汽热源模块机组替代锅炉设备具有显著的环保效益,完全符合环保要求(表 3 - 6、表 3 - 7)。

表 3-6 蒸汽热源机性能

检测产品	排放测试数据	国家标准	单位
蒸汽热源机 TEC-1T(T)	28.2	烟气中的 NO_x 含量≤200 mg/m³	mg/m³
	0.018	$a=1$,烟气中的 CO 含量($O_2<14\%$):≤0.10%	%

表 3-7 蒸汽热源机和传统蒸汽锅炉对比

传统天然气蒸汽锅炉	德克沃蒸汽热源机
(1) 初始加热时间长,能耗增加	(1) 5 s 出蒸汽,无须等待,无须预热
(2) 炉体内部材料热传导系数低	(2) 蒸汽直流技术,热效率可达95%以上
(3) 特种设备压力容器,需年检	(3) 常压造汽,有炉无锅,无须年检
(4) 软化水易结垢,热效率降低	(4) 水垢自动清理技术,热效率高
(5) 专用锅炉房,输送热量损耗大	(5) 模块式安装,点对点供应,高效节能
(6) 持证司炉工(1~3 人)	(6) 无须专人值守
(7) 产能过剩的现象很普遍	(7) 变频技术可自动调节产能大小
(8) CO、NO_x 排放量高于国家标准	(8) CO、NO_x 排放量低于国家标准
(9) 安全隐患(爆炸安全隐患)大	(9) 无任何安全隐患,永远不会爆炸

第七节 焓湿图在医院空调系统中的应用

一、焓湿图名词解释与应用

(一)露点温度

任一状态的未饱和空气,在保持所含水蒸气量不变的条件下,使其温度逐渐降低,当温度低于某一个临界温度时,空气中的水蒸气便开始凝结,这个临界温度就称为这个状态空气的露点温度。

露点温度通常用 t_L 表示,单位为℃。

在含湿量不变时,空气温度下降,由未饱和状态变为饱和状态,此时空气的相对湿度 $\varphi=100\%$。在空调技术中,把空气降温至露点温度,达到除湿干燥空气的目的。

(二)湿度

在空调工程中,测量和调节空气湿度是仅次于温度控制的重要任务,尤其是需要知道空气中水蒸气的含量有多少和某一状态空气吸收水蒸气的能力有多大时。这两种情况可以分别用含湿量 d 和相对湿度 φ 这两个湿度类状态参数来度量。

含湿量定义为每千克干空气中含有的水蒸气量。

相对湿度定义为空气中的水蒸气分压与相同温度下饱和空气的水蒸气分压之比。

含湿量这个参数只能反映空气中水蒸气量含量的多少,不能直观地反映空气是否饱和,即是否还能容纳水蒸气。

（三）焓

焓表示空气含有的总热量。

在空调工程中,最常见的空气处理过程是冷却或加热空气,经常会碰到诸如将空气从 30 ℃冷却到 20 ℃需要多少冷量,或将 5 ℃的冷空气加热到 20 ℃需要多少热量之类的问题。

焓是代表空气能量状态的参数,并能进行空气能量变化的计量。

焓严格来说应称为比焓或质量焓,但工程上常简称为焓,用 h 表示。

（四）空气状态参数之间的关系

通常在进行空调方面的计算时,一般都认为大气压基本不变。在大气压不变的条件下,理论上知道下面五个(组)参数中的任意两个(组),就可以利用公式求解出其余的几个(组)参数,这两个(组)参数称为独立参数。

1. 干球温度或饱和水蒸气分压(此两者为非独立参数),两者任知其一。

2. 湿球温度。

3. 含湿量或水蒸气分压或露点温度(此三者为非独立参数),三者任知其一。

4. 相对湿度。

5. 焓。

已知温度 t 和含湿量 d,求解焓 h 的公式:

$$h = 1.01t + (2\,500 + 1.84t)\frac{d}{1\,000}$$

从上式可看出,空气的焓不仅与温度有关,还与其水蒸气含量的多少有关,因此在空调工程中,空气被处理时焓增加、减少还是不变,要由温度和含湿量二者的变化情况决定。

二、焓湿图识读

1. 焓湿图介绍。焓湿图最基本的应用是查找参数。此外,焓湿图还可以用于判断空气的状态、表示空气的状态变化和处理过程等(图 3-10)。

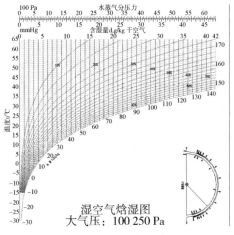

图 3-10　湿空气焓湿图

焓湿图看上去比较复杂,实际上只有 6 种线条:

①45°的等焓线;

②垂直的等含湿量线;

③近似水平的等温线;

④弧形的等相对湿度线;

⑤水蒸气分压线;

⑥热湿比线。

2. 关于焓湿图,需要特别注意以下几点:

(1)饱和空气线即相对湿度为 100% 的等相对湿度线:这条弧线通常称为"饱和线",其上每一点都是空气的饱和状态。饱和空气的一个特点就是干球温度、湿球温度、露点温度完全相等。

(2)大部分焓湿图中没有画出等湿球温度线:因为等湿球温度线与等焓线基本平行,故工程上近似地用等焓线代替等湿球温度线,即过某一点的等湿球温度线就是过该点的等焓线。

(3)焓湿图中也没有等露点温度线:等含湿量线就是等露点温度线。因为露点温度的定义已说明含湿量相同的状态点,露点温度均相同。

空气干球温度、湿球温度和露点温度在焓湿图上的查找方法见图 3-11。

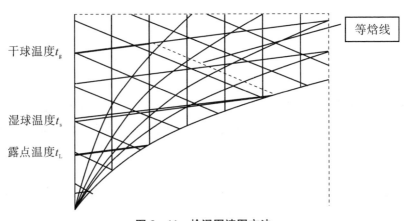

图 3-11　焓湿图读图方法

三、焓湿图应用

【例 1】已知某日气象台预报的天气温度是 30 ℃,相对湿度是 60%(图 3-12)。

(1)在焓湿图中标出相应状态点。

(2)查出该状态空气的其余参数。

(3)画出过此状态点的等湿球温度线和等露点温度线。

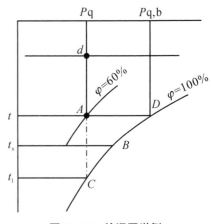

图 3-12　焓湿图举例

【例2】表冷过程(图3-13)。

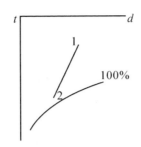

图3-13　表冷过程焓湿图

主要应用功能段:冷水盘管、氟盘管;

空气变化:温度降低,含湿量减少,相对湿度增大。

【例3】加热过程(图3-14)

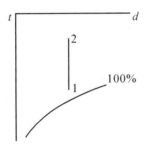

图3-14　加热过程焓湿图

主要应用功能段:蒸汽、热水、电加热。

空气变化:温度上升,含湿量不变,相对湿度减小。

【例4】等温加湿过程(图3-15)

主要应用功能段:干蒸汽电热、加湿、电极。

空气变化:温度不变,含湿量加大,相对湿度加大,加湿效果好,精确度高。

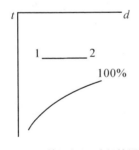

图3-15　等温加湿过程焓湿图

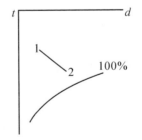

图3-16　等焓加湿过程焓湿图

【例5】等焓加湿过程(图3-16)

主要应用功能段:高压喷雾、喷淋、湿膜、二流体加湿。

空气变化:温度降低,含湿量、相对湿度加大。

【例6】 等焓减湿过程(图 3-17)

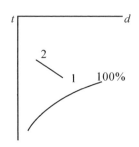

图 3-17　等焓减湿过程焓湿图

主要应用功能段:转轮除湿。

空气变化:温度增高,含湿量、相对湿度减小。

【例7】 等湿冷却过程(图 3-18)

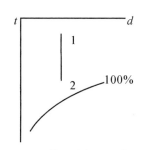

图 3-18　等湿冷却过程焓湿图

主要应用功能段:干盘管。

空气变化:温度降低,含湿量不变,相对湿度增加。

四、温湿独立控制空调技术

(一) 温湿独立控制的意义

夏季人体热舒适区为 25 ℃,相对湿度为 60%,此时露点温度为 16.6 ℃。空调排热排湿的任务可以看成是从 25 ℃环境中向外界抽取热量,在 16.6 ℃的露点温度的环境下向外界抽取水分。

目前空调方式的排热排湿都是通过空气冷却器对空气进行冷却和冷凝除湿,再将冷却干燥的空气送入室内,实现排热排湿的目标。

由于采用冷凝除湿方法(图 3-19)排除室内余湿,冷源的温度需要低于室内空气的露点温度,实现 16.6 ℃的露点温度需要约 7 ℃的冷源温度。经过冷凝除湿后的空气虽然湿度(含湿量)满足要求,但温度过低,有时还需要再热,造成了能源的浪费与损失。

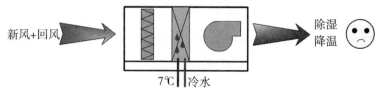

图 3-19　冷凝除湿示意图

夏季空调系统湿负荷主要来自新风,约占空调冷负荷的 30%~40%,需要 7 ℃ 以下冷冻水进入表冷器冷凝除湿;空调冷负荷的 60%~70% 为室内显热负荷,需要不低于 15 ℃ 的冷冻水进入表冷器冷却,冷水机组蒸发器供水温度由 7 ℃ 提高至 15 ℃,主机效率提高 30%~40%,制冷机房系统节能率约为 20%~25%。

(二) 温湿独立控制原理

温湿度独立控制空调系统的基本组成为处理显热的系统与处理潜热的系统。两个系统独立调节,分别控制室内的温度与湿度(图 3-20)。

目前行业广泛应用的湿度处理技术有溶液除湿和转轮除湿,均采用物理吸附。溶液除湿机采用热泵或 60 ℃ 以上高温热水再生,转轮除湿机采用 100 ℃ 以上高温再生。

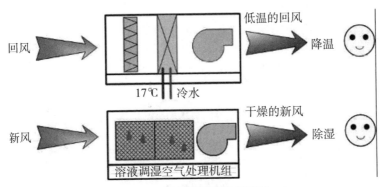

图 3-20 温湿独立控制原理

1. 溶液除湿机(图 3-21)

溶液除湿机是通过溶液调湿技术来工作的,溶液调湿技术是采用具有调湿功能的盐溶液(溴化锂)为工作介质,利用溶液的吸湿与放湿特性对空气湿度进行控制,盐溶液与空气中的水蒸气分压力差是二者进行水分传递的驱动势。

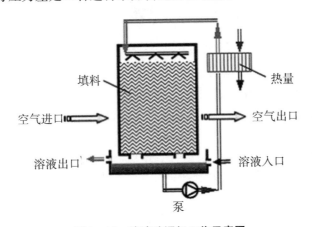

图 3-21 溶液除湿机工作示意图

与常规除湿方式相比,溶液调湿技术具有以下优势:

(1) 健康:取消潮湿表面,杜绝了滋生真菌等不利于人体健康的隐患出现的可能性;解决了使用空气过滤器造成的可吸入颗粒物二次污染问题。通过喷洒溶液可除去空气中的尘埃、细菌、真菌等有害物质,保证送风健康清洁,提高室内空气品质。

（2）舒适：能够实现各种空气处理工况的顺利转换，不会出现传统空调在部分负荷下牺牲室内含湿量控制的情况。

（3）高效：通过独特的全热回收方式，有效地降低新风处理能耗。

（4）节能：采用溶液调湿技术可以使用 17~20 ℃的高温冷源处理室内显热负荷，使系统能源效率大幅度提高，系统运行能耗降低 30%左右。

（5）降耗：无须再热即可达到需要的送风参数，不会出现冷却后再热造成能源浪费的情况。

2. 转轮除湿机

转轮除湿机属于空调领域的一个重要分支，是控温除湿的典型代表。目前全球转轮除湿机的主要产地集中在美国、日本、瑞典和中国等地，中国的转轮除湿机已发展了20 多年，但核心技术仍掌握在美国、日本、瑞典等国企业手中，所以中国转轮除湿机在市场上的地位并不高。但是近几年中国产业升级，转轮除湿机需求猛增，中国的转轮除湿机企业也得到了很大的发展，逐渐被中国的消费者认知。

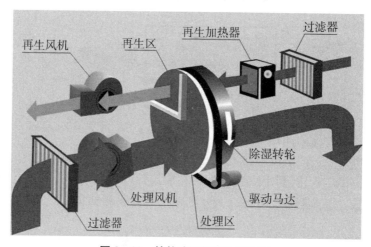

图 3-22　转轮除湿机工作示意图

转轮除湿技术（图 3-22）最早是由美国的 Bryant（布莱恩特）在 1950 年发明的，但是随着技术的发展，日本、瑞典在转轮制造技术上逐步领先。同时转轮的组成成分也在不断更迭，目前最先进的为分子筛+硅胶结构。

转轮分为吸湿区和再生区。空气中的水分在吸湿区被除掉后，鼓风机将干燥后的空气送入室内。吸收了水分的转轮移动到再生区，这时从逆方向送入的再生用空气（温风）将驱除水分，使转轮继续工作。再生用空气的加热方式分为蒸汽、天然气、煤气、燃气、燃油、电加热等。

空气固体吸附分离采用国际通用的转轮式金属硅酸盐干燥剂吸附体。在除湿过程中，吸附转盘在驱动装置带动下缓慢转动，当吸附转轮在处理空气区域吸附水分子达到饱和状态后，进入再生区域由高温空气进行脱附再生。这一过程周而复始，干燥空气连续地经温度调节后送入指定空间，达到高精度控制温湿度的目的。

第四章
医院工艺性
空调系统规划与管理

医院环境中工艺性空调主要应用于医院洁净用房、手术室、计算机房、微生物实验室、大型影像设备等特殊空间。这一类空调的设计在保证工艺标准的基础上,同时满足室内人员的舒适要求。必须指出,确定工艺性空调室内空气参数时,一定要了解医疗空间对温湿度的要求,避免资金浪费。

第一节　工艺性空调的分类与应用

一、工艺性空调的分类

工艺性空调通常情况下分为降温性空调、恒温恒湿空调及净化空调。

（一）降温性空调

降温性空调对温、湿度的要求是夏季人工操作时手不出汗,不使设备受潮。因此,一般只规定温度或湿度的上限,不注明空调精度。如电子工业的某些车间,规定夏季室温不大于 28 ℃,相对湿度不大于 60％即可。降温性空调在医疗环境中应用较少。

（二）恒温恒湿空调

恒温恒湿空调对室内空气的温、湿度基数和精度控制有着严格标准,如某些计量室,室温要求全年保持 20 ℃±0.1 ℃,相对湿度保持 50％±5％。也有的工艺过程仅对温度或者相对湿度中的一项有严格要求,如医院某些大型设备对湿度要求严格,而空气温度则以舒适为主。

（三）净化空调

净化空调不仅对空气温、湿度提出一定要求,而且对空气中所含尘粒的大小和数量有严格要求。净化空调在医疗特殊环境中取得了大量的应用。

二、工艺性空调的特点

（一）完善的自控功能

工艺性空调能同时控制温度和湿度,空调机组具备加热、加湿、冷却、除湿功能和完善的自控系统。工艺性空调室内环境参数的确定取决于受控环境中人体与设备对空气质量的要求,如精度保证不力,可能直接导致医疗事故或设备损坏。由于医疗环境不同,人体的安全性及设备的安全性要求不同,因此,对采用何类工艺性空调要从严管理,既要确保环境精度,又须防止不适当加大恒温恒湿系统的复杂性,增加空调系统的初始投资和运行费用。

（二）管理操作灵活

工艺性空调设备运行时间及开启数量不固定。空调湿热负荷大且变化大;空调湿负荷主要为工作人员发湿量,设备发湿量很小,常采用定露点控制;工作人员少且数量稳定,新风量比例小;选择冷源时要考虑全年具有制冷能力,包括过渡季和冬季;工艺性空调的制冷时间长,比普通舒适性空调长 2～4 个月,有的房间甚至需要全年供冷;要求系统稳定,无论室内、室外干扰量如何变化,空调系统要保证室内温湿度变化在允许范围内。为保证达到湿度控制精度和使区域内温湿度均匀,工艺性空调对送风换气次数的要求比舒适性空调高很多,根据不同区域的精度要求,送风系统采用不同的换气次数。

（三）送风温差小

工艺性空调室内温湿度控制要求高,空调系统运行必须稳定,抗室内外干扰能力强。其空调机组建议采用单元式恒温恒湿机或组合式空调机组。在房间面积较小,房间分散,无集中冷源的情况下,精度和控制要求不严格的场合可以优先采用单元式恒温恒湿机。相反,对于房间面积较大,分布集中,有集中冷源及精度和控制要求很高的场合(室内温度允许波动值≤±1℃),应优先采用组合式空调机组。

（四）应用范围大

工艺性空调在大型医院中应用比较多。如某些医疗空间,规定夏季室温不高于28℃,相对湿度不大于60%即可。恒温恒湿空调对室内空气的温、湿度基数和精度有严格要求,如某些设备空间如 MRI 机等,要求全年室温保持 20℃±0.1℃,相对湿度保持50%±5%。净化空调,不仅对空气温、湿度有一定要求,而且对空气中所含尘粒的大小和数量有严格要求,用于手术部、生殖医学中心、NICU 等区域。工艺性空调的规划与设计,一定要按照相关规范设定的运行过程,满足空气洁净度及温湿度的要求,同时要兼顾空间环境中的舒适性要求。

三、工艺性空调在医院的应用

医疗场所各类病患聚集,他们既是自身免疫力非常弱的人群,同时又是各种细菌、病原体的携带者、产生者及传播者,建筑设计应从防止交叉感染的视角,对医疗工艺的复杂性及医疗功能的特殊性给予充分重视。医院空调系统的规划与设计,不仅要关注公共空间的舒适性、空气品质需求,还应从特殊医疗空间功能的需求出发,做好不同空间空气品质的区分,根据特殊治疗空间、特殊设备空间、特殊手术空间、特殊操作空间如手术部、供应室、烧伤病房、移植病房等不同的空间特点,与建筑设计紧密合作,按建筑工程流程的不同功能性质,合理确定工艺性空调的分类、空气洁净度要求,合理确定不同功能房间的气流组织形式、流向、气压梯度,满足不同医疗区域医疗功能对温湿度的特殊要求,从而抑制有害物质扩散,防止交叉感染发生,符合医院感控要求,提高治疗和康复的质量。

第二节　手术部空调系统的规划与管理

《医院洁净手术部建筑技术规范》(GB 50333—2013)对于洁净手术室的空气调节与净化空调系统的功能、要求、等级均提出了明确规定,特别强调各洁净手术室要灵活使用,不应因个别手术室停用而影响整个手术部的压力分布,破坏各室之间的正压气流的定向流动,引起交叉感染。系统设计必须实现这一目标。因此,手术部的空调系统规划中必须与布局、感控、流程相统一,确保手术安全。

一、手术部定义及洁净用房的分级标准

1. 定义:由洁净手术室、洁净辅助用房和非洁净辅助用房等一部分或全部组成的独立的功能区域。

2. 洁净手术室用房的分级标准(表4-1)。

表4-1　洁净手术室用房的分级标准

洁净用房等级	沉降法(浮游法)细菌最大平均度/[CFU/(30 min·φ90 Ⅲ)](CFU/m³)		空气洁净度级别		参考手术
	手术区	周边区	手术区	周边区	
Ⅰ	0.2(5)	0.4(10)	5级	6级	假体植入、某些大型器官移植、手术部位感染可直接危及生命及生活质量的手术等
Ⅱ	0.75(25)	1.5(50)	6级	7级	涉及深部组织及生命主要器官的大型手术
Ⅲ	2(75)	4(150)	7级	8级	其他外科手术
Ⅳ	6		8.5级		感染和重度污染手术

3. 洁净手术部辅助用房功能划分(表4-2)

表4-2　洁净手术部主要辅助用房分级

分类	用房名称	用房等级
在洁净区内的洁净辅助用房	需要无菌操作的特殊用房	Ⅰ~Ⅱ
	体外循环室	Ⅱ~Ⅲ
	手术室前室	Ⅲ~Ⅳ
	刷手间	Ⅳ
	术前准备间	
	无菌物品存放室、预麻室	

分类	用房名称	用房等级
在洁净区内的洁净辅助用房	精密仪器室	IV
	护士站	
	洁净区走廊或任何洁净通道	
	恢复（麻醉苏醒）室	
在非洁净区内的非洁净辅助用房	用餐室	无
	卫生间、淋浴间、换鞋处、更衣室	
	医护休息室	
	值班室	
	示教室	
	紧急维修间	
	储物间	
	污物暂存处	

4. 洁净手术部用房技术指标（表 4-3）

表 4-3　洁净手术部用房主要技术指标

名称	室内气压	最小换气次数/（次/h）	工作区平均风速/（m/s）	温度/℃	相对湿度/%	最小新风量[m³/(h·m²)]或小括号中数据单位为次/h	噪声/dB(A)	最低照度/lx	最少术间自净时间/min
I 级洁净手术室	正	—	0.20～0.25	21～25	30～60	15～20	≤51	≥350	10
II 级洁净手术室	正	24	—	21～25	30～60	15～20	≤49	≥350	20
III 级洁净手术室	正	18	—	21～25	30～60	15～20	≤49	≥350	20
IV 级洁净手术室	正	12	—	21～25	30～60	15～20	≤49	≥350	30
体外循环室	正	12	—	21～27	≤60	(2)	≤60	≥150	—
无菌敷料室	正	12	—	≤27	≤60	(2)	≤60	≥150	—

名称		室内气压	最小换气次数/(次/h)	工作区平均风速/(m/s)	温度/℃	相对湿度/%	最小新风量[m³/(h·m²)]或小括号中数据单位为次/h	噪声/dB(A)	最低照度/lx	最少术间自净时间/min
未拆封器械、无菌药品、一次性物品和精密仪器存放室		正	10	—	≤27	≤60	(2)	≤60	≥150	—
护士站		正	10	—	21~27	≤60	(2)	≤55	≥150	—
预麻醉室		负	10	—	23~26	30~60	(2)	≤55	≥150	—
手术室前室		正	8	—	21~27	≤60	(2)	≤60	≥200	—
刷手间		负	8	—	21~27	—	(2)	≤55	≥150	—
洁净区走廊		正	8	—	21~27	≤60	(2)	≤52	≥150	—
恢复室		正	8	—	22~26	25~60	(2)	≤48	≥200	—
脱包间	外间	负	—	—	—	—	—	—	—	—
	内间	正	8	—	—	—	—	—	—	—

二、手术室的构成及与各功能区关系

手术室分为洁净手术室和普通手术室。

①洁净手术室:设置净化空调系统,达到 GB 50333—2013 的要求。

②普通手术室:设置净化空调系统,但不设洁净等级,或不设置净化空调系统,采取其他消毒方法,室内空气卫生指标达到《医院消毒卫生标准》(GB 15982)的要求。

手术部由洁净(普通)手术室、医疗辅助用房、医疗区走道、医护办公生活用房构成。

一般应设手术室、刷手池(间)、预麻室、苏醒室、换床区、无菌物品间、仪器存放间、石膏室、快速灭菌间、标本暂存处、污物暂存处、麻醉师办公室、换鞋区、男女更衣室、男女浴室、卫生间和库房等。根据需求还可设教学、医护休息、男女值班和患者家属等候区等用房。

手术室与相关区域功能关系如图 4-1。

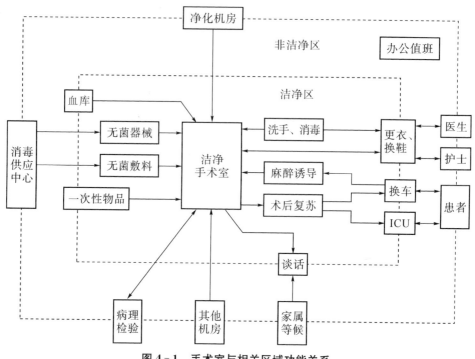

图 4-1　手术室与相关区域功能关系

三、手术室的流线设计

1. 病患流线。手术患者分门、急诊患者和住院患者,进入手术室流线为:换车(门诊患者更衣)、等候、预麻、进入手术室;术后患者流线为:手术室、苏醒室、换床、病房(ICU)或日间病房。

2. 医护人员流线。医护人员进入手术部需换鞋、更衣,进入手术室前还需刷手、穿手术衣。离开手术部需换鞋、更衣。

3. 无菌物品流线。无菌物品应在供应中心消毒后,通过密闭转运或专用洁净通道进入洁净区,并应在洁净区无菌储存,按需要送入手术室。

4. 手术使用后的物品流线。可复用的器械应在消毒供应中心密闭式回收,并应在去污区进行清点、分类、清洗、消毒、干燥、检查和包装,灭菌后的复用器械应送入无菌储存间,并应按要求送入手术部。可复用的布类手术用物应在洗衣房密闭式回收,并应清洗、消毒,集中送回消毒供应中心进行检查、包装和灭菌处理,灭菌后应送入无菌储存间,并应按要求送入手术部。

四、手术室布局对室内空气洁净度的影响

洁净手术部的平面布局形式很多,各有优缺点,在功能流程合理与洁污流线分明的原则前提下,可根据各医院具体情况进行选择。

（一）手术室常见布局

1. 单通道式

由手术室及其相邻的污物预处理间、刷手间组成,麻醉准备可采用集中布置。其优点是在符合卫生学要求的前提下建筑利用率最高(图4-2)。

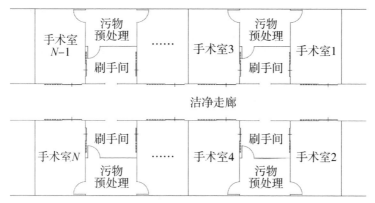

图4-2　单通道手术室布局示意图

2. 双通道式

由手术室及其前后走廊组成,刷手间、器械处置室、污物暂存间等可集中或分散设置,辅助用房可根据手术室规模集中或分散布置。其优点是洁污分明,符合我国大多数医院的使用习惯(图4-3)。

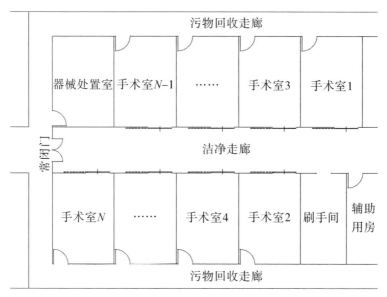

图4-3　双通道手术室布局示意图

3. 多通道式

即手术部内有纵横多条通道,设置原则与双通道形式相同,适用于较大规模的手术部,根据建筑格局和医院的管理理念可衍生出团组式、梳篦式等各种具体形式。其优点是洁污分明,形式多样,可结合医院管理模式进行个性化设计(图4-4)。

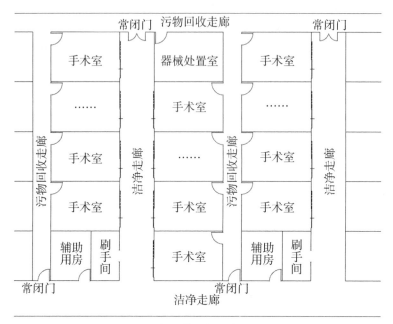

图 4-4　多通道手术室布局示意图

4. 带前室型布局

即手术室前端设置准备间及刷手间,单通道还设有污物预处理间,与手术室形成完整配套。其优点是单间运行效率高,无菌操作保证性强,洁污分明(图 4-5)。

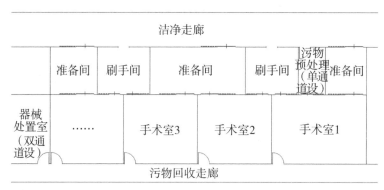

图 4-5　带前室型手术室布局示意图

5. 中心岛式布局

也称中央供应型,设集中供应无菌物品的中心无菌走廊,手术室围绕着无菌走廊布置。其优点是无菌物品供应路径最短,无菌供应保证性强(图 4-6)。

6. 外周供应型布局

无菌物品集中由外周走廊供应,特点同中心岛式。

7. 团组式

每一团组为一个独立运行的手术核心区,以手术室为中心,配套设计必需的辅助用房,形成相对独立的医疗单位,功能齐备,实现小循环运转,医护流线最短(图 4-7)。

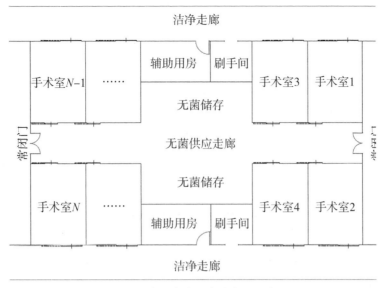

图 4 - 6 中心岛式手术室布局示意图

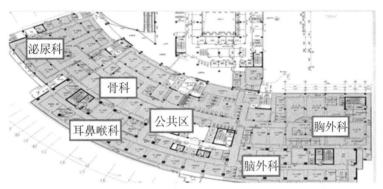

图 4 - 7 团组式手术室布局示意图

五、手术室的空调系统规划与设计

(一) 手术室的气流组织要求

1. 洁净手术室气流组织。洁净手术室空调应采用净化空调。气流组织应采用上送下回的形式。Ⅰ～Ⅲ级洁净手术室应采用手术操作区顶棚设置集中高效天花送风,使手术区处于洁净气流形成的主流区内。Ⅳ级洁净手术室可在顶棚上分散布置高效送风口。洁净手术室回风采用平行于手术床长边的双侧墙下部设置回风口回风。

2. 高效送风天花尺寸应满足规范要求。当眼科手术室净面积超过 30 m²,其他手术室净面积超过 50 m²,设计要求增大送风面积时,送风天花尺寸增大的比例不应超过手术室净面积增大的比例。而且不宜在集中送风面外部另外增加分散送风口。

3. 洁净手术室回风口数量、设置高度及吸风速度应满足规范要求。Ⅰ级手术室两侧回风口宜连续布置,其他级别手术室两侧回风口宜均匀布置,且均不宜采用四角或四侧回风。

4. 洁净手术室也可在其附属的相通邻室回风。回风口的设置与手术室内回风要求一致,但不应通过走廊有组织回风。洁净走廊气流组织可采用上送上回的形式。顶棚均布高效送风口送风,顶棚分段集中设置回风口回风。

(二)其他洁净用房气流组织

1. 经常有人活动的洁净用房气流组织。应采用上送下回的形式,经常无人的洁净用房可采用上送上回的形式。

2. 当采用下回风时,房间开间大于等于 3 m 的可采用双侧下部回风,但不宜采用四角或四侧回风。

3. 洁净辅助用房气流组织。Ⅰ级洁净辅助用房集中送风装置应符合规范要求,送风面积宜根据医疗要求确定。Ⅱ~Ⅳ级洁净辅助用房可在顶棚上分散布置高效送风口。回风口数量、设置高度及吸风速度应满足规范要求。

4. 其他走廊气流组织。洁净手术部根据其布局形式还有其他洁净走廊,如无菌供应走廊、污物回收走廊等,其气流组织形式和要求与上述洁净走廊相同。

5. 生活区用房气流组织。手术部生活区可采用舒适性空调,其气流组织形式可根据用房布局灵活设计,可采用上送上回、侧送上回、侧送侧回等各种形式。

(三)**手术室的新风设计要求**

1. 新风量要求。洁净手术室各用房新风量应符合表 4-3 的技术指标,同时应满足洁净用房压差所需风量要求。洁净手术部新风可采用集中处理的方式,也可以各循环机组各自分散处理。

2. 风管、风机、取风口要求。风管应选用节能、高效、机械化的加工工艺。以成品供货的风管应包装运输,并应具有材质、强度和严密性的合格证明。Ⅰ级洁净用房系统风管漏风率不应大于 1%,其他级别系统不应大于 2%。

3. 风机应选用节能、高效、卫生的产品。宜采用变频等控制措施以保证新风量的稳定供应。可根据所在地区的气候条件,设置变风量风机,在条件允许的情况下切换为全新风运行。

4. 新风取风口所在位置应采取防雨措施,新风口也应采用防雨性能良好的产品,新风口后应设孔径不大于 8 mm 的网格。新风口进风净截面风速不应大于 3 m/s。

5. 新风口距地面或屋面应不小于 2.5 m,应设置在排气口的下方,垂直方向距排气口不应小于 6 m,水平方向距排气口不应小于 8 m,并应设置在排气口上风侧的无污染源干扰的清静区域。新风取风口不应设置在机房内,且不应设在两墙夹角处。新风入口管道上应安装气密性风阀。

(四)**手术室排风设计要求**

1. 排风量要求。正压手术室排风量不宜低于 250 m³/h,需要排除气味的手术室排风量不应低于送风量的 50%,负压手术室排风量需根据计算确定。

2. 风管、排风机、排风口要求。手术室排风系统与辅助用房排风系统应分开设置,各手术室排风管可单独设置,也可并联,并应和新风系统联动。

3. 正压手术室排风管上的高中效过滤器。宜设置在出风口处,当设置在室内入口处时,应在出口处设置止回阀。

4. 洁净手术室内排风口位置。宜设置于手术床头侧的顶棚部位,排风口吸风速度不应大于 2 m/s。排风出口不得设在设备层内,应直接通向室外。

（五）手术室温湿度控制、压差控制

1. 手术室的温、湿度控制。我国幅员辽阔,不同地区气候条件迥异,室外新风对手术室的温湿度负荷影响较大,因此不同地区的手术室温湿度控制方式不能千篇一律,应根据所在地区环境气候条件确定具体的温湿度控制模式。手术室运行一般分夏季工况和冬季工况两种,对于处于以华东地区为代表的夏季比较湿热地区的手术室,夏季工况下通常采用湿度优先的温湿度控制模式,即以湿度信号为输入值,控制空调冷冻水阀的开度,首先消除系统余湿量,之后再根据温度信号,调节再热量,使系统的送风参数同时满足手术室的温、湿度要求。对于冬季工况,则首先根据温度信号,调节空调热水阀的开度,使送风温度首先满足送风参数要求,之后再根据湿度信号调节系统加湿量,使送风参数同时满足手术室的温、湿度要求。

2. 手术室的压差控制。手术室分为正压手术室和负压手术室。手术室的压差是系统新风量、排风量的差值。正压手术室即手术室气压相对于与其相邻相通的走廊或其他用房为正压,负压手术室则是手术室气压相对于与其相邻相通的走廊或其他用房为负压。无论正压手术室还是负压手术室,由于手术室为定风量系统,系统新回风比也是恒定的,所以相对压差都是通过控制系统排风量来实现的。即通过室内压差传感器检测到的室内压差信号,控制系统排风机风量,从而实现手术室相对压差保持稳定。

3. 正负压切换手术室压差控制。正负压切换手术室是比较特殊的手术室,可根据具体开展的手术类型需要,随时切换房间的相对压差为正压或负压状态。

正负压切换手术室排风系统的排风量设计为可变风量,正压状态新风量大于排风量;负压状态下,排风量大于新风量。排风量变化可通过风机变速实现,也可通过设计双风机来实现。

（六）手术室冷热源设置

1. 手术室冷热源可采用独立设置的专用机组,也可采用医院集中设置的共用机组。除应满足冬夏设计工况冷热负荷的使用要求外,还应满足非满负荷使用要求。冷热源设备不宜少于 2 台。

2. 不论采用哪种冷热源形式,由于手术室冷热工况的运行时间与医院的其他功能区域不一致,冷热水系统都应该具有为手术室单独提供冷热水的措施。不能仅仅考虑冬夏两季,还应考虑春秋季节手术室运行对冷热源的需求。

3. 此外,由于过渡季节室外气候条件短时波动较大,手术室要求制冷、制热模式随时切换,两管制系统显然不能满足上述需求,因此在有条件的情况下,手术室水系统尽可能设计为四管制系统。若条件不允许,也应采用其他形式的备用冷源。

（七）手术室空调机组的选择

洁净手术室及与其配套的相邻洁净辅助用房应与其他洁净辅助用房分开设置净化空调系统。

Ⅰ、Ⅱ级洁净手术室与负压手术室应每间采用独立的净化空调系统,即"一拖一"的形式。

Ⅲ、Ⅳ级洁净手术室可 2～3 间合用一个净化空调系统,即"一拖二或三"的形式。

不论采用哪种系统形式,净化空调系统都应有便于调节、控制风量,并能保持稳定的措施。

(八) 手术室净化机组的智能控制与能源管理

1. 手术室净化空调机组的智能控制。净化空调自动控制系统应包括本地和远程两套控制终端,远程终端设置在手术室内,应能实现如下功能:①机组启、停控制及状态指示;②值班运行/全风量运行转换及状态指示;③房间温、湿度的设定;④机组运行及故障指示;⑤过滤器堵塞报警及指示;⑥正负压切换控制及指示(仅正负压转换手术室);⑦空调机组运行参数查询;⑧手术室实时能耗统计及分类显示(仅限设置能源管理系统的情况)。

本地控制设置在设备机房,智能自控柜功能如下:具有远程控制面板实现的全部功能;风机运行频率显示;中效过滤网堵塞报警、缺风保护报警、风机运行情况及过载报警、手术室排风机运行状态显示、加湿器运行状态和故障显示等;手、自动风量调频切换,手动频率设定、半风量值班频率设定;冷热水调节阀、加湿器和电加热器工作状态;试灯和功能切换;各种控制参数(室内温、湿度,变频器频率等)的设定和修改。

2. 手术室的能源管理系统。能源管理系统应能涵盖净化空调自动控制系统的所有功能,并对系统运行过程中的耗能设备进行集中管理、监测,记录、分析、保存能源数据,并不断提出改进措施。

空调自控+能源管理系统(EMS)将常规的依赖自动控制系统自适应的被动节能运行模式,升级为基于互联网技术实时交互的主动节能运行管理模式。利用"互联网+"能源管理系统,用户可以通过可上网的终端设备,如手机、平板电脑、笔记本电脑等随时随地进行操作,从Web上监视、控制系统。彻底改变了传统的依靠人力巡视、记录、提醒等方法进行的行为节能方式,指尖轻触就可以完成一切。EMS能源管理系统网络终端App界面生动直观,轻触设定图像就可以方便快捷地进行日程设定、分组统一设定、各种功能设定等操作,以及调阅、读取等各种能耗数据、分析图表,依靠科学技术将行为节能常态化、图形化、数字化。

EMS能源管理系统可将自控系统的控制对象耗能也就是电能表的数据,通过通信方式进行采集,对所有的控制设备的用电量结合使用时间进行数据采集、存储和归档,再通过对数据的有效分析得到系统能耗的使用情况,对整个设备的能源使用情况能进行合理的管理,从而降低运行能耗,节约运行费用。

EMS能源管理系统整合楼宇自控系统的全部功能,并且从监视、控制、执行到系统维护等全部的操作都可以在Web浏览器上进行,同时系统采集各用能设备的能耗数据,通过EMS系统进行分析、存储和生成各种图形、报表。可实现如下功能:

①精确计量每个能源消耗终端的能源消耗量;实时监控不合理能源消耗;历史和实时查询能源消耗状态;根据能源消耗状态判断系统运行状况,为系统维护保养做出决策;中控室远程监控和移动终端监测与控制。

②能源管理系统为了能够在正确掌握测量数据的基础上进行确切分析,提供了丰富的图形显示、数据解析以及生成账表等一系列功能,同时辅助进行能源性能的最适化以及能源消耗量的削减。

③平台软件具备一系列的用能分析功能,可以对用户的能源使用情况进行综合分析,判断出能耗的使用节点和使用重点,方便用户对能源使用情况进行统一管理。

（九）手术室的净化质量检测

在项目竣工交付前,应先进行系统综合调试及自检自测,之后邀请第三方检测机构进行检测,并出具检测报告。测试项目为:静压差、送风量、新风量、温度、相对湿度、噪声、洁净度、照度、含菌浓度等。具体检测内容及测试方法如下:

1. 静压差测试

在洁净区所有门都关闭的条件下,从平面上最里面的房间依次向外或从空气洁净度级别最高的房间依次向低级别的房间,测出有孔洞相通的相邻两间洁净用房的静压差,综合性能测定结果应优于《医院洁净手术部建筑技术规范》(GB 50333—2013)中的规定。

测定高度距地面 0.8 m,测孔截面平行于气流方向,测点选在无涡流、无回风口的位置。检测仪器为读值分辨率可达到 1 Pa 的斜管微压计或其他有同样分辨率的仪表。

2. 换气次数测试

对Ⅲ、Ⅳ级洁净手术室和洁净辅助用房应通过检测送风口风量换算得出换气次数,综合性能检测结果不应小于 GB 50333—2013 中的规定值,并不宜超过设计值的 15%。

对于分散布置的送风口,每个风口都应使用套管法检测。

对于集中布置的送风口,应测出送风支管内的送风速度或送风面平均送风速度,换算出房间的换气次数。

当测送风面平均风速时,测点高度在送风面下方 0.1 m 以内,测点之间距离不应超过 0.3 m。测点范围为送风口边界内 0.05 m 以内的面积,均匀布点,测点断面布置见图 4-8。

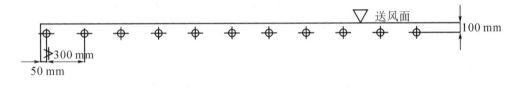

图 4-8 送风面平均风速测点断面布置图

3. 洁净度级别测试

洁净手术室和洁净辅助用房检测前,系统应已运行至少 30 min。在确认风速、换气次数和静压差的检测无明显问题之后,再检测含尘浓度。对≥0.5 μm 和≥5 μm 的微粒,检测结果均应同时满足下列条件:由各点平均含尘浓度和室平均浓度计算出 N 值,N 值应小于 GB 50333—2013 中规定级别的上限浓度。

置信度上限达 95% 时,单侧 t 分布系数见表 4-4。

表 4-4 洁净度级别测试系数表

测点数	2	3	4	5	6	7	8	9
系数 t	6.31	2.92	2.35	2.13	2.02	1.94	1.9	1.86

注:当测点数为 9 以上时,$N=\overline{N}$。

当送风口集中布置时,应对手术室和周边区分别检测,测点数和位置应符合下表规定;当附近有显著障碍物时,可适当避开。当送风口分散布置时,按全室统一布点检测,测点可均布,但不应布置在送风口正下方。测点位置如表4-5所示。

表4-5 测点位置表

区域	最少测点数	手术区图示
Ⅲ级洁净手术室手术区	3点(单对角线布点)	
Ⅲ级　周边区	6点(长边内2点,短边内1点)	

每次采样的最小采样量:5级区域为8.6 L,以下各级区域为2.83 L。

测点布置在距地面0.8 m高的平面上,在手术区检测时应无手术台。当手术台已固定时,测点高度在台面之上0.25 m。

在5级区域检测时,采样口应对着气流方向;在其他级别区域检测时,采样口均向上。

当检测含尘浓度时,检测人员不得多于2人,都应穿洁净工作服,处于测点下风向的位置,尽量少动作。

当检测含尘浓度时,手术室照明灯应全部打开。

检测仪器应为流率不小于2.83 L/min的光散射式粒子计数器。

4. 手术室温、湿度测试

夏季工况应在当地每年最热月的条件下检测,冬季工况应在当地每年最冷月的条件下检测。

室内温湿度测定为距地面0.8 m高的中心点,检测结果应符合GB 50333—2013中的规定。检测仪器为可显示小数后一位的数字式温湿度测量仪。有温湿度波动范围要求的不适用本款的规定。

测出室内的温湿度之后,应同时测出室外温湿度。

5. 手术室噪声的测试

噪声检测宜在外界干扰较小的晚间进行,以A声级为准。不足15 m² 的房间在室中心1.1 m高处测一点,超过15 m² 的在室中心和四角共测5点,检测结果应符合GB 50333—2013中的规定。检测仪器宜用带倍频分析仪的声级计。

全部噪声测定之后,应关闭净化空调系统测定背景噪声,当背景噪声与室内噪声之差小于10 dB时,室内噪声应按常规予以修正。

6. 手术室的照度测试

照度检测应在光源输出趋于稳定时不开无影灯,无自然采光的条件下进行。

测点距地面 0.8 m,离墙面 0.5 m,按间距不超过 2 m 均匀布点,不刻意在灯下或避开灯下选点。各点中最小的照度值应符合 GB 50333—2013 中规定的数值,照度均匀度应符合规范规定。

7. 手术室的新风量测试

新风量的检测应在室外无风或微风条件下进行。通过测定新风口风速或新风管中的风速,换算成新风量,结果应在室内静压达到标准的前提下,不低于规范规定。

8. 手术室细菌浓度测试

细菌浓度宜在其他项目检测完毕,对全室表面进行常规消毒之后进行。不得进行空气消毒。

当送风口集中布置时,应对手术区和周边区分别检测;当送风口分散布置时,全室统一检测。

当采用浮游法测定浮游菌浓度时,细菌浓度测点数应和被测区域的含尘浓度测点数相同,且测点宜在同一位置上。每次采样应满足表 4-6 中规定的最小采样量的要求,每次采样时间不应超过 30 min。

表 4-6　浮游菌最小采样量

被测区域洁净度级别	每点最小采样量/m³(L)
5 级	1(1 000)
6 级	0.3(300)
7 级	0.2(200)
8 级	0.1(100)
8.5 级	0.1(100)

当用沉降菌法测定沉降菌浓度时,细菌浓度测点数应和被测区域含尘浓度测点数相同,同时应满足表 4-7 规定的最少培养皿数的要求。

表 4-7　沉降菌最少培养皿数

被测区域洁净度级别	每区最少培养皿数,培养皿直径 90 mm(φ90),以沉降 30 min 计/[CFU/(30 min·φ90 皿)]
5 级	13
6 级	4
7 级	3
8 级	2
8.5 级	2

如沉降时间适当延长,则最少培养皿数可以按比例减少,但不得少于含尘浓度的最少测点数。采样时间略低于或高于 30 min 时,可进行换算。

采样点可布置在地面上或不高于地面 0.8 m 的任意高度上。

细菌浓度检测方法,应有 2 次空白对照。第 1 次对用于检测的培养皿或培养基条做对比试验,每批一个对照皿。第 2 次是在检测时,每室或每区一个对照皿,对操作过程做对照试验:模拟操作过程,但培养皿或培养基条打开后又应立即封盖。两次对照结果都应为阴性。整个操作过程应符合无菌操作的要求。

采样后的培养皿或培养基条,应置于 37 ℃条件下培养 24 h,然后计数生长的菌落数。菌落数的平均值均应四舍五入进位到小数点后 1 位。

（十）复合手术室的净化空调设计

1. 复合手术室的建筑要求

手术室、设备间的净尺寸、门窗尺寸及位置必须满足设备安装及使用要求,应考虑到手术室内人员站位、第三方设备摆放、手术室流程要求等因素,不能只考虑设备安装面积。在前期规划阶段应多与使用医生、手术室护士长探讨所有配套设备、设备布局摆放、流程等细节要求。选址时需考虑到房间层高必须满足 4.5 m 以上,手术室最终完成后,楼面上表面至天花下表面净高度在 3 m 以上。

2. 复合手术室的净化空调系统设计

复合手术室应采用独立的净化空调系统。手术间采用Ⅰ级或Ⅲ级手术室标准,主机房和控制间应采用净化空调,设备间不需要净化,应对其温度进行控制。

3. 复合手术室空调负荷设计

包括冷负荷以及热负荷两部分,且应参照医疗设备供应商提供的参数详细计算并留有余量。室内换气 20~25 次/h,新鲜空气占比应大于 20%;相对于周围走廊,手术室内气压为正;温度为 19~21 ℃,湿度为 50%~55%。其净化空调系统至少要设置三级空气过滤装置,送风管道应避让设备吊轨、吊臂,送风静压箱应与设备轨道的整体协调,并保证各分支管的风量分配均匀,也可以采用分散式送风口布置。各个送风口面积之和不应小于同等级别的整体送风静压箱的面积,送风盲区宽度必须小于 250 mm 且满足距地面 2 m 处气流搭接的要求。有条件时应加大送风静压箱过滤器上方均压室高度,以保证气流分布均匀。静压箱体所有表面包括设备导轨凹槽均应严格保温,防止冷凝水造成设备短路,同时保证送风口下方无阻挡洁净空气输送的固定设备,避免形成局部湍流,影响手术区的洁净度。在技术夹层内的回风立管应采取可靠的固定方式,防止强磁设备移动或扫描时引起风管振动。

4. 复合手术室与辅助用房、走廊之间需要维持合理有序的压力梯度

复合手术室各用房按洁净级别建立梯度压差。因此,风量的平衡计算应满足不同功能洁净室压差和压力梯度要求,同时保证在检查和无须开放手术时可以实现节能。此外,当控制室与手术室共用同一个空调系统时,应在辅房设置独立的末端风量调节和温度调节装置,避免辅房环境温度过低。最后,设备安装完成后需协调净化公司尽快完成净化收尾施工,以满足防尘要求。

5. 复合手术室的设备间

设备间主要放置医疗设备机柜、信息系统机柜、隔离变压器等设备。设备的工作环境温度为 18~22 ℃,湿度为 30%~70%,不能有冷凝水。因为需要的温度不同,所以,手术间与设备间的空调是两个系统。设备间的空调一般制冷,保证各种高压部件、控制部件的正常运转;而手术间空调一般常温或制热,保证病人和手术人员体感舒适。

6. 同时能满足开放手术和诊疗检查的复合手术室

对于需同时满足开放手术和治疗检查的复合手术室,可以考虑按不同洁净度要求进行设计,在检查和无须开放手术时可以实现部分节能;当手术辅助用房(如控制室)与手术室合用同一个空调系统时,应在辅助用房设置独立的末端风量调节和温度调节装置,避免辅助用房环境温度过低;复合手术室排风量应根据所复合的医疗设备要求的排风量设计,并满足紧急排风需求,排风机宜为双速或变频控制:扫描时采用高速,扫描停止后20~30 min 转为低速。

第三节　ICU 空调系统的规划与管理

一、ICU 的布局、感控、流程

(一) ICU 的平面布局

1. 重症监护病房(ICU)及相关辅助用房配备,辅助用房的设置、数量与名称均应根据使用方需求确定。

2. ICU 应位于方便患者转运、检查治疗和手术的区域。

3. 有普通工作区的 ICU 宜设前厅或前室,宜在前厅或前室设置工作人员进入辅助防控区或防控区的卫生通过场所。

4. ICU 分为开放式多床 ICU、单元式 ICU 或单间 ICU,比例由医院根据需求确定。单元式 ICU 每单元不宜超过 4 床。开放式多床 ICU 每间不宜超过 15 床,应按每床单元(含床、床头柜、床边治疗带等)至少有 15 m² 综合使用面积计算建筑面积。

5. 根据医疗任务和风险评估,在 ICU 内可单独设 1 间可收治同时患有空气传染病患者的单人组合病房。单人组合病房应可独立出入,并没有缓冲间。

6. ICU 单人间不含室内辅助用房的使用面积不宜小于 18 m²。

7. 病房内应有患者个人用品存放设施,两床间宜配备手清洁消毒设施。

8. 多床 ICU 护士站的位置设置宜使护士可直视每一病床。

9. ICU 可设安有探视系统的家属探视间,宜设患者家属等候室。有条件时多床 ICU 可设探视走廊。ICU 单人间宜考虑适应家属陪住的发展需求。

(二) ICU 的流线设计

1. 病患流线。患者进入 ICU 的流线为:缓冲、医疗区走廊、ICU 病房。患者离开ICU 的流线为:ICU 病房、医疗区走廊、缓冲、普通病房。

2. 医护人员流线。医护人员进入 ICU 可根据管理需要换鞋、更衣,接触 ICU 患者前后应洗手。

3. 无菌物品流线。无菌物品应在供应中心消毒后,通过密闭转运或专用洁净通道进入 ICU,并应在无菌区无菌储存,按需要送入 ICU 病房。

4. 使用后的物品。可复用的应在去污区进行清点、分类、清洗、消毒、干燥、检查和包装,灭菌后的复用器械应送入无菌储存间,并按要求送入 ICU。

二、ICU 的空调系统规划与设计

（一）ICU 气流组织要求

1. ICU 宜优先采用集中空调,独立系统,送回风口宜采用上送下回布置,送风口应设在每床床尾部分顶棚上,回风口应位于病床床头一侧下方。

2. 当只能采用风机盘管机组时,宜通过墙内风管优先采用上送下回。

3. 多床 ICU 应在顶棚上设一定数量排风口,风口内应安装中效过滤器。

4. 单床 ICU 送回风口应采用上送下回布置。送风口宜设在床尾顶棚上。回风口宜设在床头一侧下部,如有卫生间,应设于近卫生间一侧。

5. ICU 送风口送风速度不应大于 1 m/s。

6. ICU 护士站相较外围地区应处于正压的、气流向外扩散的环境。

7. ICU 内的单人组合病房缓冲间对病房和对走廊均必须保持正压或负压。

（二）ICU 新风设置要求

1. 新风量要求

ICU 各用房新风量应符合表 4-3 的技术指标,同时应满足洁净用房压差所需风量要求。ICU 新风可采用集中处理的方式,也可以各循环机组各自分散处理。

2. 风管、风机、取风口要求

①风管:应选用节能、高效、机械化的加工工艺。以成品供货的风管应包装运输,并应具有材质、强度和严密性的合格证明。

②风机:应选用节能、高效、卫生的产品。宜采用变频等控制措施以保证新风量的稳定。可根据所在地区的气候条件设置变风量风机,在条件允许的情况下切换为全新风运行。

③取风口:新风取风口所在位置应采取防雨措施,新风口也应采用防雨性能良好的产品,新风口后应设孔径不大于 8 mm 的网格。新风口进风净截面风速不应大于 3 m/s。新风口距地面或屋面应不小于 2.5 m,应在排气口的下方设置,垂直方向距排气口不应小于 6 m,水平方向距排气口不应小于 8 m,并应在排气口上风侧的无污染源干扰的清静区域。新风取风口不应设置在机房内,并不应设在两墙夹角处。新风入口管道上应安装气密性风阀。

（三）ICU 排风设置要求

ICU 病房排风系统与辅助用房排风系统应分开设置,并应和新风系统联动。多床 ICU 应在顶棚上设一定数量排风口,风口内应安装中效过滤器。排风口位置宜设置于病床床头侧部位,排风口吸风速度不应大于 2 m/s。排风出口不得设在设备层内,应直接通向室外。

（四）ICU 温湿度控制、压差控制

1. 温湿度控制

ICU 运行一般分夏季工况和冬季工况两种,对于处于以华东地区为代表的夏季比较湿热地区的 ICU,夏季工况下通常采用湿度优先的温湿度控制模式,即以湿度信号为输入值,控制空调冷冻水阀的开度,首先消除系统余湿量,之后再根据温度信号调节再热量,使系统的送风参数同时满足 ICU 的温、湿度要求。

对于冬季工况,则首先根据温度信号调节空调热水阀的开度,使送风温度首先满足送风参数要求,之后再根据湿度信号调节系统加湿量,使送风参数同时满足 ICU 的温、湿度要求。

2. ICU 压差控制

ICU 分为正压 ICU 和负压 ICU。ICU 的压差是系统新、排风量的差值。正压 ICU 即 ICU 气压相对于与其相邻相通的走廊或其他用房为正压;负压 ICU 则是 ICU 气压相对于与其相邻相通的走廊或其他用房为负压。

无论正压 ICU 还是负压 ICU,由于 ICU 空调系统为定风量系统,系统新回风比也是恒定的,所以相对压差都是通过控制系统排风量来实现的,即通过室内压差传感器检测到的室内压差信号控制系统排风机风量,从而使 ICU 相对压差保持稳定。

3. 正负压切换的 ICU

正负压切换 ICU 是比较特殊的 ICU,可根据具体使用需要,随时切换房间的相对压差为正压或负压状态。

正负压切换 ICU 排风系统的排风量设计为可变风量,正压状态新风量大于排风量,负压状态下,排风量大于新风量。排风量变化可通过风机变速实现,也可通过设计双风机来实现。

(五)ICU 的冷热源设置

ICU 冷热源可采用独立设置的专用机组,大多数情况采用医院集中设置的共用机组。

不论采用哪种冷热源形式,由于 ICU 冷热工况的运行时间与医院的其他功能区域不一致,需要有延长供冷或供热的措施,而且不能仅仅考虑冬夏两季,还应考虑春秋季节 ICU 运行对冷热源的需求。

(六)ICU 的空调机组配置

1. ICU 采用全空气集中空调系统时,ICU 病房及与其配套的相邻辅助用房应与其他用房分开设置集中空调系统。

2. 负压隔离病房应每间采用独立的空调系统,即"一拖一"的形式。

3. 其他病房可多间合用一个集中空调系统。

4. 不论采用哪种系统形式,空调系统都应有便于调节、控制风量,并能保持稳定的措施。

(七)ICU 工程的验收检测

1. ICU 的施工与验收

①应遵循现行国家标准《洁净室施工及验收规范》(GB 50591—2010)、《传染病医院建筑施工及验收规范》(GB 50686—2011),以及有关的专业施工验收规范的相关规定,遵循严密、干净、按程序的要求进行施工。

②应在施工方调整测试合格后的空态或静态条件下,由建设方申请至少有中国计量认证标识"CMA"资质的第三方机构对工程进行综合性能全面评定的检测。当要求检验结果具有国际互认标准时,检验第三方还应具有国际互认联合标识"HAC-MRA"或中国国家认可标识"CNAS"。检测结果应出具综合性能全面评定的第三方检测报告。

③根据施工方竣工报告、各项工程施工记录(至少应有竣工报告、高效过滤器现场检漏报告、风管系统空吹和清洁检查记录、设备单机和联合试运转记录、调整测试记录、竣工图)和第三方综合性能全面评定检测合格的报告进行施工验收。记录表格参见《洁净室施工及验收规范》(GB 50591—2010)。

2. ICU 的工程检测

①综合性能全面评定的必测项目应符合表 4-8 的规定。

表 4-8　综合性能全面评定必测项目

序号	项目名称	适用场所
1	非阻漏层送风的高效过滤器现场检漏	Ⅰ级用房 负压隔离病房排(回)风口
2	风量:单个送风口 　　　新风口和回风口	所有场所 所有场所
3	风速:顶部集中送风面送风速度 　　　分散送风口送风速度 　　　单点吹风风速	设顶部集中送风场所 设分散送风口场所 病房
4	空间静压差	所有场所
5	空间温度、相对湿度	所有场所
6	空间噪声	所有场所
7	空间照明参数: 　照度 　色温 　蓝光危害 　紫外危害	所有场所 病房 用 LED 灯场所 用 LED 灯场所
8	甲醛、苯和总挥发性有机化合物(TVOC)浓度	有人较长时间停留的场所
9	空间空气菌浓(平板暴露法)	所有场所
10	气流流向	负压隔离病房与其卫生间 负压隔离病房送、排风口

综合性能全面评定检测报告有任何一项不达标,工程均不得投入使用。

②对非阻漏层送风天花的送风高效过滤器和负压隔离病房排(回)风口高效过滤器,检测时必须先进行过滤器现场检漏。

③高效过滤器现场检漏合格与否皆应填写报告单。现场检漏合格之后可提前 4 h 开机自净并擦净表面,但不得进行空气消毒,然后进行全面检测。未进行现场检漏或检出漏泄而未修补重测合格的,不得进行全面检测。

④除按计划对系统和设施进行定期的综合性能全面评定检测外,当系统或设施有重大改动或发生重大院内感染事件之后,或使用方认为有必要时,均应进行综合性能全面评定的检测。

⑤正常的综合性能全面评定的周期不宜超过 3 年。

第四节　产科空调系统的规划与管理

产科是医院建筑中一个相对独立的诊疗部门,有其相对特殊性。按功能可划分为分娩区、待产区及医护辅助区,一般妇幼保健医院还设置了产科 VIP 病房、一体化产房等房间。由于产妇群体体质较弱,产房内需常年维持温度范围为 24～28 ℃,相对湿度范围为45%～55%的环境,故与其他病区常规空调系统的冷热需求存在较大差异,因此产房的空调系统需相对独立设置,产房内的各个房间也应根据需求的不同来考虑设计。

一、产科区域功能需求分析

（一）产科区域功能房间空调功能需求汇总表

表 4 - 9　产科区域功能房间空调需求

功能房间	面积/m²	夏季空调需求	冬季空调需求	过渡季空调需求
手术室	≥26	温度 21～25 ℃,相对湿度 30%～60%	温度 21～25 ℃,相对湿度 30%～60%	温度 21～25 ℃,相对湿度 30%～60%
普通产科病房	≥21	温度 25～27 ℃,相对湿度 40%～55%	温度 20～24 ℃,相对湿度 40%～55%	温度 25～27 ℃,相对湿度 40%～55%
产科 VIP 病房	≥21	温度 25～27 ℃,相对湿度 40%～55%	温度 20～24 ℃,相对湿度 40%～55%	温度 25～27 ℃,相对湿度 40%～55%
一体化产房	≥21	温度 25～27 ℃,相对湿度 40%～55%	温度 20～24 ℃,相对湿度 40%～55%	温度 25～27 ℃,相对湿度 40%～55%
负压隔离产房	≥21	温度 22～26 ℃,相对湿度 35%～60%	温度 22～25 ℃,相对湿度 35%～60%	温度 22～26 ℃,相对湿度 35%～60%

（二）产科需求分区的具体要求

1. 产科手术室可做Ⅲ级洁净手术室或普通手术室。产房或产科手术室新风应充分考虑去除异味,选择排风量应不小于 50%送风量或循环风量。

2. 产科 VIP 病房和一体化产房宜考虑不同产妇对室内温湿度体感的差异,选择空调与新风机组,出风口应避免直对产妇及婴儿。

3. 产房区域因感控及工作便利需要,医护人员常年着短袖洗手衣,如过渡季节选择空调机组应单独设置冷热源,新风系统应设置全新风,并与手术室空调系统分开设计。

4. 隔离产房应设置为负压房间,应考虑用于呼吸道(气溶胶、飞沫传播)传染病的产妇分娩使用,其设置应靠近污梯和医梯,且便于传染病疫情下快速封闭该区域,满足与其他正常产房区域彻底隔离且各自运行的要求,隔离产房医疗流程为:污物梯↔缓冲区↔负压隔离产房↔前室↔医梯。

5. 根据某三级甲等妇幼医院住院综合楼 2017 年 10 月投入使用 2 年多运行状况评估,产房区域常年最佳温度范围为 24~28 ℃,相对湿度范围为 45%~55%。

二、产科区域空调系统规划设计(表 4-10)

表 4-10　产科区域空调系统规划

区域	冷热源	空调机组	送排风	新风系统	优点	不足
普通产科病房	风冷热泵机组或冷(热)水机组	新风机组	设置新风及排风	与产科其余房间共用	1. 舒适性高; 2. 适用范围广; 3. 可集中控制,维护简单,维修方便	1. 施工复杂,需各专业配合; 2. 对冷冻水水质有一要求,机组效率较低
产科VIP病房	多联机	新风机组	设置新风及排风	与产科其他房间共用	1. 制冷制热时间响应上很迅速; 2. 不需专人管理。安装周期较短	1. 维修成本高; 2. 室内机和室外机安装落差不能超过 50 m,配管最长距离不能超过 150 m,限制了使用范围; 3. 冬季制热时,一般配有辅助电加热器,加大能耗
一体化产房	多联机	新风机组	设置新风及排风	与产科其余房间共用	1. 制冷制热时间响应上很迅速; 2. 不需专人管理。安装周期较短	1. 维修成本高; 2. 室内机和室外机安装落差不能超过 50 m,配管最长距离不能超过 150 m,限制了使用范围; 3. 冬季制热时,一般配有辅助电加热器,加大能耗
隔离产房	风冷热泵机组或冷(热)水机组	空调机组	设置全新风及排风	宜单独进风	1. 符合感控要求; 2. 单独控制冷热源和风机,全排风系统,管路设置简单	1. 初始投资费用高; 2. 需符合感控要求进行运行维保工作,运维成本高

(一)普通产科病房

1. 冷热源系统的设计选择

宜采用中央空调+新风。风机盘管加新风系统,冷热源采用风冷热泵机组或冷(热)水机组。

2. 空调机组的设计

新风机组设置进风段,风机段,初、中效(G3、F7 以上)过滤段、表冷段,送风段,如有需要可增加加湿段。

3. 送排风系统的设计

病房宜采用新风空调系统,应能 24 h 连续运行,产科病房的新风景要比普通病房大一些。病房内设置排风,多间病房可共用一套排风系统。新风量≥50%的循环风量,排风设静音型排风机。

4. 新风系统集中处理的设计

病房与产科及其他辅助用房共用一套新风系统。新风机组采用变频器进行控制,采取恒风压控制技术,自动恒定系统风量,严格控制室内所需的风量,节省运行费用。

(二) 产科 VIP 病房

1. 冷热源系统的设计选择

产科 VIP 病房冷热源系统的设计有多种选择,如中央空调/过渡季节风冷热泵、多联机、风冷热泵均在可选择的范围。一般情况下建议采用多联机加新风系统。

2. 空调机组的设计

新风机组设置进风段,风机段,初、中效(G3、F7 以上)过滤段、表冷段,送风段,如有需要可增加加湿段。

3. 送排风系统的设计

病房宜采用新风空调系统,应能 24 h 连续运行。病房内设置排风,多间病房可共用一套排风系统。新风量应≥50%的循环风量,排风设静音型排风机。

4. 新风系统集中处理的设计

病房与产科其他用房共用一套新风系统。新风机组采用变频器进行控制,采取恒风压控制技术,自动恒定系统风量,严格控制室内所需的风量,节省运行费用。

(三) 一体化产房

1. 冷热源系统的设计选择

建议采用多联机加新风系统。

2. 空调机组的设计

新风机组设置进风段,风机段,初、中效(G3、F7 以上)过滤段、表冷段,送风段,如有需要可增加加湿段。

3. 送排风系统的设计

宜采用新风空调系统,应能 24 h 连续运行。病房内设置排风,多间病房可共用一套排风系统。新风量应≥50%的循环风量,排风设静音型排风机。

4. 新风系统集中处理的设计

与产科其他用房共用一套新风系统。新风采用变频风机。新风机组采用变频器进行控制,采取恒风压控制技术,自动恒定系统风量,严格控制室内所需的风量,节省运行费用。

(四) 普通产房及辅助用房

1. 冷热源系统的设计选择

风机盘管加新风系统,冷热源采用风冷热泵机组或冷(热)水机组。

2. 空调机组的设计

新风机组设置进风段,风机段,初、中效(G3,F7以上)过滤段,表冷段,送风段,如有需要可增加加湿段。

3. 送排风系统的设计

宜采用新风空调系统,应能 24 h 连续运行。病房内设置排风,多间病房可共用一套排风系统。排风设静音型排风机。

4. 新风系统集中处理的设计

与产科其他用房共用一套新风系统。新风机组采用变频器进行控制,采取恒风压控制技术,自动恒定系统风量,严格控制室内所需的风量,节省运行费用。

（五）隔离产房

1. 冷热源系统的设计选择

风机盘管加新风系统,冷热源采用风冷热泵机组或冷(热)水机组。

2. 空调机组的设计

新风机组设置进风段,风机段,初、中效(G3,F7以上)过滤段,表冷段,送风段,如有需要可增加加湿段。

3. 送排风系统的设计

隔离产房宜采用新风空调系统,应能 24 h 连续运行。病房内设置排风,多间病房可共用一套排风系统。新风量应≥50%的循环风量,排风设静音型排风机。

三、产科空调系统规划设计注意事项

（一）与建筑、结构、装饰专业的配合

1. 楼层选择时规划冷热源、风冷热泵、多联机等机组室外机摆放位置及承重要求。

2. 楼层内合理选择机房位置及面积大小,尽量满足医疗区域对阳光、通风的优先选择。

3. 合理规划排风管井、汲取新风、排风防雨百叶位置。

4. 根据天花吊顶布置风口,风口应避免直对产妇及婴儿。

（二）与电气、给排水专业的配合

1. 向电气专业提供空调用电量及空调用电设备平面布置图。

2. 向给排水专业提供机房地漏位置、风机盘管或多联机室内机冷凝水排放需求位置。

3. 若新风机组设置加湿段,则向给排水专业提水点要求。

4. 在空调机组、新风机组主干网系统,宜在分层、分区时增设可与楼宇自控和室内环境监测系统相连的电动阀组,便于运营期间整个系统的分区控制要求。

（三）与其他科室楼层选址的关联

1. 产房区域宜与新生儿(含 NICU)区域、手术室区域在同层或上下层布置。

2. 产房区域的隔离产房应与 NICU 的隔离病房、手术室的负压手术间就近布置。

第五节　NICU空调系统的规划与管理

新生儿重症监护室(NICU)是集中治疗危重新生儿的病室,需要较多的医护技术力量、众多的护理人员和现代化仪器设备。其目的是降低新生儿的死亡率,减少并发症,提高医疗护理质量。

一、NICU的功能与环境质量要求

新生儿重症监护室(NICU)是妇幼专科医院的重要科室,其承担着危重症新生儿的抢救、护理、康复等功能,体现着医院的医疗技术水平、医疗设备先进性及医护管理水平,NICU对工作人员及病区的设施都是有严格要求的,因此医院建设过程中十分重视NICU的规划与建设,对医院NICU的环境要求逐步增高。

目前大多数的NICU病区为封闭式管理,是危重病儿集中的地方,极低出生体重儿多,人员相对密集,且多数可能有介入治疗创口,加上危重新生儿的免疫力低下,易感染,因此NICU的院内感染发生率较高。为了使新生儿感染发生率控制在国家要求的50%以下,不仅仅要在新生儿科的建设流程上严格按照医疗感控要求合理分区,流线分明,同时还需要建设良好的室内空气环境,以有效降低感染风险。

（一）NICU功能房间空调需求汇总表(表4-11)

表4-11　NICU功能房间空调需求汇总

功能房间	面积	夏季空调需求	冬季空调需求	过渡季空调需求
NICU	根据床位数定	温度24~26 ℃,相对湿度40%~65%	温度24~26 ℃,相对湿度40%~65%	温度24~26 ℃,相对湿度40%~65%
早产儿病房	根据床位数定	温度22~26 ℃,相对湿度40%~65%	温度22~26 ℃,相对湿度40%~65%	温度22~26 ℃,相对湿度40%~65%
免疫缺陷新生儿室	根据床位数定	温度22~26 ℃,相对湿度40%~65%	温度22~26 ℃,相对湿度40%~65%	温度22~26 ℃,相对湿度40%~65%

（二）NICU病区功能分区与空气质量要求

根据《综合医院建筑设计规范》(GB 51039)要求,NICU为独立病区,以邻近新生儿室、产房、手术室、急诊室为宜。NICU应与院区产房有便捷的交通。室内光线应充足且有层流装置,温度以24~26 ℃,湿度以55%~60%为宜。病区分为加强护理区、中间护理区两部分,另设辅助房间包括医生、护士办公室,治疗室,仪器室,家属接待室等。各功能区要求如下:

1. 加强护理区。床位宜设置4~6张,主张集中式安排。另设1~2间隔离病区供特殊使用。抢救床位应具备的基本设施:暖箱或辐射保暖床、监护仪、呼吸机、负压吸引器、测氧仪、输液泵、复苏用具和生命岛(为床旁大柜)。

2. 中间护理区。又称恢复区,当危重新生儿经抢救好转后转入本室继续治疗。

3. 辅助房间。包括医、护办公室,治疗室,仪器室,母婴同室,家属接待室等,有条件可设探视走廊。

4. 开放式 NICU 新生儿沐浴间宜设在 NICU 内;小单元或单间的 NICU 宜两间共用 1 间沐浴间。沐浴间使用面积不宜小于 10 m²,与病房隔墙应为透明材料。

5. 考虑到疫情情况下的特殊需求,现要求提供产科或新生儿服务的医疗机构还须配置防控病区:新生儿隔离留观室、新生儿隔离观察区、新生儿隔离诊疗区。

新生儿室室内温度全年宜保持 22～26 ℃,早产儿室、NICU 和免疫缺陷新生儿室,室内温度全年宜保持 24～26 ℃,噪声不宜大于 45 dB(A)。

二、NICU 空调系统设计

(一) NICU 医疗护理区域

NICU 的医疗护理区主要包括:NICU 诊疗区、早产儿病房、免疫缺陷新生儿室等,诊疗区内光线应充足且有层流装置,全年温度为 24～26 ℃,相对湿度 40%～65%。《综合医院建筑设计规范》(GB 51039—2014)指出,早产儿室和免疫缺陷新生儿室宜为Ⅲ级洁净用房。室内保持正压,正压值不应低于 10 Pa 且与非洁净区之间的静压压差需大于 10 Pa,采用独立的卫生型净化空调机组,自吸新风,必要房间设置排风。加湿方式不宜采用湿膜加湿,宜采用电热或电极式加湿,单独控制洁净用房的湿度,以 55%～60% 为宜。对于 NICU 室内气流组织,采用乱流形式比较合理,在顶棚均匀布置送风口,地面两侧均匀排风,有利于提高室内气流速度和使气流均匀,同步减少了病床之间的相互影响。

(二) NICU 辅助区域

NICU 辅助区域包括医、护办公室,配奶间,治疗室,处置室,缓冲间,仪器室,母婴同室,家属接待室等。根据《绿色建筑评价标准》,医护办公区的夏季温度为 26～27 ℃,冬季温度为 18～20 ℃,夏季相对湿度小于 65%,冬季湿度大于等于 40%,而作为 NICU 内的工作人员,因感控要求,医护人员工作服常年均为短袖,为了保证其舒适度冬季温度应适当调高至 26 ℃。总体来说 NICU 辅助区域的冷暖需求与治疗区域基本一致,但与医院其他办公区域又有所区别,因而辅助区域可以单独采用多联机系统,或共用 NICU 治疗区的风冷热泵机组,采用风机盘管加新风加排风的空调方式。

辅助功能区域气流方向无严格的要求,通常采用房间正压控制,通常辅助用房无窗户,所以每个房间必须保证一定的新风量,实现房间的正压控制,取得满意的防污染效果,新风可采用集中送风风机进行采集送风至各个辅助用房,卫生间配通风器,排至垂直风道,再通过位于屋面的排风机集中排至室外。

(三) NICU 疫情控制区域

对于疫情控制区域,考虑到疫情期间的特殊性,为了不增加运维的复杂性,不建议采用带有热回收的全新风空调系统,需设置全新风直流系统,新风直接取自室外,送风与机械排风系统管路单独分开设置。根据《医院洁净护理与隔离单元技术标准》,防控区域室内送风最小换气次数为 10 次/h,新风换气不低于 2 次/h,且要求能够 24 h 连续运行。冬季室内温度为 23 ℃,夏季室内温度为 26 ℃,冬季室内相对湿度为 30%,夏季室内相对湿度为 60%,噪声不宜大于 45 dB。对单人隔离病房或单一病种病房可采用回风设高效过滤器的空调末端机组,隔离病房内不能设置风机盘管机组等室内自循环机组。隔离病房送风口宜设置在床头侧的顶棚上，且顶棚处还要设置一定数量的排风口，在每个房间的送、排风管上，都设置密闭阀且与风机联锁。排风应该有消毒滤毒措施，不应直接排入大气，可以采用紫外线消毒方式。排风口内应安装粗、中效过滤器，并在粗、中效过滤设置前置和后置紫外线消毒。紫外线消毒的目的是杀灭滞留在过滤器上的病毒。排风出口允许设在无人的空旷场所或从最高处屋面排出，如无合适场所则在排风口处设高效过滤器，不得渗漏并易于消毒后更换。排风机可集中设置，也可一室一机。隔离病房的空调可采用独立的多联机系统或独立风冷热泵配置净化机组系统。

三、NICU 规划设计注意事项

1. 与装饰专业的配合：根据天花吊顶布置风口。规划机房位置及面积大小。合理规划排风管井汲取新风、排风防雨百叶位置。规划冷热源摆放位置，或多联机室外机摆放位置及土建要求。

2. 与电气专业的配合：向电气专业提供空调用电量及空调用电设备平面布置图。

3. 与给排水专业的配合：向给排水专业提供机房地漏位置、风机盘管或多联机室内机冷凝水排放需求位置。向给排水专业提加湿水点要求。

第六节　生殖医学中心空调系统的规划与管理

人类辅助生殖是指运用医学技术和方法对人的卵子、精子、受精卵或胚胎进行人工操作，以达到受孕目的的医疗技术。医院内设置的生殖医学中心就是利用人类辅助生殖技术从事治疗不孕不育的医疗科室。

一、生殖中心的整体规划设计

（一）生殖医学中心功能流线组织

生殖医学中心由实验室部分、门诊部分和办公辅助部分组成。其中实验室部分属于净化区，门诊部分和辅助用房属于普通区。实验室部分包括胚胎培养室、冷冻保存库、取卵室、胚胎移植室、精液处理室、人工授精室、腔镜检查室、无菌库等主要功能房间。门诊部分包括卵泡检查室、妇科检查室、妇科治疗室、注射室、抽血室、化验室、消毒间等房间。办公辅助房间则包括办公室、会议室、值班室等。

设计生殖医学中心的净化空调系统，需要考虑医护流线、患者流线、洁净物流及污染物流的净化梯级，设计原则是使洁净空气从洁净区流向清洁区，再流向污染区。

（二）生殖医学中心非净化区

1. 监测排卵候诊区。环境符合卫生部医疗场所Ⅲ类标准。

2. 超声室。环境符合卫生部医疗场所Ⅲ类标准。

3. 非洁净辅房区域。一般采用嵌入式风机盘管加新风的空调形式，共用一台新风机组集中送新风，风机盘管和新风处理机组的冷热源取自建筑已有的冷热源系统，此外，取精室、污洗间、取卵室、移植室、培养室需设置排风装置。

（三）生殖医学中心净化区

1. 取卵手术室。环境符合卫生医疗场所Ⅱ类标准，洁净等级为Ⅲ级。

2. 移植手术室。环境符合卫生医疗场所Ⅱ类标准，洁净等级为Ⅲ级。

3. 取精室为万级层流。

4. 精液处理室。环境符合卫生医疗场所Ⅱ类标准，洁净等级为Ⅱ级。

5. 胚胎实验室。环境符合卫生医疗场所Ⅰ类标准，洁净等级为Ⅱ级，配子及胚胎操作区域必须达到Ⅰ级洁净等级。

6. 冷冻贮存室。环境符合卫生医疗场所Ⅱ类标准，治疗等级为Ⅲ级。

以上区域应采用医用卫生型净化空调机组，新风采用集中新风处理，并设置深度除湿。

合理的气流组织形式是达到空气洁净度的一个必要条件，Ⅱ级、Ⅲ级洁净房间采用上送风侧下回风的气流组织形式，Ⅳ级辅助房间采用上送上回的气流组织形式。室内回风由回风口通过回风管道系统回到空气处理机的新风与回风混合段，混合后的空气经空调机组进行过滤、湿热处理后，由送风风机加压送风，通过顶板上装的高效送风口送入室内。经过不断的调节和稀释，洁净区内处于符合洁净等级及压力梯度等综合指标的状态。

二、生殖医学中心空调系统的规划与管理

（一）各功能房间空调需求参数表（表4-12）

表4-12 生殖医学中心各功能房间空调需求

功能房间	面积/m²	夏季空调需求	冬季空调需求	过渡季空调需求
检测排卵候诊区	≥20	温度 21～27 ℃，相对湿度≤60%	温度 21～27 ℃，相对湿度≤60%	温度 21～27 ℃，相对湿度≤60%
超声室	≥20	温度 21～27 ℃，相对湿度≤60%	温度 21～27 ℃，相对湿度≤60%	温度 21～27 ℃，相对湿度≤60%
候诊区	≥15	温度 21～27 ℃，相对湿度≤60%	温度 21～27 ℃，相对湿度≤60%	温度 21～27 ℃，相对湿度≤60%
取卵手术室	≥25	温度 21～25 ℃，相对湿度 30%～60%	温度 21～25 ℃，相对湿度 30%～60%	温度 21～25 ℃，相对湿度 30%～60%
移植手术室	≥20	温度 21～25 ℃，相对湿度 30%～60%	温度 21～25 ℃，相对湿度 30%～60%	温度 21～25 ℃，相对湿度 30%～60%
取精室	≥5	温度 21～27 ℃，相对湿度≤60%	温度 21～27 ℃，相对湿度≤60%	温度 21～27 ℃，相对湿度≤60%
精液处理室	≥20	温度 21～25 ℃，相对湿度 30%～60%	温度 21～25 ℃，相对湿度 30%～60%	温度 21～25 ℃，相对湿度 30%～60%

功能房间	面积/m²	夏季空调需求	冬季空调需求	过渡季空调需求
胚胎实验室	≥35	温度 21～25 ℃,相对湿度 30%～60%	温度 21～25 ℃,相对湿度 30%～60%	温度 21～25 ℃,相对湿度 30%～60%
冷冻贮存室	≥20	温度 21～25 ℃,相对湿度 30%～60%	温度 21～25 ℃,相对湿度 30%～60%	温度 21～25 ℃,相对湿度 30%～60%

（二）生殖医学中心空气处理机组的设置

由于生殖医学中心的净化管线繁多且布局错综复杂,且与室外机组连接较多,因此通常将生殖医学中心设置在楼的顶层,相应配套的空气处理机组和新风处理机组均布置在屋顶的空调机房内。这样布置可以减少机组检修及更换过滤器时对净化空间的干扰。

在设置空气处理机组时,需考虑房间的净化级别,将净化级别相近的房间纳入同一净化系统中,以防止净化级别相差较大的空气交叉感染。一般来说,胚胎培养室和冷冻保存库的净化要求相近,共用一台净化空气处理机组,一用一备,两台交替使用。其送风采用顶棚高效送风口送风,双侧下部带中效过滤器的回风口回风。其他洁净用房净化要求相近,共用一台净化空气处理机组,其送风采用顶棚高效送风口送风,单侧下部带中效过滤器的回风口回风。由于生殖中心很多房间面积不大,净化级别高,对气流组织要求科学合理,在进行送回风布置时,需考虑送、回(排)风口位置对气流置换的效率和效果的影响。

净化空气处理机组自控系统采用温、湿度传感器分别通过先进的可编程控制器对空调回水管上的电动调节阀的开度及蒸汽管道上的电磁阀的开、关进行控制,以保证房间的温、湿度达到设计要求,以节省能耗。在系统上的各级过滤器的前后设置压差传感器以便对过滤器的堵塞情况进行监控。采用先进的变频器对风机进行控制,在过滤器阻力发生变化的情况下达到控制风量恒定及节省能耗的目的。

（三）生殖医学中心新风处理机组设置

整个净化区共用一台新风处理机组。根据室内人员的卫生要求、补偿室内的排风、维持房间所需要的正压确定最小新风量,并考虑风管的漏风量,从而选择合适的新风处理机组。新风集中经初、中效过滤器处理后送至各空气处理机组的新风入口,新风集中处理可以减少新风口的数量,加强新风过滤处理,消除新风对循环空气处理机组乃至系统的干扰,并单独作为值班风机使用以保证房间维持正压。新风机组同样采用变频控制。

（四）生殖医学中心排风系统

由于实验室通风柜、试剂柜、生物安全柜等排风设备比较多,排风量也较大,当系统运行时可能会引起室内的温湿度、压力波动。为保证实验室房间的温湿度、压力等参数波动稳定,根据排风需要将排风相应地设置为变风量阀门控制。为了给实验人员提供安静、舒适的工作环境,房间噪声应该控制在 45 dB 以内,因此排风机等有震动的设备应尽量放在室外或机房,避免放在实验区吊顶内或室内。根据科室相关需求,在更衣室、取精室、精液处理室、取卵室也需设置排风系统,排出污染空气并且保证整个系统的风量平衡。排风口需设置中高效过滤器,系统上设置风道止回阀。

（五）生殖医学中心空调冷、热源及加湿

非净化空调系统共用大楼的冷热源，夏季供回水温度为 7 ℃/12 ℃，冬季供回水温度为 60 ℃/50 ℃。净化空气处理机组配置系统加湿器，过渡季节可采用风冷模块式机组等节能型机组。

三、生殖中心实验室规划设计注意事项

生殖医学中心的规划设计中，要注意空调系统与其他专业系统或设备设施融合设计，注意的要点如下：

1. 与装饰专业的配合。在整体装修设计中，要把人性化设计放在首位，特别是等候区的设计，要从心理与审美的需求出发，进行整体的评价。空调系统的设计要与装修设计融合，根据天花吊顶布置风口。空调机房的位置及面积要从便于维修管理、有利环境声学控制出发进行设计；排风管井、新风采及排风、防雨百叶位置、冷热源摆放位置或多联机室外机摆放位置等要科学规划。

2. 与电气专业的配合。要合理布局，及时向电气专业提供空调用电量及空调用电设备平面布置图。

3. 与给排水专业的配合。与给排水专业密切协调，及时提供机房地漏位置、风机盘管或多联机室内机冷凝水排放需求，向给排水专业提加湿水点要求。

第七节　血液层流病房净化空调系统的规划与管理

一、血液层流病房区工艺流程

（一）造血干细胞移植中心的构成

造血干细胞移植是指当人的造血干细胞因为疾病等原因不能正常造血或功能异常时，将他人的正常造血干细胞移植到病患身体中，重新建立病患的正常造血和相关功能，以达到治疗疾病的目的。造血干细胞移植中心概括起来由干细胞采集中心、层流病房区、后勤辅助区以及医护办公区组成（图 4-9）。

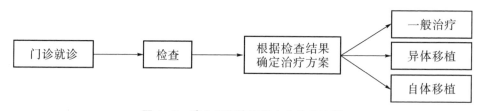

图 4-9　造血干细胞移植中心诊疗流程

干细胞采集中心相对与外界联系较多且相对独立，属于外区域；层流病房及后勤辅助区域有洁净等级要求，属于内区域；而办公生活区可结合三者功能具体布置。

表 4-13   造血干细胞移植中心用房分类

分区名称	功能用房
干细胞采集区	接待处、细胞分离室、冷库、保存间、设备间、准备间
层流病房区	层流病房、治疗前室、洁净走廊、家属探视廊、工作走廊、药浴间、治疗室、护士站、医护人员更衣室、医生办公室
后勤辅助区	消毒配餐中心、物品灭菌区、无菌物品库房、污洗污存间、污物通道
办公生活区	办公室、值班室、数据中心、会议室、示教室

干细胞采集中心及医护工作区对于室内洁净度一般不做特别要求。病人在移植后处于免疫系统缺失状态,极易发生感染和并发症,因此移植后的病人需在无菌环境中进行后续治疗直至免疫功能恢复,层流病房区是整个移植中心最重要的组成部分。

（二）血液层流病房区主要流线

血液层流病房工艺流程一般包括病患流线、医护人员流线、探视家属流线、无菌物品流线以及污物流线等,这些流线将各个功能空间有机结合在一起,流线也是检验各功能空间安排是否合理的标准。

1. 病患流线

病患在过渡病房经过一系列检查后,先通过更衣淋浴,再经药浴体表消毒后进入洁净走廊,经缓冲区进入百级层流病房,入住病房后,病患不得走出移植病房,待放、化疗结束,移植手术完毕、恢复期过去,才能出移植病房进入过渡病房,待完全观察期结束后方能办理出院手续。

2. 医护人员流线

医护人员经专用通道,经过一次换鞋后分别进入男女更衣室按要求执行自身净化程序,淋浴更衣,然后再经二次换鞋并刷手消毒,进入洁净区域。如病人情况需要医护人员进入层流病房,医护人员应经治疗前室进入病房。医护人员应严格执行无菌隔离制度,按照污染区—过渡区—缓冲区—净化区逐一增加净化梯度,并且掌握污染发生时的应急处理措施。

3. 家属探视流线

家属由主入口进入,进入探视走廊,通过大玻璃窗及通话设施与病患交流,探视结束后原路返回。家属探视走廊在区域中是必不可少的,家人的陪伴与鼓励可以缓解病人的孤独感和躁郁情绪,增强病患战胜疾病的信心。探视走廊与污物处置走廊在条件不允许分设的情况下可以兼用。

4. 无菌物品流线

所有清洁物品通过专用电梯经缓冲区送入无菌物品库,然后经过严格的消毒,再通过传递窗进入洁净区。层流病房区内可回收利用的洁净物品也须通过传递窗运出。病患的餐食由工作人员在专用配餐间配备后,通过专设的消毒灭菌传递窗送到洁净走廊,再分发到各病房内。

5. 污物流线

污染物品可以分为医用和生活用两类。医用污染物经污物走廊(可兼作探视走廊)

送到污物暂存间后由污梯运出。生活污染物,包括被服、餐具等,则由移植病房内的传递窗传至污物走廊后送至污洗间清洗或由污梯运出。

（三）血液层流病房布局

层流病房是整个移植中心的核心部分,有严格的洁净等级要求,医护人员和患者的进出都必须经过一定的卫生通过程序,并且须在各自流线上按序通过,不得有流线交叉或跳跃的情况发生。层流病房区由医护人员走廊及多个移植单元体组成,一个移植单元体由层流病房、卫生间、治疗前室及家属探视走廊组成。尽管各个医院的血液移植中心布局都不相同,结合各自建筑特点,后勤辅助区及办公生活区的差别非常大,但是层流病房区总的来说仍旧遵循一定规则,层流病房围绕护士站及辅助用房布置,布局尽可能紧凑,缩短医护人员工作路径(图4-10、图4-11)。

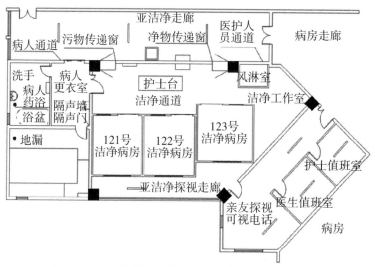

图4-10 东部战区总医院血液层流病房平面布置图

(来源:杭元凤.医用建筑规划[M].南京:东南大学出版社.)

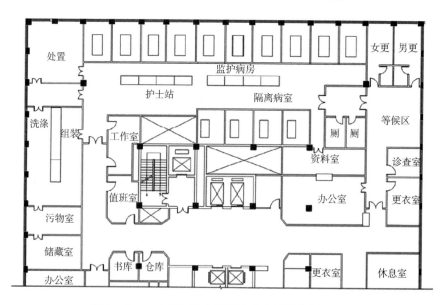

图4-11 日本某医院血液层流病房平面布置示意图

医院空调系统规划与管理

层流病房布局可以总结为以下几大类,见图 4-12:

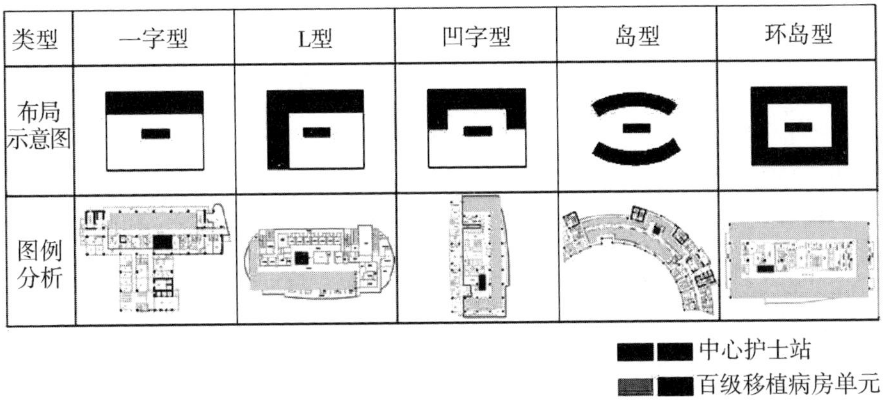

类型	一字型	L型	凹字型	岛型	环岛型
布局示意图					
图例分析					

■■ 中心护士站
■■ 百级移植病房单元

图 4-12 血液层流病房常见布局

(来源:钱薇. 现代医院造血干细胞移植病房空间设计研究[D]. 西安:西安建筑科技大学,2018.)

二、血液层流病房室内环境要求

血液层流病房室内环境要求主要体现在洁净度、静压差、温湿度、截面风速以及噪声几个方面。

(一) 血液层流病房洁净度

层流病房是指通过净化空调系统向室内送入一定洁净度的空气,并且室内所有空气按照一定的速度朝同一方向流动,病房内的空气流为典型的单向流,以此来防止尘粒、细菌等在室内滞留繁殖,为免疫力低下的患者提供洁净无菌的治疗、恢复空间。

层流病房的空气洁净度采用粒径颗粒计数浓度,层流病房的空气洁净等级是以空气的含尘浓度的高低来划分的,我国拟定的空气洁净度等级标准见表 4-14。

表 4-14 沉降法洁净用房分级标准

洁净用房等级	沉降法(浮游法)细菌最大平均浓度	空气洁净度级别
I	局部集中送风区域:0.2 CFU/(30 min・φ90 皿)。其他区域:0.4 CFU/(30 min・φ90 皿)	局部 5 级,其他区域 6 级
II	1.5 CFU/(30 min・φ90 皿)	7 级
III	4 CFU/(30 min・φ90 皿)	8 级
IV	6 CFU/(30 min・φ90 皿)	8.5 级

层流病房及相关辅助用房室内设计参数可参考《军队医院洁净护理单元建筑技术标准》以及《医院洁净手术部建筑技术规范》(GB 50333—2013)(表 4-15)。

表 4-15 血液层流病房用房空气洁净度与细菌浓度

级别	适用范围	空气洁净度	细菌浓度	
			浮游菌/ (CFU/m²)	沉降菌/(CFU/ 30 min·φ90 Ⅲ)
Ⅰ	重症易感染病房	5	<5	<1
Ⅱ	洁净走廊、护士站、治疗室	7	<150	<4
Ⅲ	体表处置室、更换洁净工作服室、无菌物品库	8	<400	<10
Ⅳ	一次换鞋更衣、医生办公室、示教室	—	—	—

（二）血液层流病房静压差

为保证房间的洁净度,静压差也是一个十分关键的参数,以此来形成一定的压力梯度,阻隔外界气流可能对病房内造成的污染。相邻相通房间之间均有压差要求,除了注明仅需定向气流的,其他压差均应不小于 5 Pa,并不超过 20 Pa。

（三）血液层流病房温湿度

病房温度要求为 22～26 ℃,由于患者几乎丧失了免疫力,室内温度过高或过低,或者有大幅度的波动,容易造成患者感冒。病房湿度要求为 45%～60%,相对湿度过低可能造成患者口唇干裂,湿度过高则容易滋生细菌,造成感染。

（四）血液层流病房截面风速

病房的空调截面风速设计为 0.12～0.25 m/s,根据下限送风原理,在基本静止状态下,最低 0.12 m/s 的风速仍然可以保持室内单向流。送风应采用调速装置,至少设白天与夜间两档风速。白天送风速度不宜大于 0.25 m/s,送风面离地接近 3 m 时,送风速度不宜大于 0.3 m/s。夜间使用时截面风速可以设置在下限值,过高的风速会使患者有吹风感,造成患者感冒。实际使用时根据不同患者的使用感受进行针对性的调节,以提高病患的舒适感。

（五）血液层流病房噪声

患者长期住在狭小的病房中,往往容易烦躁,加之净化空调机组必须 24 h 不间断运行,如果噪声高,造成患者睡眠不良,情绪会受到一定的影响,对治疗不利。病房噪声标准为 45～50 dB,白天噪声标准不超过 50 dB(A),患者夜间睡觉时空调系统低频运行时空调噪声可控制在 45 dB(A)以下。

目前国内尚无关于无菌病房的设计规范,其室内设计参数可参考《军队医院洁净护理单元建筑技术标准》以及《医院洁净手术部建筑技术规范》(GB 50333—2013)。《医院洁净护理与隔离单元技术标准》(征求意见稿)给出了易感染患者病房及其辅助用房净化空调设计参数建议(表 4-16)。

表 4‑16 层流病房室内环境设计参数

序号	分区	房间名称	空气菌落数级别	与室外方向相邻相通区域的正压差[正(＋)负(－)无要求(△)]	最小换气次数/(次/h)			室内温度/℃		室内相对湿度/%		换气次数/(次/h)	室内噪声/dB(A)
					新风	送风	排风	冬	夏	冬	夏		
1	普通工作区	值班室(外)	V	△	2	6	/	22	27	/	/	/	≤50
2		医护人员卫生通过(含卫生间、更鞋更衣、淋浴)	V	△	/	6	/	25	28	/	/	/	≤50
3		库房	V	△	2	4	2	/	/	/	/	/	≤55
4		无菌物品储存间	IV	＋	2	4		/	/	/	/	/	≤55
5		器械间	V	△	2	4	2	20	28	/	/	/	≤55
6		探视走廊	V	△	2	4		20	27	/	/	/	≤50
7	防控区	治疗期血液病房	I	＋	3	按风速	/	25	26	40	55		≤45
8		治疗期血液病房内卫生间	II	－(病房向卫生间定向气流)	/	18	3	/	/	/	/		≤45
9		治疗期血液病房缓冲间	I	＋	2	60	/	宜高于病房	宜高于病房	/	/		≤50
10		治疗期血液病房内走廊	II	＋	2	17	/	/	/	/	/		≤50
13		恢复期血液病房	II	＋	3	17	/	24	26	40	55		≤45
14		恢复期血液病房内卫生间	III	－(病房向卫生间定向气流)	/	10	3	/	/	/	/		≤50
15		恢复期血液病房内走廊	III	＋	2	10	/	/	/	/	/		≤50

序号	分区	房间名称	空气菌落数级别	与室外方向相邻相通区域的正压差[正(+)负(-)无要求(△)]	最小换气次数/(次/h)			室内温度/℃		室内相对湿度/%		换气次数/(次/h)	室内噪声/dB(A)
					新风	送风	排风	冬	夏	冬	夏		
16	辅助防控区	病房内走廊	Ⅲ或Ⅳ	+	2	6	/	20	27	/	/	/	≤50
17		血液病房药浴间	Ⅲ	△	2	6	2	26	28	/	/	/	≤50
18		配餐及消毒室	Ⅳ	+	2	6	/	20	26	/	/	/	≤50
19		护士站	Ⅳ	+	3	12	/	22	26	/	/	/	≤50
20		护士值班室（带卫生间）	Ⅳ	+	2	8	/	24	26	/	/	/	≤45
21		治疗室（换药室）	Ⅳ	+	2	12	/	22	26	30	60	/	≤50
22		医生办公室	Ⅳ	+	3	8	/	24	26	/	/	/	≤50
23		内走廊与非防控区的缓冲间	Ⅳ	+	2	6	/	宜高于病房	宜高于病房	/	/	/	≤55
24	污物处理区	患者排泄物处置间	Ⅴ	—	/	/	4	/	/	/	/	/	≤55
25		便器清洗、烘干、消毒间	Ⅴ	—	/	4	6	/	/	/	/	/	≤55
26		卫生洁具间	Ⅴ	—	/	2	4	/	/	/	/	/	≤55
27		污物暂存	Ⅴ	—	/	2	4	/	/	/	/	/	≤55
28		污物污具清洗	Ⅴ	—	/	2	4	/	/	/	/	/	≤55

注:(1)"/"表示无明显规定,视需要与设备状况确定;
　　(2)冬季无空调采暖,只能用辐射供暖或踢脚线式供暖的房间换气次数可减少到最小换气次数;
　　(3)实际温度值可在表中数值上下浮动不大于 2 ℃,并应可调。实际相对湿度可在表中数值上下浮动不大于 10%;
　　(4)病房与医护人员休息室夜间噪声宜比白天降低 3 dB(A)以上。

医院空调系统规划与管理

三、血液层流病房净化空调系统

（一）血液层流病房空调机组设置

层流病房净化空调系统由医用净化空调机组、新风机组、层流送风装置、自控系统、高效过滤器、消声器、灭菌装置、各类风阀及风管组成。该系统由洁净度等级、细菌浓度、静压差、温度、湿度、换气次数、最少新风量、噪声及自净时间等技术指标共同控制。血液层流病房的净化空调应采用一对一循环系统。

空气调节系统中，被处理的空气主要来自新风与回风，新风中含有大气尘埃，回风由于室内人员流动也含有尘埃，送入病房的空气除了进行热湿处理外，还应进行净化处理，主要是除去空气中的悬浮尘埃。而空气中的细菌单体和病毒微粒主要附着在尘埃粒子上，因此空气净化过程中除去尘埃的同时也去除了细菌与病毒，使送入室内的空气达到无尘、无菌的状态。

新风系统采用分区集中控制，进入循环机组的新风支管须采用定风量风阀进行控制。机组根据当地室外空气质量配置过滤器，室外空气质量不佳时，新风可配置粗效、中效甚至亚高效三重过滤器，对新风进行预处理，详见表 4-17。

表 4-17 新风过滤器和各室回风口过滤器配备要求

	PM10 年平均浓度/(mg/m³)		过滤器
新风	≤0.07		粗效＋中效
	>0.07		粗效＋中效＋亚高效
各室回风口 （含系统和风机盘管）	初阻力/Pa	≤50	相当于 超低阻高中效
	微生物一次通过率/%	≤10	
	颗粒物一次计重通过率/%	≤5	

新风机组由粗效过滤段、风机段、均流段、中效过滤段、亚高效过滤段、表冷段、加热段、出风段组成（图 4-13）。

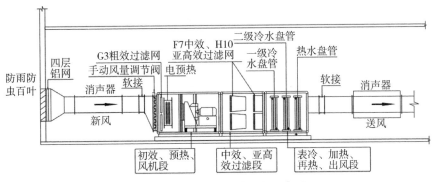

图 4-13 新风机组功能段示意图

三级过滤的新风系统，其终阻力可达到 800 Pa，这使得风机需要具备小风量及大压头，具备这两个特性的风机匹配起来非常困难，运行的稳定性也低，转速及噪声往往也较大。因此,考虑风机特性以及能耗,一般新风可以分区域集中处理,多间病房合用新风处理机组。为了确保系统运行的可靠性,新风机一般应设置备用机组,并且在各个房间的新风管上设置定风量阀门来稳定每个房间的风量。新风机组的合并使用应考虑可操作性,在确保系统运行的情况下兼顾维护保养的便利,因此一台新风机组服务的功能空间不宜过多。

造血干细胞移植病房净化空调系统循环机组至少设有三级过滤,第一级空气过滤装置宜设在新风吸入口,第二级应设置在风机正压段,第三级宜设置在送风末端。机组初、中效过滤器及辅房送风口的高效过滤器要求采用优质的空气过滤器。病房内的高效过滤器应采用初阻力小、容尘量大且抗菌的优质过滤器。

针对层流病房送风量大、新风比小、送风温差小、室内负荷常年较稳定的特点,空气处理机组一般采用二次回风系统,在室外全年温湿度波动幅度有限的情况下,可以考虑由新风承担全部热湿负荷,如室外全年温湿度波动较大或者在冬夏季节不利工况较多,仍应采用回风、新风混合后再进行温湿度处理的方式。

按照对层流病房区各功能区不同洁净等级要求,空调系统设计的功能段如图4-14所示:

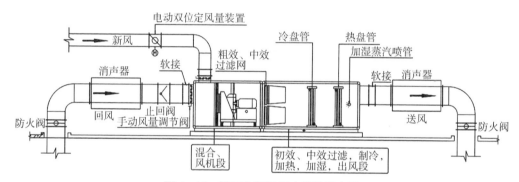

图4-14 循环空调机组功能段示意图

病区的空调系统设计应注重安全性和节能。空调系统采用集中新风机组＋循环机组处理模式。夏季工况,新风处理机组对新风集中深度除湿处理,使新风承担室内的湿负荷,循环机组只处理室内显热负荷,大量节省系统除湿及再热的能耗。过渡季节及冬季,新风处理机组对新风送风温度做精确控制,充分利用自然新风的冷量来抵消室内的负荷。所有的净化空气处理机组均采用变频器对风机电机进行控制,实现风量无极调节功能及值班工况低负荷运行。每台循环机组设置于病房正上方,尽量缩短管线路径,利于降低能源损耗。

（二）血液层流病房气流组织形式

病房要求空气洁净度达到Ⅰ级,病患处于病房内时,外源性病菌得到了控制,但是其自身的发尘、发菌产生的内源性病菌就成了感染的主要来源。因此对污染源的控制要考虑病患的发尘、发菌影响半径和病房的自净时间,这一关键在于选择合理的气流组织方式。在保证病房空气洁净度的同时还要保证整个病房内的正常压强分布和空气的定向流动,使病房始终处于受控状态,不因外界影响而破坏各区域内的气压梯度从而引起交叉污染。

病房的气流组织方式目前有水平流和垂直流两种,这两种方式在国内外均有应用。水平流情况下,洁净空气由患者头侧部送入,在另一端排出;垂直流情况下,洁净空气由顶部送入,墙面下端排出。在这两种气流组织方式中,送风天花几乎满布墙面(或顶面),空气在室内呈现明显的层流分布状态。但是当送风速度相同时,水平流状态下,患者头部位于出风口,吹风感较明显,而在垂直送风的房间里,由于患者处于回风区域,对温度的敏感性较水平送风要小得多。同时,垂直送风的房间更方便布置门窗、设备带等设施,房间两侧也可设置大面积玻璃窗,比水平层流的房间通透性好,在擦洗消毒方面也比水平层流房间方便(图4-15)。

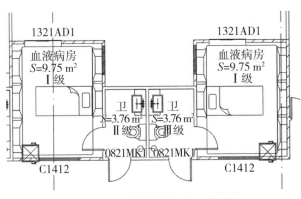

图4-15 垂直单向流病房布置图

（三）层流病房卫生间空调系统的设置

设计方案确定时充分考虑患者对卫生间的使用情况,患者在化疗前需要在病房内进行肠道消毒或其他处理,此时并不在治疗期,可以正常使用卫生间。在化疗期间,由于化疗治疗方法的副作用常引起患者呕吐等症状,患者的进食量相对常人要少,因而卫生间的使用次数有限。但考虑到卫生间病菌相对较多,患者的免疫能力又比较低下,所以卫生间必须设计为洁净用房。

卫生间的空气洁净度是由病房的空调送风系统结合卫生间的排风系统来保持的,只要排风的换气次数大于25次/h即可。鉴于以上,并从满足治疗的安全性和病房建设运行经济性两方面考虑,无菌病房卫生间的排气次数采用25次/h,并且设置高效送风口,卫生间净化级别为Ⅲ级(图4-16)。

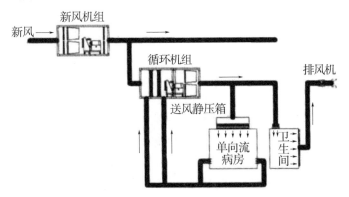

图4-16 血液层流病房卫生间空调系统图

患者如厕时产生的污染气体会从坐便器内向上溢出扩散至室内其他地方。如按照普通卫生间上排风的方式设计,污染气体会先经过病患,再经排风口排到室外,污染气体中往往含有细菌,很容易造成患者感染。采用顶送侧墙下排气气流组织方式,即将送风口设置于患者如厕的上方吊顶,使洁净空气先经过患者,再到坐便器,最后通过排风口排到室外,可最大限度对患者形成保护。卫生间相对病房的负压差必须在 8 Pa 以上,但过高的压差会带来舒适度降低及能耗增大问题。

第八节　影像科大型医疗设备空调系统的规划与管理

影像科是医院运行中不可或缺的重要科室,为临床诊断提供准确、客观、真实的影像,为疑难杂症的病变提供准确的依据。其主要设备包括以 X 射线成像为代表的一系列成像设备,如直接数字化 X 射线摄影系统(DR)、计算机 X 射线断层扫描(CT)、普通 X 射线拍片机、计算机 X 射线摄影系统(CR)和一系列集核医学影像(PET-CT、PET-MRI)、核磁共振(MRI)、数字减影血管造影系统(DSA)设备等。由于影像设备价格昂贵,具有独立性、放射性,散热量较大,对射线防护、室内温湿度的要求与一般科室不同,暖通空调设计具有一定的特殊性,应在规划设计中加以重视,确保影像科室的空调设计高质量,本节针对几种主要的放射科医技用房的暖通设计进行研究,对各类设备用房的室内环境、工艺要求、暖通空调设计的思路及原则进行讨论,提供参考。

一、放射影像科设备空间环境要求

(一)放射影像科平面布局设计

影像科在医院流程规划中,其空间位置应兼顾门急诊以及住院部,并与相关科室保持一定联系。对于小型基层医院,一般集中设置,对于大型综合性医院,可以考虑分区域设置,以缩短病人检查的流线。从建筑荷载以及设备的运输方面考虑,放射科宜设置在一层,尽量设置在建筑物的一端,确保人员交通便利,便于轮椅、医用转运平车的进出。

放射科内部布局应当从设备大小、重量、维修、辅房等方面来考虑机房的具体排布。通常来说应当首先考虑核磁共振机房,此类设备重量较重,磁体体积较大,并且核磁共振自带水冷机组,扫描间也需独立设置恒温恒湿空调。综合以上因素,核磁共振机房设置应尽量靠近外墙。

(二)放射影像科空调设计

放射科医技用房的空调以工艺性空调为主,放射科的设备不仅对温湿度有着自己特殊的要求,还要求空调系统具有独立性、稳定性和可靠性。同时,重要设备间应杜绝空调水的跑、冒、滴、漏,严禁风机盘管设置于此类房间。综合以上特殊要求,根据投资及医院规模等因素,多联机空调系统、直接膨胀式空调系统以及精密空调常用于放射科的空调系统设计。根据数据调研和资料收集,放射科空调系统要求总结如表 4-18。

表 4-18 放射影像科各房间空调系统要求

序号	工艺要求	空调系统要求	空调系统严禁事项
1	独立控制、无机房	系统可靠、灵活、独立控制	与整栋大楼合用空调系统
2	电磁辐射干扰及屏蔽	空调主机应远离安装精密设备的房间,室内考虑屏蔽措施	风管直接进入房间
3	杜绝水管跑、冒、滴、漏	设计氟系统的 VRV 空调	末端采用水冷空调
4	24 h 运行、可靠性要求高	采用可靠的风冷冷媒系统及独立的备用系统	—

1. X射线设备空调系统要求。X 射线机是产生 X 光的设备,传统 X 射线机(X 光机)是使 X 光穿过人体在胶片上成像,利用影像对人体进行诊断、治疗的设备。传统 X 光机必须在机房附近设置暗室,供洗胶片使用。近年来由于数字化技术的应用,两种数字化成像技术产生了。一种是 CR(计算机放射成像系统),它采用可重复使用的磷光体成像板替代了传统 X 射线成像系统中的胶片,成像板感光后,采用激光扫描仪扫描出数字化图像;另一种是 DR(直接数字放射成像系统),它采用电子成像板接受 X 射线照射后曝光,曝光后直接转变为数字信号并通过图像软件成像。乳腺机是用来检查乳房的 X 射线设备,数字胃肠机是用来检查胃肠道疾病的 X 射线设备。

CT(电子计算机 X 射线断层扫描技术),它是用 X 射线对人体检查部位一定厚度的层面进行扫描,转变为可见光后,由光电转换变为电信号,再经模拟/数字转换器转为数字,输入计算机处理成像,从而获得各断面层图像。CT 机房包括检查室(CT 机所在房间)、控制室、设备室(多与控制室合用)。

放射影像科 X 射线设备室内空调设计。由于放射科设备本身对室内温湿度有特殊的要求,因此要根据不同的设备要求来给定室内的温湿度参数。根据《综合医院建筑设计规范》(GB 50139—2014)和房间本身的特性,推荐采用以下室内设计参数,详见表 4-19。

表 4-19 X射线设备室内空调设计参数要求

房间名称	夏季		冬季		新风/(次/h)	排风/(次/h)	气压要求
	温度/℃	相对湿度/%	温度/℃	相对湿度/%			
X 射线检查室	24~26	40~60	22~24	>40	3	3	微负压
X 射线控制室	24~26	40~60	22~24	>40	3	3	微正压
DR 检查室	24~26	40~60	22~24	>40	3	3	微负压
DR 控制室	24~26	40~60	22~24	>40	3	3	微正压
CR 检查室	24~26	40~60	22~24	>40	3	3	微负压
CR 控制室	24~26	40~60	22~24	>40	3	3	微正压
CT 检查室	24~26	40~60	22~24	>40	4	4	微负压
CT 控制室	24~26	40~60	22~24	>40	3	3	微正压

放射科内的设备散热量较大,对空调负荷的影响特别大,设备的具体散热量应该以实际的设备样本上的参数为准,当无具体样本参考资料时,可以参考表4-20。

表 4-20 X 射线设备各房间室内发热量参考

房间名称	设备散热量/kW	房间名称	设备散热量/kW
X 射线检查室、控制室	3~6	CT 独立设备间	6~12
CT 检查室(无独立设备间)	6~12	DR 检查室、控制室	3~6
CT 检查室、控制室(有独立设备间)	3~6	CR 检查室、控制室	3~6

在实际项目设计中,放射科空调系统采用独立的空调系统,不与医院空调大系统合用,以便灵活控制和使用,达到节能的目的。多联机由于采用氟系统制冷,在放射科医技用房得到广泛应用,特别是 X 射线机,CR、DR、CT 检查室、控制室。CT 独立设备间可考虑设置独立分体制冷空调来满足设备散热要求。常用的 X 射线设备室内空调设备形式见表 4-21。

表 4-21 常用的 X 射线设备室内空调设备形式

房间名称	空调设备形式	房间名称	空调设备形式
X 射线检查室、控制室	多联机空调机组或分体式空调机组	CT 独立设备间	单冷独立空调
CT 检查室、控制室	多联机空调机组或分体式空调机组	CR、DR 检查室、控制室	多联机空调机组或分体式空调机组

2. MRI 设备(磁共振)空调系统要求。磁共振成像是断层成像的一种,MRI 利用磁场标定人体层面的空间位置,再用无线电波进行照射,激发原子核产生磁共振现象,用探测器检测并输入计算机,经过计算机处理转换成人体纵断面图像。这一检查技术不产生电离辐射。MRI 机房包括检查室(MRI 设备所在房间)、控制室、设备间。

放射影像科 MRI 设备室内空调设计。根据《综合医院建筑设计规范》(GB 50139—2014)和房间本身的特性,推荐 MRI 设备采用表 4-22 中的室内设计参数。

表 4-22 MRI 室内空调设计参数要求

房间名称	夏季		冬季		新风/(次/h)	排风/(次/h)	气压要求
	温度/℃	相对湿度/%	温度/℃	相对湿度/%			
MRI 检查室	22±2	60±10	22±2	60±10	5	5	微负压
MRI 控制室	24~26	40~60	22~24	>40	3	3	微正压

MRI 检查室、控制室、设备间的设备散热量可参考表 4-23 数据进行设计。

表 4‑23   MRI 设备各房间室内发热量参考

房间名称	设备散热量/kW	房间名称	设备散热量/kW
MRI 检查室	2~5	MRI 控制室	3~5
MRI 设备间	12~24		

MRI 空调设计为独立的恒温恒湿空调。采用上送上回风系统。放置空调室内机处需设置给水管和地漏,用于加湿和排除冷凝水。MRI 设备间内设置由设备配套的水冷机进行制冷。

MRI 机防护罩顶部有氦气排出,应设置管道与机身自带排气管连接,该管道厂家称为失超管。失超管采用非磁性不锈钢管,管径不小于 250 mm,需要高空排放。扫描间内设置事故通风,用于排出液氦泄漏。

3. DSA 设备空调系统要求。数字减影血管造影简称 DSA,即血管造影的影像通过数字化处理,把不需要的组织影像删除掉,只保留血管影像,这种技术叫作数字减影技术,其特点是图像清晰,分辨率高,为观察血管病变,血管狭窄的定位测量,诊断及介入治疗提供了真实的立体图像,为各种介入治疗提供了必备条件。主要适用于全身血管性疾病及肿瘤的检查及治疗。DSA 机房包括检查室(DSA 机所在房间)、控制室、设备室。

放射影像科 DSA 设备室内空调设计。根据《综合医院建筑设计规范》(GB 50139—2014)和房间本身的特性,推荐 DSA 设备采用表 4‑24 中的室内设计参数。

表 4‑24   DSA 室内空调设计参数要求

房间名称	夏季		冬季		新风/ (次/h)	排风/ (次/h)	气压要求
	温度/℃	相对湿度/%	温度/℃	相对湿度/%			
DSA 检查室	20~24	40~60	20~24	>40	4	4	微负压
DSA 控制室	24~26	40~60	22~24	>40	3	3	微正压

DSA 检查室、控制室、设备室的设备散热量可参考表 4‑25 数据进行设计。

表 4‑25   DSA 设备各房间室内发热量参考

房间名称	设备散热量/kW	房间名称	设备散热量/kW
DSA 检查室	3~6	DSA 控制室	3~6
DSA 设备室	3~6		

DSA 室可选用机房专用空调或者变冷媒流量多联机。DSA 机房可进行导管介入手术,可设置洁净空调,室内送风口设置位置应集中在导管插入口和导管输出范围内。DSA 室的换气次数一般按 3~4 次/h 计算。

DSA 室的送风管和排风管上应设置电信号控制的 70 ℃防火阀,平时常开,70 ℃熔断关闭或电信号关闭,反馈关闭电信号。此处设置防火阀的目的是在 DSA 室周边区域发生火灾时,由消防中心控制及时关闭此阀,避免将火引入 DSA 室,造成爆炸。

二、放射治疗科设备空间环境要求

(一)放射治疗科平面布局设计

放疗是放射治疗的简称,是利用 X 射线、伽马射线等或高能粒子破坏肿瘤细胞的一种治疗方法。放疗机可分两大类,一类是利用放射源本身的放射性产生射线,如后装机、钴-60 治疗机、伽马刀、放射介入治疗等;另一类是利用电场对粒子进行加速而产生射线,如加速器、光子刀、粒子刀等。

放疗科一般设有直线加速器室、模拟定位机室、深部 X 射线机室、暗室、模室、后装机机房、伽马刀机房及各类机房的控制室、设备间等。

(二)放射治疗科空调设计

放疗科机房包括直线加速器检查室、控制室、设备室,模拟机检查室、控制室、设备间,后装机检查室、控制室,伽马刀检查室、控制室等。

1. 放疗科设备室内空调设计。根据《综合医院建筑设计规范》(GB 50139—2014)和房间本身的特性,推荐放疗科设备采用以下室内设计参数,详见表 4-26。

表 4-26　放疗科室内空调设计参数要求

房间名称	夏季		冬季		新风/(次/h)	排风/(次/h)	气压要求
	温度/℃	相对湿度/%	温度/℃	相对湿度/%			
直线加速器治疗室	20～24	40～70	18～24	>40	10	11	微负压
直线加速器控制室	20～24	40～60	18～24	>40	3	3	微正压
模拟机检查室	20～24	40～60	20～24	>40	4	4	微负压
模拟机控制室	20～24	40～60	20～24	>40	3	3	微正压
伽马刀、后装机机房	20～24	40～60	20～24	>40	4	4	微负压

放疗科各类检查室、控制室、设备间的设备散热量可参考表 4-27 中数据进行设计。

表 4-27　放疗科设备各房间室内发热量参考

房间名称	设备散热量/kW	房间名称	设备散热量/kW
直线加速器检查室	15～20	直线加速器控制室	3～5
模拟机检查室	3～6	模拟机控制室	3～5

常用的放疗科设备各房间空调设备形式如表4-28。

表4-28　放疗科设备各房间空调设备形式

房间名称	空调设备形式	房间名称	空调设备形式
直线加速器检查室、控制室	组合式空调机组、多联机空调机组（直线加速器设备采用水冷机降温）	直线加速器设备间	多联机空调机组
模拟机检查室、控制室	多联机空调机组或分体式空调机组	伽马刀、后装机机房	多联机空调机组或分体式空调机组

2. 放疗科设备室内排风设计

放疗科需要排风的主要房间包括直线加速器室、模拟定位机室、深部X射线机室、暗室、模具室及设备间等。

（1）直线加速器治疗室的病人因治疗需要不能经常洗澡，病人身上常常带有异味——加速器工作时会产生少量的臭氧和氮氧化物。为了防止射线泄漏，房间本身的密闭性非常好，因而排风系统至关重要。

（2）模拟定位机的作用是为加速器治疗做准备，治疗前应在病人的病变部位定位画线。模拟定位机实际上是小能量的加速器，开机时也会产生少量的臭氧和氮氧化物，因此也需要排风。

（3）深部X射线机室与普通X射线透视、摄片室基本相同。暗室里安装了洗相机，进行胶片的处理。这两个房间按《民用建筑暖通空调设计技术措施》的要求也需要排风。

（4）模具室是制造铅模的房间，其内要进行熔铅操作，产生较大热量和极少量铅蒸气，必须排风。

直线加速器治疗室、模以定位机室和深部X射线机室均应设置独立的机械排风系统。治疗中产生的臭氧和氮氧化物比空气重，宜从下部排风。排风管道应设计成迷宫式，以防射线泄漏。

设备间的设备散热量大，单靠通风带走热量会导致排风管道尺寸过大。因此，可安装分体空调机来降温。

三、核医学科设备空间环境要求

（一）核医学科平面布局设计

关于核医学科的平面布局要求，根据辐射防护的级别一般将核医学科分为三个区域：控制区、监督区、非限制区。控制区为放射性相对较高的区域，如准备室、注射室、病员休息室（注射后候诊）、卫生间、扫描检查室；监督区为放射性相对较低的区域，如操作室、设备间；非限制区为无放射性区域，如医生办公室、读片室。机房平面图见图4-17。

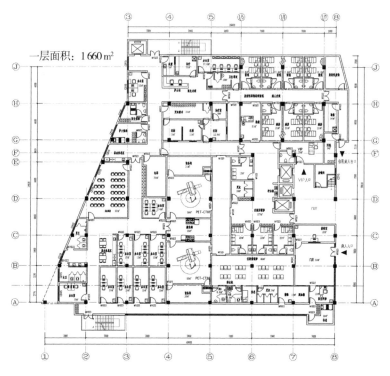

图4-17　机房平面图

（二）核医学科设备空调设计

核医学科常用的医疗设备主要有 PET - CT、SPECT - CT、PET - MRI、回旋加速器等。

核医学科常用的两种 CT 技术是 SPECT 和 PET，SPECT 是单光子发射计算机断层成像术，PET 是正电子发射断层成像术，由于它们都是对从患者体内发射的 γ 射线成像，故统称发射型计算机断层成像术（ECT）。SPECT - CT 和 PET - CT 是将 CT 设备和 ECT 设备融合而成的全新的功能分子影像设备。房间设置有扫描室、设备间、控制室。其中扫描室，温度取 20～24 ℃，相对湿度 40%～60%，且 1 h 内的温度变化不大于 3 ℃。控制室温度取 18～24 ℃，设备间温度取 15～30 ℃。扫描室发热量 9 kW，控制室发热量约 3 kW，设备间发热量约 4.5 kW。设新风、排风系统要求换气次数大于 4 次/h。

回旋加速器区域包括加速器室、控制室、水冷空压机房、药物合成室等。回旋加速器室生产放射性核素，满足 SPECT - CT 室和 PET - CT 室工作需要。回旋加速器室分为非自屏蔽机房和自屏蔽机房两类。非自屏蔽机房必须设置迷走通道，自屏蔽机房可不设置迷走通道，但门必须远离加速器靶体的方向。

1. 核医学科设备室内空调设计。根据《综合医院建筑设计规范》（GB 50139—2014）和房间本身的特性，推荐核医学科设备采用如表 4 - 29 中的室内设计参数。

表 4-29 核医学科室内空调设计参数要求

房间名称	夏季		冬季		新风/(次/h)	排风/(次/h)	压差要求
	温度/℃	相对湿度/%	温度/℃	相对湿度/%			
PET-CT/SPECT-CT 检查室	20~24	40~60	20~24	>40	4	4	微负压
PET-CT/SPECT-CT 控制室	18~24	40~60	20~24	>40	3	3	微正压
回旋加速器室	18~24	40~50	18~24	>40	4	4	微负压
回旋加速器控制室	18~24	40~60	20~24	>40	3	3	微正压
PET-MRI 检查室	22±2	60±10	22±2	60±10	5	5	微负压
PET-MRI 控制室	24~26	40~60	22~24	>40	3	3	微正压

核医学科各类检查室、控制室、设备间的设备散热量可参考表 4-30、表 4-31 中的数据进行设计。

表 4-30 核医学科设备各房间室内发热量参考

房间名称	设备散热量/kW	房间名称	设备散热量/kW
PET-CT/SPECT-CT 检查室	6~10	PET-CT/SPECT-CT 控制室	3~5
回旋加速器室	4~6	回旋加速器控制室	3~5
PET-MRI 检查室	2~5	PET-MRI 控制室	3~5

表 4-31 核医学科设备各房间空调设备形式

房间名称	空调设备形式
PET-CT/SPECT-CT	多联机空调机组或分体式空调机组
PET-MRI	恒温恒湿空调
回旋加速器室	净化空调机组

PET-MRI 空调设计为独立的恒温恒湿空调。采用上送上回风系统。放置空调室内机处需设置给水管和地漏,用于加湿和排除冷凝水。MRI 设备间内设置由设备配套的水冷机进行制冷。

PET-MRI 机防护罩顶部有氦气排出,应设置管道与机身自带排气管连接,该管道厂家称为失超管。失超管采用非磁性不锈钢管,管径不小于 250 mm,需要高空排放。扫描间内设置事故通风,用于排出泄漏的液氦。

2. 核医学科设备室内排风设计。回旋加速器室产生放射性气体,设置排风系统,排风经中效、亚高效过滤器、活性炭吸附后高空排放,排风管道处于负压,排风换气次数5～6次/h。该房间属于气体灭火房间,排风系统同时排除火灾后的有毒气体。排气风管宜采用氯乙烯衬里风管,排风口宜设在防护区的下部,并远离门口。回转加速器自带一个换热柜,需要配置水冷系统。

药物合成室是产出药品的地方,包括合成室、质控室、无菌室等。《药品生产质量管理规范》(GMP)要求净化级别需要达到Ⅲ级。可采用单独的全空气净化空调系统,可利用集中的冷热源或独立的冷热源系统。净化空调机组设粗效、中效和亚高效过滤器,房间内送风口为高效过滤器送风口。送风量可按17～20次/h计算,新风量按3次/h计算。房间的排风系统单独设置,排风口设在下部,排风经中效、亚高效过滤器、活性炭吸附后高空排放,排风管道处于负压,排风换气次数5～6次/h。质控室和无菌室设通风柜和净化工作台,其排风可与热室排风合成一个系统,要求设中效过滤器及活性炭吸附,高空排放。

四、医院大型医疗设备防护与空调设计

医院各类放射放疗设备,如X射线、DR、CT、ECT、PET - CT、DSA等,在其运行过程中,为保证患者、医护人员安全舒适,建设装饰中,应根据设备、射线的产生机理、射线类型采取相应的防护措施,同时,须对放射科的空调系统的射线防护设计提供合理的建议。

(一)X射线等影像设备室空调系统的辐射防护

X射线、DR、CT、PET - CT、ECT、DSA室产生的X射线引起的电辐射污染可导致DNA破坏,引发癌症,造成胎儿畸形等。唯一能阻挡X射线辐射的是铅。防止电辐射污染主要包括主防护和副防护,主防护指对原发射线照射的屏蔽防护,副防护指对散射线或漏射线照射的屏蔽防护。X射线诊断机房的主防护需2 mm厚的铅板,副防护需1 mm厚的铅板。穿越该房间的风管必须用3～4 mm厚的铅板做包裹处理,以防止X射线泄漏污染。CT、ECT、PET - CT、DSA辐射剂量较普通X射线室大。穿越该类房间的风管必须用5 mm厚的铅板做包裹处理。具体做法如图4 - 18至4 - 21所示。

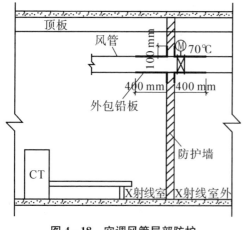

图4 - 18 空调风管局部防护

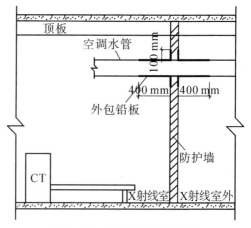

图4 - 19 空调水管局部防护

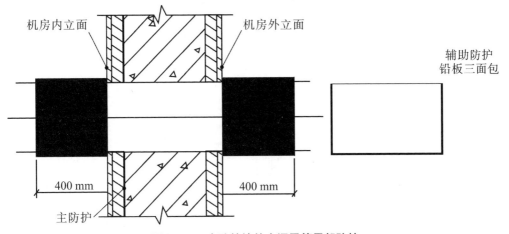

图 4 - 20　穿防护墙的空调风管局部防护

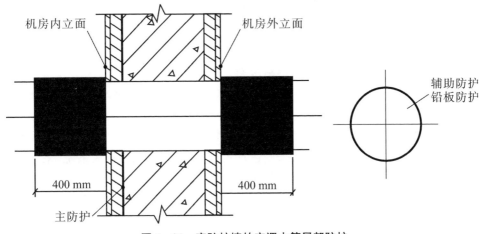

图 4 - 21　穿防护墙的空调水管局部防护

（二）MRI、PET - MRI 室空调系统的屏蔽防护

MRI、PET - MRI 通过对静磁场中的人体施加某种特定频率的射频脉冲,使人体中的氢质子受到激励而发生磁共振现象。MRI 对人体没有电离辐射损伤。由于磁共振机器及磁共振检查室内存在非常强大的磁场,金属铁离子可能影响图像质量,甚至影响正确诊断。因此 MRI 室必须考虑磁屏蔽,房间内不能摆放空调机组,内部风管、水管均应安装在房间楼板与磁屏蔽体上部空间。送风口采用无磁铝制波导风口,回风口采用无磁铝制波导回风窗,在保证空气流通的同时又能阻止电磁信号的泄漏和电磁波的穿越,如图 4 - 22 所示。为了防止周围磁场影响 MRI 的磁场,在 MRI 室所用的通风管道及其他配管都应采用非磁性材料,如不锈钢、铝合金、玻璃钢、聚乙烯等。

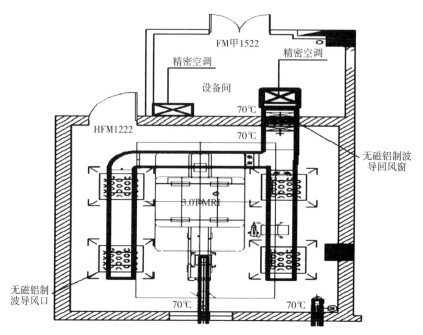

图 4‑22 MRI 室空调系统的屏蔽防护

（三）直线加速器室空调系统的辐射防护

医用直线加速器是用于癌症放射治疗的大型医疗设备,它通过产生 X 射线和电子射线,对病人体内的肿瘤进行直接照射,从而达到消除或减小肿瘤的目的。直线加速器产生的 X 射线和电子射线对人体电离辐射损伤非常大。为了防止其产生的 X 射线和电子射线泄漏,根据建筑布局,送、排风管采用迷宫式布置,设置单独的排风系统,采用下排风口,如图 4‑23、图 4‑24 所示。根据直线加速器的功率参数分析,相应提高机房的主防护和副防护材料的厚度。穿越该房间的风管必须用厚度≥5 mm 的铅板做包裹处理,以防止 X 射线和电子材料线泄漏污染。

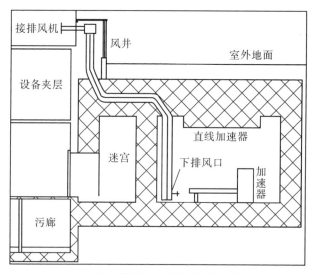

图 4‑23 直线加速器室的排风系统

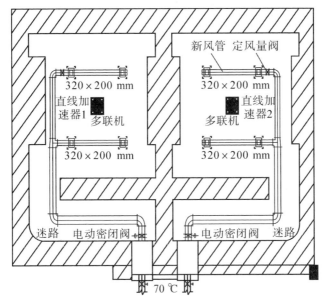

图 4-24　直线加速器室的空调系统

第九节　检验科、病理科空调系统的规划与管理

检验科与病理科是医院在临床诊断中负责采集和接收病人体液、血液、活体组织样本，并进行检验分析、检查、尸体剖检，以为临床提供明确诊断，确定疾病性质，查明死亡原因的重要科室。实验室空间洁净、标准的环境，是检验与病理工作安全、准确、高效的保证。为达到此目标，在设计前，需详细了解医院的等级及规模、实验室现有的检测项目和未来准备开展的检测项目，了解门诊量和医院的床位数，以拟定实验室的功能间及面积；列出实验室的主要检测设备清单，确定检验科人员的出入口、物流入口、污物出口，且这些路线的安排不应和整个建筑的人、物流路线冲突。在此基础上开展空调系统的规划与设计。

一、检验科平面布局

（一）区域划分

检验科布局应按照清洁区、半污区和污染区划分，各区域之间均应有隔断隔开，清洁区主要由更衣室、办公室等组成，半污染区主要由缓冲通过、冷库、试剂库、制水间等辅助功能间组成，污染区主要由各类实验室组成。

（二）流线设计

流线设计是实验室设计的基础，按医院感控要求，流线设计需要确定人员流向、标本流向及污物流向。

1. 医生流线。医生从电梯进入更衣间，通过更衣间缓冲进入工作区域，各检验区域独立布置，既做到了不影响工作又降低了设备产生的噪声。

2. 标本流线。病房标本通过护士站后的传输系统传送下来,门、急诊的标本通过临床检验门口的传输机传到检验科,例如江苏省人民医院采用气动物流的传输方式传输。

3. 污物流线。污物经污物通道最终汇集至污物处理间,污物处理间需近污梯安置,且与污物通道相连。

（三）实验室规划

以江苏省人民医院检验科实验室区域为例(图4-25),绿色为清洁办公区,红色为实验区,黄色为辅房区。图4-26为流线,绿色代表人员流线,红色代表标本及污物流线。

实验室配置前处理区、主鉴定区、病毒检测区、真菌、结核、无菌室等,分子实验室配置试剂准备室、标本准备室一、标本准备室二、扩增室、分析室等,辅房有试剂冷库、标本冷库、耗材库、高温灭菌室等。

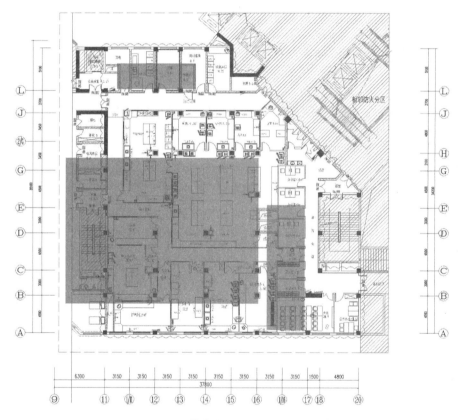

图 4-25　江苏省人民医院实验室布局规划

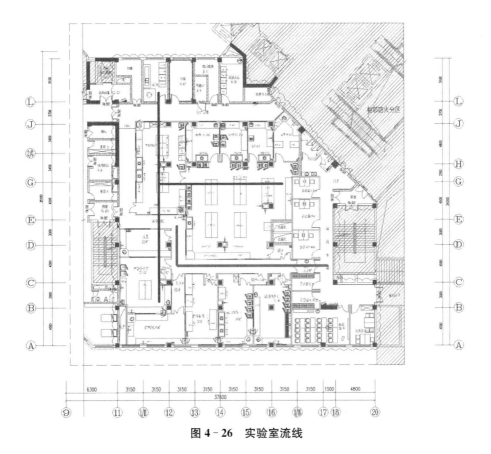

图 4 - 26　实验室流线

（四）生物安全柜、纯水及 UPS 电源

1. 高生物危害性病原体实验过程中，需要配置全排生物安全柜，且实验室需按照加强型 P2 实验室来建设，设专用走廊，配缓冲间，各实验区需有压力梯度。

2. 实验过程中所需的纯水，采用集中制备（中央分质供水系统）或独立纯水机房制备。

3. 配置 UPS 电源。

二、检验科的空调系统规划与管理

检验科是一个空气污染源，而空气中的细菌多以气溶胶形式存在。由于空调系统相对密闭，而这种密闭性对细菌有累积作用，令空气中的细菌、病毒浓度增加，导致感染性疾病传播。减少空调环境的密闭性导致病原体浓集增加这一不利影响，是检验科预防医院感染不可或缺的一环。

（一）检验科的污染源与感染途径

1. 室内污染源

检验科内污染物主要包括病理性污染和化学性污染。病理性污染是指各种病人的临床标本中可能携带的感染性疾病的病原体。化学污染是指化学试剂，如甲醛、苯系物、氨气、臭氧和悬浮颗粒物等引起的污染。各种污染物及其危害见表 4 - 32。

表 4-32　检验科污染物及其危害

污染物	室内主要来源	主要危害
甲醛	化学试剂、清洗剂、防腐剂	刺激作用、致敏作用、致突变作用
苯系物	化学试剂、稀释剂	强致癌物
CO_2	含碳燃料的不完全燃烧物,人体呼吸产物	缺氧,让人困顿疲劳、昏昏欲睡
氨气	化学试剂、添加剂及增白剂	出现头晕、恶心等症状
臭氧(O_3)	医院紫外线灯、电子消毒柜、复印机等	呼吸道刺激、哮喘病
微生物	各种传染疾病的病菌	急性传染病、过敏性疾病

2. 室内空气交叉感染途径

气流组织不合理,分区不当。空调房间气流组织不合理导致气溶胶类污染物(微粒、细菌、病毒)在局部死角积聚,形成室内空气污染。分区不当是引起空调系统传输污染物的途径之一。合理的气流组织模式、洁污分流及有序的空气压力梯度是预防交叉感染的有效途径。

有的医院为了减少运行费用,检验科不采用全空气系统。这就造成了来自不同空调区域的空气回流到同一个空调系统,在机组内部混合并重新分配到各房间。这种空调方式极其容易引发交叉感染。检验科不同于其他科室,中心化验区汇集了医院各种病人的临床标本。

很多医院对空调通风系统的清洗仅限于机组过滤网的清洗,消毒效果不理想,难以达到卫生要求,而凝水盘和加湿器等部件更利于微生物滋生繁殖,这类比较潮湿的空调部件应列为清洗消毒的重点。

(二) 检验科的空调设计

1. 检验科空调系统的选择

检验科的空调系统不仅要提高工作人员的舒适度,还要满足检验仪器对工作环境的要求。空调系统的选择一般依据各科室的功能用途、负荷特性、运行的时间段、空气洁净度等因素进行分区,此外还要考虑运行管理的方便及经济性。

办公区一般为 8 h 运行,而且室内设备发热量小,所以空调系统宜选择风机盘管系统,与大楼其他科室同时运行管理。

中心化验区可能需要 12 h 运行,急诊化验区需要 24 h 连续运行。并且中心化验区设备发热量大,全年空调制冷时间比较长,供冷供热周期与大楼不同步,所以中心化验区的空调系统宜选择变冷媒流量制冷系统,变冷媒流量制冷系统可实现各房间风量、风向、状态精确控制。根据不同季节、不同时间、不同房间的负荷变化,机组通过变频调节压缩机的负荷,实现自低负荷至满负荷过程的节能性。而且因热泵的独特性能,变冷媒流量制冷系统在冬季−15 ℃时,仍能正常满足室内的供暖要求,有些厂家的设备极限工作温度甚至可达−25 ℃。

各种实验室,如分子生物学实验室、基因突变检测区等可能有异味或传播病菌的可能性,应考虑设置通风橱等设备,采用独立的严格通风措施进行排风。

2. 检验科空调冷负荷

医院的检验科,科室内汇集了各式各样的精密检测仪器,其中不少仪器在工作时需要使用空调以维持适宜的环境温度和湿度。有时室内的温湿度也会对检验结果的准确性、可靠性和时效性产生间接影响。检验科内常用的仪器有生化分析仪、免疫分析仪、药物分析仪、酶标仪、特种蛋白分析仪、离心机、低温冰箱等。常用检验设备散热量统计见表4-33。

表4-33 化验区常用检验设备散热量表

散热设备名称	散热设备型号	单台设备散热量/kW	台数	总散热量/kW
全自动生化分析仪	AU2700	4.5	1	4.5
全自动生化分析仪	AU5421	6.0	2	12.0
全自动免疫分析仪	COBAS 6000	3.4	2	6.8
全自动药物分析仪	I1000	2.5	1	2.5
全自动药物分析仪	VIVA-E	0.3	1	0.3
全自动酶标仪	FAMESTAR	2.0	1	2.0
样本存放模块	Inlet Module	1.5	1	1.5
输出样品单元	outlet Module	1.5	3	4.5
自动离心单元	Centrifuge Module	1.0	1	1.0
离心连接单元	Centrifuge Conveyou	1.0	1	1.0
自动加盖单元	Recapper	0.3	1	0.3
自动去盖单元	Decapper	0.3	1	0.3
自动条码打印粘贴单元	Labeler	0.5	1	0.5
自动分杯单元	Aliquot	0.5	1	0.5
5000管存储单元	5000 Tube Stockyard Module	4.0	1	4.0
低温冰箱		1.2	8	9.6
房间总散热量	1	1	1	51.3

3. 检验科空调风系统

①中心化验区采用上顶送单侧下部回风的气流组织形式。这样的设计在避免气流短路的同时,又形成送风核心区。气流从污染较小的区域流向污染严重的区域,带走和排出气流中的尘粒和病原微生物。被污染的空气可很快被排出,防止细菌扩散。通常情况下,送风口设置在顶部,采用散流器。如果有洁净等级要求,也可以采用高效过滤风口。回风口设置在房间下部,洞口下边距离地面0.15 m。洞口上边不超过地面之上0.5 m。回风口风速小于1.6 m/s。

②中心化验区空调风管平面布置见图4-27。

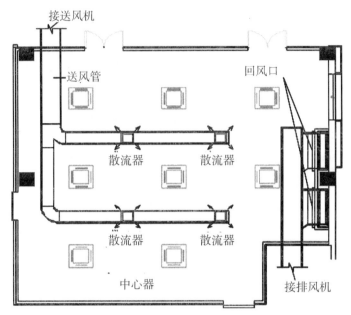

图4-27 中心化验区空调风管平面图

4．通风橱

检验科进行的很多实验有实验室净化和生物安全的正负压要求,而特殊实验室有定向气流流向要求。通风橱的选择是一个较系统的工程,原则上设计要求有3点:①保护操作人员,防止医护人员感染;②保护操作对象,防止标本受到污染;③保护外界环境,防止医院内病原体向外界传播扩散。通风橱接管见图4-28。

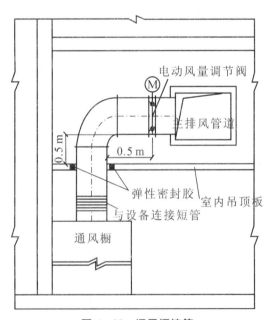

图4-28 通风橱接管

（三）检验科 PCR 实验室空调系统设计

PCR 实验室主要设计参数如表 4-34。

表 4-34 PCR 实验室主要设计参数

区域	洁净度等级	最小换气次数/(次/h)	与室外方向上相邻通房间最小压差/Pa	夏季温度/℃	冬季温度/℃	相对湿度/%	风速/(m/s)	噪声/dB(A)
试剂储存和准备区	8	12	10	26	18	40~60	≤0.15	≤55
标本制备区	8	15	8	26	18	40~60	≤0.15	≤55
扩增反应混合物配制和扩增区	8	15	-10	26	18	40~60	≤0.15	≤55
扩增产物分析区	8	15	-15	26	18	40~60	≤0.15	≤55
缓冲间	—	6	0	27	18	40~60	—	≤55
PCR 专用走廊	—	6	5	27	18	40~60	—	≤55

1. 空调设计

空调负荷主要构成部分为围护结构负荷、人员负荷(一般少于常规房间)、照明负荷、设备负荷(包含生物安全柜、冰箱、离心机、灭菌锅、冻干机等设备)、新风负荷(最大组成部分)。采取的空调形式可以有两种：

一种方案是采用全空气系统。设置全空气空调系统时，采取以下措施：

①初效＋中效＋高效的三级过滤；

②空调风机变频，选用运行曲线陡降型；

③为设有生物安全柜的房间设置独立的变风量新风系统；全面排风与生物安全柜排风分开设置。

另一种方案是净化风机盘管＋变风量新风系统。设置净化风机盘管＋变风量新风系统时，采取以下措施：净化风机盘管送、回风口采用低阻高中效过滤器，低阻高中效过滤器对大气菌的过滤效率达到 95%；新风系统根据房间内生物安全柜的运行情况变频运行；全面排风与生物安全柜排风分开设置。

2. 通风过滤与气流组织设计

（1）通风系统

①全面通风：换气次数≥6 次/h；送风采用新风机组经热、湿处理及三级(初效＋中效＋亚高效)过滤后送入室内；排风口设置于房间的下部，且在排风口设置高效过滤器；新风机组和排风机组均采用变频机组，以应对工况的改变。

②局部排风：生物安全柜，柜口面风速≥0.5 m/s；采用 Ⅱ 级 B2 型生物安全柜；生物

安全柜排风系统单独设置,高空排放,且在排风口设置高效过滤器,室外排风口高于所在建筑物屋面2 m以上;多台生物安全柜并联运行时应采用变风量排风系统,其新风补风系统也应变风量运行。

③过滤:英国伦敦公共卫生中心实验室 Nobel 的测定结果显示,空气中某些病毒和细菌的单体气溶胶等效中值直径为 $7.7\sim17.2~\mu m$ 之间。因此,PCR 实验室末端过滤器采用亚高效过滤器(粒径$\geqslant0.5~\mu m$,$99.9>\eta>95$,额定风量下的初阻力$\leqslant120$ Pa,效率为大气尘计数效率)可满足使用要求。

(2)气流组织

为避免交叉污染,PCR 实验室空气流动必须严格遵循单一方向进行,即只能按试剂贮存和准备区→标本制备区→扩增反应混合物配制和扩增区→扩增产物分析区的方向进行。

此外,还需遵循以下原则:

气流组织采用上送下排,送风口和排风口布置应使室内气流停滞的空间缩小到最低程度。在生物安全柜操作面或其他有气溶胶操作地点的上方附近不得设送风口。高效过滤器排风口应设在室内被污染风险最高的区域,单向布置,不应有障碍。

(3)压差控制

PCR 实验室压差控制方案:采用缝隙法计算实验室及缓冲间保持一定压力时所需要的送风量和排风量;在实验室内排风量确定的情况下,通过调节进入实验室的送风量可以维持房间和参照区域恒定的压差。此计算风量可以作为设计的依据,由此来对新风机组、排风机组及附属的风管、风口等进行选型和计算。

在实际操作中,施工安装的门、窗的结构形式及气密性等参数可能会与设计院选用的设计值有偏差;实验室长期运行后维护结构的气密性和缝隙的宽度也会发生一定的变化,这些因素都会对原缝隙法计算的结果造成影响,进而使室内的压力梯度发生变化,严重时可影响实验室的实验结果,尤其是人员进出房间开、关门时的漏风,会迅速破坏室内的气压梯度。

(4)由于以上问题的存在,在进行 PCR 实验室各房间压差控制时,除了通过缝隙法计算基础风量外,还应通过安装压差控制器,测量实验室、缓冲间与参照区域间的实际压差,和设定值进行比较,根据控制器的 PID 运算得出偏差值,以此为信号控制送风阀的动作,进而对房间送风量及送/排风量差进行调节,从而最终控制房间的压差值。这种控制需要系统中的变风量调节阀实现闭环控制,同时需要送、排风阀的执行机构有快速反应的能力。实验证明,控制生物安全柜排风的变风量调节阀响应时间小于1 s且实验室内通风系统的风量平衡响应时间小于3 s时,生物安全柜调节窗位置改变不会引起柜内气体外溢的现象发生。

总结:

医院检验科的空调系统应在满足洁污分流及有序的气压梯度前提下,同时满足人体舒适性要求。防止交叉感染是检验科空调系统设计的首要任务之一。

检验科空调设计不仅要考虑围护结构冷负荷,还要重点考虑设备的散热量。并按不同房间的使用时间划分空调系统,以减少运行费用。

特殊功能的实验室要设置通风橱、生物安全柜,可以及时有效地排出有害气体,保护工作人员和实验室环境。

三、病理科建筑平面布局

病理科是大型综合医院、专科医院必不可少的科室之一,其诊断的质量不仅影响相关科室,甚至会对医院整体的医疗质量构成极大的影响。空调系统的设计必须从布局开始,进行整体规划。

（一）区域划分

按照病理科的使用需求,应按照污染区、半污染区、清洁区进行划分。

污染区主要是活体检查实验区,包含冰冻取材及冰冻切片室、取材室、标本室、脱水室、包埋室、切片染色室、免疫组化室、细胞室、分子病理实验室等,其中,冰冻取材室、取材室、标本室、脱水室及细胞室还应按照加强型 P2 级生物安全实验室进行配置。

半污染区包含诊断区、试剂库房等,诊断区需要考虑相对安静的环境和采光较好的位置。

清洁区包含更衣区、办公室、会议室、档案室等。

以江苏省人民医院病理学部为例,科室整体呈勺状(图 4 - 29 红色框内),左边为清洁区,右上为半污染区,右边中部及"勺子把手"为污染区。区域划分合理,既符合实验规范要求,同时也满足工作流程的需要。

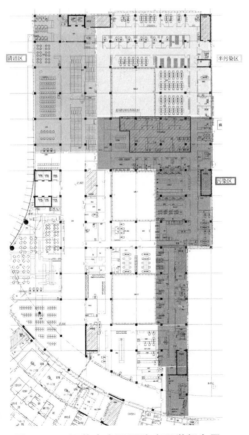

图 4 - 29 江苏省人民医院病理学部布局

（二）通道流线

标本接收口需靠近交通便捷处设置，以方便标本接送。标本接收口一般与科室门牌标识在一起，故其出口需要设计一个等待大厅；污物出口需就近污梯、污廊设置，且污物出口属于污染区，需整体考量其位置和属性来设计。

以江苏省人民医院病理学部流线通道设计为例（如图 4-30 所示），绿色线条代表人员通道，红色线条为标本流向及污物出口。报告发放处外设置了一个比较大的候诊厅，用于等候取报告；档案室靠近对外窗口，便于切片和蜡块的借取。标本接收处远离病人可达到的区域，且与医院中心手术部相邻相通，满足术中快速病理的需求。

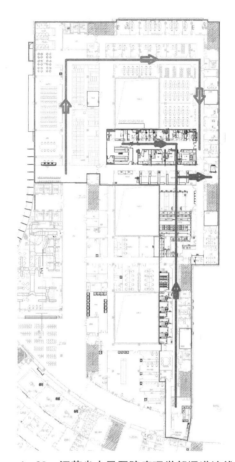

4-30 江苏省人民医院病理学部通道流线

（三）污染区设计

病理实验室污染区可划分为：常规病理室、快速病理室、细胞组织病理室、分子病理室、免疫组化室/特染室等。

1. 常规病理

包含取材、标本存放、脱水、包埋、切片、染色等。病理标本量较大时，可设置独立的操作空间，避免杂乱。也可将部分功能进行合并，但应区分生物污染实验过程和无生物感染实验过程，例如取材、脱水及标本不宜与包埋、切片、染色等制片实验混合。

2. 快速病理

快速病理又称冰冻,是对术中标本的检查和诊断,需在短时间内完成检查并出具诊断报告。故很多医院在设计中会考虑将快速病理实验室放置在手术室旁,但是此种方式不利于科室的整体管理,利用智能物流系统也可以缩短传递标本的时间。此外,鉴于2019年末爆发的COVID-19新冠疫情的严重危害,需要对医护人员加强保护,快速取材室可作加强型P2实验室,配置缓冲间,室内做负压,有条件要将取材过程放置到生物安全柜中进行,医护人员需穿防护服,避免与标本接触。

3. 细胞组织病理

细胞穿刺实验室可在病理科设置或门诊设置,须根据各医院实际情况考虑。组织细胞学的实验室设计需考虑实际实验功能,妇科类别的组织病理需要考虑设置HPV室或其他组织类实验室。

4. 分子病理

分子病理学科发展迅猛,每个医院宜根据各自的门诊需求和未来发展配置相应级别的实验室。有条件的情况下,应设置独立的PCR实验室和NGS实验室,满足各类检查的需要。分子病理实验室也要按照加强型P2实验室来建设,设专用走廊,配缓冲间,各实验区做压力梯度,配置生物安全柜。如需做类似COVID-19新冠病毒的核酸检测,建议配置全排型生物安全柜。

5. 免疫组化

病理免疫组化室内,是病理科仪器设备较多的一个地方,发热量和噪声都需要考虑。目前比较好的解决方式是将组化仪等设备都放置到一个玻璃隔间内,玻璃隔间外配置电脑。

6. 病理科PCR实验室平面布局

《临床基因扩增检验实验室基本设置标准》规定,临床基因扩增检验实验室需要设置试剂储存和准备区、标本制备区、扩增反应混合物配制和扩增区、扩增产物分析区等四个区域。如使用全自动分析仪,区域设置可以适当合并。

虽然PCR实验室的四个功能分区是固定的,但各个医院在实际布置中却千差万别,其主要布置形式有分散式和集中式两种。

(1)分散式:各实验用房彼此相距较远,呈分散布置形式。各实验之间不易相互干扰。

(2)集中式:完成PCR四个实验过程的实验用房相邻布置,形成集中、独立的实验区域。每个实验室应设置独立缓冲间,实验室间应设置带消毒装置的传递窗。

在理想情况下,PCR实验室缓冲间内可设置正压,使室内空气不流向室外,室外空气不流向室内。若房间进深允许,可设PCR内部专用走廊。在减少室内外空气交换方面,缓冲间比专用走廊更有意义。

试剂和标本通过机械连锁传递窗传递,保证试剂和标本在传递过程中不受污染,达到人、物分流。图4-31为江苏省人民医院PCR病理实验室区域平面布置图。

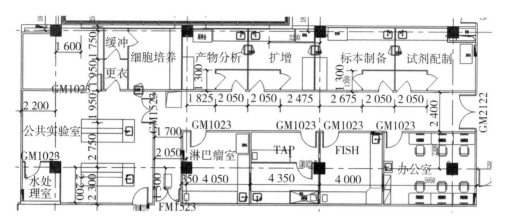

图4-31 江苏省人民医院PCR病理实验室平面布局

（四）病理科平面布局应注意的问题

1. 标本室需紧邻取材室设计。

2. 试剂库房为方便使用，建议设置在污染区内，方便拿取。

3. 细胞穿刺实验室可在病理科设置或门诊设置，需与使用科室沟通清楚。组织细胞学实验室的设计需考虑实际实验功能，妇科类别的需要考虑设置HPV室或其他组织类实验室。

4. 免疫组化要考虑独立设置特染室、荧光暗室等这些功能。

5. 包埋切片等工作的位置注意光线的直射，不能正对窗户，最好是垂直于窗户设置。

6. 考虑设备未来的拥有量，规划时可适当考虑设备使用面积和用电负荷。

7. 诊断室的规划主要考虑的是诊断医生的数量，根据医生数量规划诊断室的数量，考虑多人共览和会诊等功能，具体需根据实际需求决定。

8. 档案室采用密集柜放置玻片及蜡块，要考虑此房间楼板的荷载承重力，蜡块柜1 000 kg/m²，玻片1 600 kg/m²，可以按1 500 kg/m² 考虑档案室楼板荷载。目前国家规定的一般医院病理科的切片会保存15年，蜡块则保存30年，可根据每个病理科的年病理档案量及此年限来规划档案柜数量。

四、病理科的空调系统规划与管理

（一）病理科的污染源

病理技术室大量使用甲醛、二甲苯等有机溶剂，甲醛、二甲苯都是中华人民共和国国家职业卫生标准——《工作场所有害因素职业接触限值》(GBZ 2—2002)中明确列出的物质，不仅会对实验室人员造成职业损伤，还会对周围环境造成破坏，因此对病理科各房间的使用情况进行有针对性的研究，确定一套科学实用的防护措施，是减少化学试剂污染、改善工作环境、提高工作效率的必由之路。病理科各医技房间使用试剂的情况详见表4-35。

表 4 - 35　病理科主要使用试剂

房间名称	主要使用试剂（材料）	允许最高浓度/(mg/m³)
脱水室	二甲苯/多聚甲醛	5/5
染色室	苏木精/伊红	—/—
取材室	甲醛/二甲苯	3/5
包埋室	二甲苯/石蜡	5/—

（二）病理科通风系统的特点及设计要点

1. 病理科各部门在对组织或器官进行病理分析前需要对相关样本进行一系列复杂精细的处理，特别是在取材室、脱水室和包埋室，甲醛、二甲苯、石蜡等化学试剂被大量使用，为减少有机溶剂的挥发蒸气及石蜡加热后产生蒸气对人体的危害，部分试验操作是在通风柜和带有排气装置的试验台上完成的，但是由于在实际操作中很多试剂的使用以及组织样本的放置和收取都不在试验器具排风系统的控制范围之内，因此大部分房间室内空气的有害物质浓度往往还是超过国家相关规范规定的上限值。国内相关规范规定居住区大气中甲醛的一次最高允许浓度（指任意一次测量结果的最高容许浓度）为 0.05 mg/m³，部分医院病理科提供的室内甲醛安全浓度为 0.10 mg/m³，由此可见病理科室内有害气体的浓度还是超出普通人群的期望值比较多的，有害气体浓度必须得到控制，否则对工作人员的危害是巨大的。

2. 取材室取材台采用不锈钢制作，取材台前方设置了侧面吸风罩，用于排除试验时散发的有害气体，取材台排风罩的排风量为 1 200～1 700 m³/h，设计时一般取 1 500 m³/h，局部气压损失约为 120 Pa；排毒柜一般采用普通化学通风柜，通风柜可以自带风机或在外部另设风机，由于试验过程基本是冷过程，且实验室有害气体的释放量比较大，所以病理科使用的通风柜控制风速取值为 0.4～0.5 m/s，单台排风柜的排风量一般取 1 800 m³/h。

3. 病理科各房间除设置局部排风系统外还应设置全面排风系统，美国《工业通风手册》认为："有害粉尘、烟气、蒸汽和气体实际上是混合在空气之中并随空气流动而明显地向上或向下运动的。"病理科使用的试剂挥发所产生的气体（如甲醛、二甲苯、石蜡蒸气等）虽然密度略大于空气，但是与室内大量空气混合后的密度并不是其自身的密度，而是有效相对密度。经测量，混合气体的有效相对密度与空气的密度相差甚微。由上述分析可知，病理科全面排风的风口设置应采用上下排风相结合的方式比较理想，设计时一般设置一根排风立柱，排风立柱上设置上部排风口和下部排风口，排风量分别为总排风量的 1/3 和 2/3。室内全面排风量的计算是指使进入室内空气总的有害物质的浓度稀释到室内最高容许浓度时所需的通风量。

4. 由于病理科试验过程中有害气体的挥发是随机、不均匀和不稳定的，确定室内有害气体的散发量确有一定困难，根据公式计算全面排风量尚有一定难度，通过调查和部分实测数据对比分析，病理科各主要房间的通风换气次数详见表 4 - 36。

房间名称	全面通风送风换气次数/(次/h)	全面通风排风换气次数/(次/h)
脱水、切片室	12	15
染色室	17	20
取材室	22	25
包埋室	22	25
标准实验室	3	5

* 为了减少有害气体对周围环境的危害,室内必须维持一定的负压,所以送风量小于排风量。

（三）病理科空调系统的特点和设计要点

在病理科相关操作的过程中,试验用组织和器官基本都处于暴露的状态,因此对病理科房间的温湿度也有一定的要求,特别在湿度方面要控制好。许多大型综合医院日常的门诊和手术量都很大,大量的组织器官样本在采集好后不一定会在第一时间就得到有效处理,样本放置过程中如果室内湿度过高则有变质的可能性,如果湿度过低则会失水过多而影响切片的制作。在对大型病理科的调研中发现,由于室内空气污浊,试验人员一般会将房间窗户打开通风,夏季时湿热的空气进入室内使部分未及时处理的组织变质腐败,使得病理试验和诊断无法进行,医生不得已又要重新对病人进行组织采集,这会给病人带来不必要的痛苦。因此,我们建议病理科夏季设计参数温度应控制在 24～27 ℃,相对湿度应为 60%～65%;冬季室内设计参数温度为 17～21 ℃,相对湿度为50%～60%;为防止工作区域风速过高而使样本失水,工作区域的风速应保持在 0.2～0.25 m/s。

根据病理科室内污染物的特性及对温、湿度的要求,最佳空调方式应采用直流式空调系统。但直流式空调系统的能耗较大,此系统运行的费用很高,且由于排风中的酸性气体会对金属产生腐蚀作用,因此热交换节能装置的使用受到限制。大部分工程在设计时还是采用了风机盘管加新风的空调方式,但是新风的送风大多采用百叶风口侧送的方式,此方式排除污染物的效果不理想,特别是梅雨季节尤为突出,其主要原因是气流组织不合理,室内有多个涡流区,涡流区内的污染物始终得不到排除,且不停被卷吸并向四周扩散气味。通过总结这些经验教训,我们认为空调采用风机盘管加新风的方式是节能和可行的方式,但是新风的送风方式,可以采用全吊顶孔板均匀下送风,这种送风方式充分利用了封闭吊顶空腔"静压箱"的作用,使新风气流均匀、缓慢地经孔板向下送出,犹如活塞一般充分控制有害气体向上扩散,保持试验操作人员工作区空气新鲜干净,同时又有利于污染物的排出。

随着科学技术的发展,近几年空气处理行业技术不断推陈出新,病理科新风系统中设置智能型离子空气净化装置在去除空气中有害气体和自然菌方面表现出了特殊的功效。

由于病理科通风柜和取材台的排风量较大,这些设备全部开启时的换气次数远大于全面通风时的换气次数,按照全面通风确定新风量在部分房间不能满足使用要求。为合理匹配送排风系统的风量平衡,设计中应考虑新风机组和排风机组的风量均按照二项风量的大值选取,且均采用变频控制,通风柜、取材台等局部排风设备和全面排风立柱及新风机组间应建立连锁和风量匹配关系,通过自动控制和风机变频实现风量平衡。

病理科内使用的设备如冰冻切片机、自动脱水机、自动包埋机、自动染色机等散热量均不大,在进行负荷计算时可忽略;但是烘片机、烤箱及低温冰箱等的散热量比较大,需要将其散热量计入冷负荷。

第十节　静脉配置中心空调系统的规划与管理

一、静脉配置中心布局

(一) 基本要求

静脉配置中心应设置于人员流动少、位置相对独立的安静区域,并便于与医护人员沟通和成品输液的运送。设置地点应远离各种污染源,周围环境、路面、植被等不会对静配中心和静脉用药调配过程造成污染。禁止设在地下室和半地下室。洁净区采风口应设置在周围 30 m 内环境清洁、无污染地区,离地面高度不低于 3 m。

静脉配置中心使用面积应与日调配工作量相适应:日调配量 1 000 袋以下,不少于300 m²;日调配量 1 001～2 000 袋,300～500 m²;日调配量 2 001～3 000 袋,500～650 m²;3 001 袋以上,每增加 500 袋递增 50 m²。洁净区面积应与设置的洁净台数量相匹配。应设有综合性会议示教休息室,为工作人员提供学习与休息的场所。上述面积不包括配套的空调机房面积。

(二) 布局要求

静脉配置中心应设洁净区、非洁净控制区、辅助工作区三个功能区。

1. 洁净区设有调配操作间、一次更衣室、二次更衣室及洗衣洁具间;医院静脉配置中心一般包括全胃肠外营养液和抗生素药物配置区。

2. 非洁净控制区设有用药医嘱审核、打印输液标签、摆药贴签核对、成品输液核对、包装配送、清洁间、普通更衣室及放置工作台、药架、推车、摆药筐等的区域。

3. 辅助工作区设有药品二级库、物料储存区、药品脱外包区、转运箱/转运车存放区以及综合性会议示教休息室等。

三个功能区之间的缓冲衔接和人流、物流走向应合理,不得交叉。不同洁净级别区域间应当有防止交叉污染的相应设施,严格控制流程布局上的交叉污染风险。禁止在静脉配置中心内设置地漏、卫生间和淋浴室。图 4-32 为江苏省人民医院静脉配置中心平面布置图。

二、静脉配置中心空调规划

(一) 净化系统设计要求

静脉配置中心的设计应遵循《医药工业洁净厂房设计标准》(GB 50457—2019)的要求,全胃肠外营养液和抗生素药物配置区应分别设置独立的洁净空调系统。

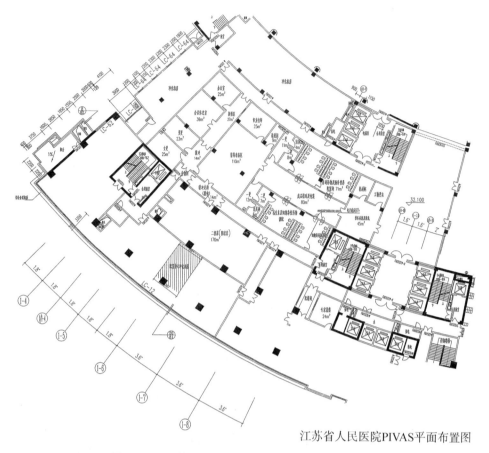

江苏省人民医院PIVAS平面布置图

图4-32 江苏省人民医院静脉配置中心平面布置图

1. 洁净级别要求

一次更衣室、洁净洗衣洁具间为Ⅳ级;二次更衣室、调配操作间为Ⅲ级;生物安全柜、水平层流洁净台为Ⅰ级。洁净区洁净标准应符合国家相关规定,经检测合格后方可投入使用。

2. 换气次数要求

Ⅳ级≥15次/h,Ⅲ级≥25次/h。

3. 静压差要求

①电解质类等普通输液与肠外营养液洁净区各房间压差梯度:非洁净控制区<一次更衣室<二次更衣室<调配操作间;相邻洁净区域压差≥5 Pa;一次更衣室与非洁净控制区之间压差≥10 Pa。

②抗生素及危害药品洁净区各房间压差梯度:非洁净控制区<一次更衣室<二次更衣室<抗生素及危害药品调配操作间;相邻洁净区域压差≥5 Pa;一次更衣室与非洁净控制区之间压差≥10 Pa。

③调配操作间与非洁净控制区之间压差≥10 Pa。

(二)辅助工作区空调设计要求

除排药区外,其他房间可灵活采用风机盘管加新风系统;排药区占用面积大,温度应控制在 18～26 ℃,相对湿度不应超过 65％,新风量可按 2 次/h,空调系统宜采用舒适性全空气系统,避免风机盘管等形式的空调水管产生漏水隐患;气流组织可采用上送上回。

（三）其他设计要求

一次更衣室、二次更衣室、调配操作间应当分别安装压差表,并选择同一非洁净控制区域作为压差测量基点;用于同一洁净区域的空气净化机组及空调系统开关、温湿度表、压差表宜设置于同一块控制面板上,安装在方便操作和观察记录的位置,并应当易于擦拭清洁;房屋吊顶高度设计要求。静配中心整体净层高宜达 2.5 m 以上;调配操作间应分别设置进物、出物传递窗,危害药品进物、出物传递窗。

三、空调系统设计应注意的事项

根据药物性质分别建立不同的送回风系统与送排风系统。

（一）送回风系统

是指空调系统的空气循环方式,即新风送入洁净间后,确保不少于 30％的空气排出到室外,另外,70％的空气循环使用,同时空调系统补充等量新风;电解质类等普通输液和肠外营养液调配操作间,与其相对应的一次更衣室、二次更衣室、洁净洗衣洁具间为一套独立的送回风系统。

（二）送排风系统

送排风系统是指空调系统的空气循环方式,又叫全新风系统,即新风送入洁净间后,100％的空气排出到室外,新风全部从室外采集,补充进入净化空调系统;抗生素和危害药品调配操作间,与其相对应的一次更衣室、二次更衣室、洗衣洁具间为一套独立的送排风系统,但危害药品调配操作间应隔离成单独调配操作间。

（三）洁净间的排/回风系统

每个独立的洁净间都应有独立的排/回风口和排/回风管道,采用与送风管相同的材料制作,不得使用裸露的墙体夹层进行排/回风;不得将排/回风直接排入摆药贴签核对、成品输液核对等非洁净控制区内或墙体夹层内;洁净区送风与排/回风应采用顶层送、下侧排/回风模式。净化系统风管应当采用镀锌钢板,厚度根据相应标准要求执行,风管保温材料应符合消防要求。洁净间内高效送风口数量应符合洁净设计要求,保证合理的送风量与新风量,且每个送风口均应设置蝶阀;电解质类等普通药物和肠外营养液调配操作间气流模式应科学合理、符合规定。

（四）室外排风口的设置

室外排风口应置于采风口下风方向,其距离不得小于 3 m,或者将排风口与采风口设置于建筑物的不同侧面。排风管道设备应安装防倒灌装置。

第十一节　消毒供应中心空调系统的规划与管理

消毒供应中心担负着向全院各科室提供无菌器材、敷料和其他无菌物品的任务,作为手术室手术器材的收集、清洗、消毒、打包和配送的部门,也是全院医疗安全和医院精细化管理的重要支撑。在建设过程中,必须严格按照《医院消毒供应中心管理规范》和《医院消毒供应室验收标准》等国家和部门有关标准、规范对其进行设计、施工和验收。

一、消毒供应中心的布局与流程

消毒供应中心分四个区域:去污区、检查包装及灭菌区、无菌物品存放区和辅助区,每个区域因为其工作流程、设备种类、人员的工作性质不同,都有各自的特点。

（一）去污区

去污区为消毒供应中心内对重复使用的诊疗器械、器具和物品进行回收、分类、清洗、消毒(包括运送器具的清洗、消毒等)的区域,为污染区域。

去污区主要包含接收区域,清点、分类区域,耗材库房(集中供酶),洁具间,人工清洗区域,机洗区域,洗衣及晾晒区,干燥柜、传递窗等过渡区域等。

去污区要求的室内温度较低,清洗设备较多,阴冷潮湿是该区域的环境特点,因此对该区域的空气调节应着重考虑冷负荷与湿负荷。

（二）检查包装及灭菌区

检查包装及灭菌区为消毒供应中心内对去污后的诊疗器械、器具和物品,进行检查、装配、包装及灭菌(包括辅料制作等)的区域,为清洁区域。

检查包装及灭菌区主要包含二次干燥区域,器械检查打包区域,辅料仓库,辅料打包间,器械库房,纯蒸汽间,清洁缓冲区,监测室,放置脉动真空灭菌器、低温灭菌器等设备区域。

检查包装及灭菌区是工作人员最密集,也是工作最繁重的区域,内部含有较多使用蒸汽的设备,设备在运行过程中会对周围区域持续不断地散发热量,也因此,如果空调处理不当,该区域非常容易变成一个湿热的环境,所以检查包装及灭菌区同样拥有较高的冷负荷与湿负荷。

（三）无菌物品存放区

无菌物品存放区为消毒供应中心内存放、保管、发放无菌物品的区域,为清洁区域。

无菌物品存放区主要包含晾放区域、无菌物品存储区域、无菌发放缓冲区域、无菌电梯、发放大厅。

受灭菌设备散热的影响,无菌物品存放区同样有较高的冷负荷,但考虑其空气质量要求、工人劳动强度以及散热设备的数量,无菌物品存放区的空调负荷整体会略低于检查包装及灭菌区。

（四）辅助区

辅助区为工作人员出入消毒供应中心的过渡区域,主要包含更鞋区域、女更衣室、女卫浴间、男更衣室、男卫浴间、学习室、办公室、值班室等。

辅助区与普通的办公区相仿,空气调节主要以满足人体舒适性为主。各区具体的详细配置参见表4-38:

表4-38 供应室各区具体的详细配置

区域名称	区域内需要设置的基本用房
去污区	收件区域、分类区域、清洗区域、消毒区域和推车清洗中心等
检查包装及灭菌区	敷料制备区域、器械制备区域、灭菌区域、质检区域、一次性用品库、卫生材料库、器械库和缓冲间等
无菌物品存放区	冷却、无菌物品存储区域等
辅助区	办公室、值班室、更衣室和浴室、卫生间等

图4-33是江苏省人民医院消毒供应中心工艺平面图,三大工作区域及辅助用房分别用不同颜色标注。在设计阶段,我们以全自动清洗、灭菌设备作隔离屏障,使工作区域三区(污染区、检查打包区、无菌存放区)相对独立,实现实际隔离,使得人流、物流不交叉,防止交叉感染,并以此为原则,结合供应室工艺流程确定平面布局。在确定医院消毒供应中心平面布局的基础上,经济、合理、完善的通风空调系统设计对于满足感染防治防控要求,实现设备工作运行条件,提高职工工作的舒适度起到了很大作用。

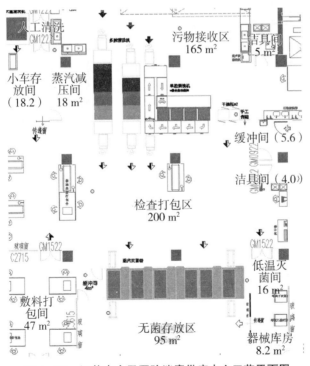

图4-33 江苏省人民医院消毒供应中心工艺平面图

去污区主要功能为医院医疗过程中污染器械和物品的回收、分类和清点,并进行清洗和初步的消毒。由于去污区内存放和处理的物品均为临床使用后带有污染物的物品,上面会沾有组织、血迹,甚至细菌和病毒等;污区内工作人员在清洗过程中会用到蛋白溶解酶、消毒过程中会用到化学试剂浸泡,因此去污区属于污染区,去污区的空调、通风设计要做到温、湿度适中,并能快速、充分稀释和排除室内的高温、高湿和有害气体,给工作人员提供一个安全、舒适的工作环境。

检查包装及灭菌区主要功能是查看去污区转送的器械清洗质量和完好度是否符合消毒质控要求,对符合要求的器械根据其种类、名称、数量选择不同规格的包装材料进行包装,包装后物品通过双扉传递窗分别送至干热灭菌间、环氧乙烷灭菌间、脉动真空高压灭菌间进行灭菌,并做好相关记录。此区域属于清洁区,空调有净化要求,通风系统需要对消毒设备的高温、高湿气体进行排除。

无菌物品存放区负责冷却消毒后的器械及物品,并对无菌物品进行包装、储存和发放,属于清洁区,空调、通风系统的设计要求与检查包装及灭菌区相同。

三大工作区域的工艺流程中还有转运车清洗、器械干燥及低温灭菌间等特殊房间,其空调、通风设计根据工艺不同均有特殊的要求。

二、消毒供应中心的空气调节

(一) 基本要求

空气调节的目的是用人工手段维持室内的环境温度、湿度、洁净度、气流方向及速度、室内外压差、新风量等,满足生产工艺的要求,同时兼顾人的舒适性要求。根据《医院消毒供应中心 第1部分:管理规范》WS310.1—2016 中 7.2 基本要求:消毒供应中心内空气流向由洁到污;采用机械通风的,去污区保持相对负压,检查包装及灭菌区保持相对正压。

关于洁净度的要求,在《医院空气净化管理规范》WS/T368—2012 第 4.2.3 中要求消毒供应中心洁净区域(检查包装及灭菌区、无菌物品存放区)空气中的细菌菌落总数 ≤4 CFU/(5 min · φ90 皿)。

消毒供应中心工作区温度、相对湿度、洁净度及新风的换气次数宜符合表 4‑39 要求:

表 4‑39 消毒供应中心工作区空气调节主要设计参数

工作区	温度/℃	相对湿度/%	换气次数/(次/h)	新风量/(次/h)	气压梯度要求	噪音/dB(A)
去污区	16~22	30~60	10	5	负压(−5 Pa)	<60
检查包装及灭菌区	23±2	30~60	10	4	正压(+10 Pa)	<60
无菌物品存放区	23±2	低于70	13	4	正压(+15 Pa)	<60
低温灭菌间	23±2	30~60	20(排风)	19	相对负压(5 Pa)	<60

注:1. 温度冬季取低值,夏季取高值;

2. 空气流向由洁到污,去污区保持相对负压,检查包装及灭菌区保持相对正压;

3. 无菌物品存放区应包括冷却区。

（二）空气调节方案的选择

消毒供应中心的分区包括去污区、检查包装及灭菌区、无菌物品存放区以及辅助区，每个区域都有各自的特点，所以要根据不同区域的情况做出相应的空调方案。

1. 辅助区域

辅助区域与普通办公楼环境相仿，这里空调的主要目的是满足人员的舒适性，可采用风机盘管加新风的空调系统，也可采用一般的舒适性空调。

2. 去污区

去污区属于污染区域，要求的室内温度较低，因清洗设备较多，环境湿度也较大，如果只是简单的采用风机盘管等空调器，它们的除湿能力有限，只能保证温度，而湿度难以控制。

湿度的主要来源有新风带入的湿量、人体的散湿、敞开水池（槽）表面散湿等。要想控制湿度，需要采用其他设备来解决湿负荷：可以将新风经过预处理再带入室内，将室外空气进行表冷除湿，这样被送入室内的空气就较为干燥。室内人体和水槽产生的湿负荷，我们可以采用除湿机辅助除湿。

3. 洁净区域

检查包装及灭菌区与无菌物品存放区属于洁净区域，虽没有手术室要求的洁净度高，我们也可以简单地做空气净化处理，采用恒温恒湿的组合式空调机组来控制室内的温湿度、相对压差以及换气次数。气流组织形式建议上送下回。

组合式空调机组是由各种空气处理功能段组装而成的一种空气处理设备。机组空气处理功能段有空气混合、均流、过滤、冷却、加热、去湿、加湿、风机、消声、热回收等单元体。组合式空调机组需要一个独立的空调机房放置。

低温灭菌间经常配备环氧乙烷灭菌器，环氧乙烷为有毒气体，因此该区域在设置相对压差时往往为相对负压，全送全排，气流组织形式为上送下排。

4. 各散热点

对于消毒供应中心内主要的散热点，即纯蒸汽发生间、灭菌设备间、清洗机设备间，这些设备会对周围环境造成较大的温湿度影响，如果能针对性处理好该区域的温度，那工作区域的空气调节也更容易控制。

针对这些散热区域，一般宜采用全新风空气处理的空调方式，将室外新风通过盘管制冷送入室内降温，然后将过余热量排出室外，气流组织形式为下送上排，以控制主要散热点的温度。

5. 季节影响

消毒供应中心散热设备较多，工作区域往往春夏秋三季都需要制冷，与其他科室的工作环境均有不同，因此可采用独立的冷热源系统，如若采用大楼中央空调系统的冷热源，必须保证过渡季节仍能持续提供冷水，或增设过渡季节独立使用的室外机。而辅助区宜采用大楼所提供的冷热源。

6. 空调冷热源的种类也较多，消毒供应中心最为常用的是风冷模块机组，操作简单、布置也较为灵活。

（三）空调冷热源选择

消毒供应中心的使用时间与医院门诊工作时间基本一致，空调冷热源宜由医院集中能源中心统一供给，也可以设置独立的冷热源（如四管制风冷热泵系统）。考虑到检查包装及灭菌区和无菌物品存放区需要设置净化空调系统,因此空调水宜采用四管制系统,可以根据工艺要求按需切换供冷和供热。消毒供应中心的后勤服务区,如办公室、值班室等可以采用二管制空调水系统。

（四）消毒供应中心空调系统设计

1. 去污区

去污区室内空气净化级别要求不高,且设备发热量较小,空调宜选择风机盘管加新风系统。负荷计算时应考虑洗涤池的散湿量,人员按照轻度劳动计算散热量和散湿量;新风量计算时除了要满足基本的卫生条件外,还应与设备(清洗消毒、干燥柜等)排风量进行空气平衡计算,以保持室内一定负压,超出或不足部分通过设置全面排风系统或增大新风量解决。

2. 检查包装及灭菌区

此区域为洁净区,宜设置独立的医用净化空调系统,可不设净化等级。净化空调系统的送风经过粗效、中效、高效三级过滤(级别分别为 G4、F6、H13),粗、中效过滤和焓、湿处理均由医用组合式净化空气处理机组负担。送风高效过滤器(H13)装在系统末端,采用保温型高效过滤送风口。高效过滤器效率不应低于《高效空气过滤器》(GB/T 13554—2008)中规定的 B1 类。净化区气流组织采用顶送、顶回的方式,系统配套排风机采用变频风机。为实现净化空调系统的压差控制,每个房间的送、回(排)风管上均设置手动调节阀。净化空调机组送风机配有变频控制器,送风干管上设有风量传感器,风量传感器的输出信号控制变频器运转,保持送风量恒定不变。在房间送风量恒定的情况下,通过调节房间的回(排)风量,使房间的压差达到设计压差。

检查包装及灭菌区除高温灭菌设备外,通常还会设置一间低温灭菌间,对不适宜高温灭菌的物品,一般采用低温灭菌的方法。低温灭菌采用的方法有环氧乙烷灭菌法、低温等离子灭菌法和低温甲醛蒸汽灭菌法等;前两种方法比较常用,低温等离子灭菌法对空调通风无特殊要求,但是其不适用植入型器械的灭菌;环氧乙烷灭菌法适用性最好,大部分需要低温灭菌的物品均能采用,使用范围较广,但环氧乙烷气体灭菌使用后的排放是设计中需要考虑的问题。在国内外操作中,环氧乙烷气体灭菌使用后首选大气排放,相关规定可见国家《消毒技术规范》(2008 年版)或美国国家标准 ANSI/AAMI ST41。环氧乙烷气体的大气排放,应遵循以下技术要求:必须有专门的排气管道系统,排气管材料必须为环氧乙烷不能通透的,如铜等。距排气口 7.6 m 范围内不得有任何易燃物和建筑物的入风口如门或窗;若排气管的垂直部分长度超过 3 m,必须加装集水器,勿使排气管有凹陷或回圈造成水气聚积或冬季结冰,阻塞管道;排气管应导至室外,并于出口处反转向下,以防止水气留在管壁或造成管壁阻塞;必须请专业的安装工程师,并结合环氧乙烷灭菌器生产厂商的要求进行安装。

3. 无菌物品存放区

无菌物品存放区为洁净区,宜设置独立的净化空调系统,可不设净化等级,设计要求与检查包装及灭菌区相同。

4. 后勤服务区

办公室、值班室等空调末端可以采用风机盘管加新风机组的形式,也可以采用多联机空调系统。

三、空调系统规划中应注意的问题

(一) 余热余湿处理问题

当建筑物存在大量余热、余湿及有害物质时,宜优先采用通风措施加以消除。医院消毒供应中心设有多台以蒸汽为消毒媒介的热力消毒设备,如蒸汽灭菌器、蒸汽清洗消毒器、大型物品清洗消毒器等,这些设备在使用过程会产生大量的余热、余湿。去污区工作人员在整理待清洗物品时会产生含有微生物、病毒的气溶胶污染物;同时,浸泡、清洗物品时使用的化学洗涤剂、蛋白溶解酶等也会产生一些有害气体。因此,可靠、完善的通风设施是消毒供应中心正常运行的必备条件之一。

消毒供应中心的主要工艺设备参数和通风要求详见表 4-40:

表 4-40　消毒供应中心的主要工艺设备参数和通风要求

设备名称	技术参数和通风要求
蒸汽灭菌器 HS6617DR2(内置蒸汽换蒸汽发生器)	设备运行时隔断区内设备散热量为 6.3 kW;舱门关闭时设备对室内散热量 0.5 kW,舱门打开时设备对室内散热量 1.4 kW。灭菌器设备隔断区的通风换气次数大于 30 次/h
清洗消毒器 88T 型(蒸汽加热)	排风:管径 DN150,先预留至天花,待设备到位后连接。排风量为 350 m³/(h·台),排气管负压为 >5 Pa,温度约 35 ℃,湿度在 40 s 内 100%,2 分钟后小于 40%。设备散热量 3.8 kW/台
大型清洗消毒器 9128 型(蒸汽加热)	排风:管径 DN160,先预留至天花,待设备到位后连接。排风量为 800 m³/(h·台),排气管负压为 >5 Pa,温度约 50 ℃。散热量:维修间 1 kW,装载侧 0.9 kW,卸载侧 2.25 kW
双门干燥柜 S-363D	设备散热量 1.2 kW/台,排风量 150 m³/(h·台)
超声波清洗器,型号:Ultrasonic 300	设备散热量 0.8 kW/台

(二) 排风量控制问题

蒸汽灭菌器消毒运行后开启舱门时会有一定量的蒸汽冒出,其通风设计应考虑设备的开门情况。单向开门时排风口设置在蒸汽灭菌器开门处的吊顶上方,二侧开门时每侧同样位置都需要设置排风口,排风量根据房间风量平衡计算后确定,但不宜小于 1 000 m³/h。蒸汽灭菌器设备隔断区内需要设置通风系统,换气次数按照不小于 20 次/h 计算,排风口设置在设备上方,补风口设置在设备旁靠近地面的位置,风口下缘距离地面不宜大于 0.3 m;通风量按照工艺要求设计,补风宜设置独立的新风机组处理后送入,确保设备运行温度在控制范围内。

(三) 系统风量平衡问题

清洗消毒器的运行情况与蒸汽灭菌器相似,通风系统设计可参照蒸汽灭菌器。根据工艺要求,清洗消毒器需设置工艺排风系统,每台设备排风量为 350 m³/h,工艺排风系统支管根据设备排风口的位置设置,补风由房间新风系统直接供给,系统风量平衡计算时需要考虑工艺排风量。

大型清洗消毒器需要设置工艺排风系统和设备隔断区通风系统。工艺排风系统支管根据设备排风口的位置设置,每台设备的工艺排风量为 $800 \text{ m}^3/\text{h}$。设备隔断区内设置通风系统,换气次数按照不小于 20 次/h 计算,排风口设置在设备上方,补风系统可以直接使用室外新风,不需要经温湿度处理。

干燥柜需要设置独立的排风系统,补风去污区由房间新风系统直接供给,去污区新风量计算时需要考虑。

第十二节　呼吸类传染病医院空调系统的规划与管理

自 20 世纪 70 年代以来,全球几乎每年都有一种或以上新发生的突发急性传染病出现,随着全球一体化进程的加快,突发急性传染病对人类健康安全和社会经济发展构成的威胁不断增大。2003 年的严重急性呼吸综合征(SARS)、2017 年的禽流感及 2020 年的 COVID—19 新冠病毒。原国家卫计委印发的《突发急性传染病防治"十三五"规划(2016—2020 年)》中提出:"设置突发急性传染病临床救治定点医院。推动各省份和各地市在本辖区改造、建设 1 所综合性医院和传染病医院,使其具备高水平的综合救治能力和生物安全防护条件,并积极发挥其突发急性传染病诊疗支撑和中心医院的作用。"

一、传染病的种类

通常所说的传染病主要包括肠道传染病、肝炎、艾滋病、呼吸道传染病。肠道传染病的传播途径包括水体、食物、接触、昆虫传播,肝炎主要通过血液传播。从病毒传播途径来看,传染病可分为两类:呼吸道传染病和非呼吸道传染病。

1. 呼吸道传染病

呼吸道传染病是指通过空气传播的传染病。在呼吸道传染病区,通风的目标是控制气流流向和稀释降低浓度。通过对室内气流进行控制,使得清洁空气从清洁区流向污染区,从健康人群(医护人员)流向传染病患者;通过送入室外低浓度新鲜空气、排出室内高浓度污染空气,置换、稀释,降低室内病菌浓度。

2. 非呼吸道传染病

非呼吸道传染病是指通过接触传播的传染病。在非呼吸道传染病区,对传染病的控制主要依赖物理隔离与清洗消毒,通风对传染病控制的作用很小,但不良的通风却会使环境卫生条件恶化,加剧传染病的传播风险,因此非呼吸道传染病区也应重视通排风设计。

二、呼吸类传染病应急医院建筑分区

呼吸类传染病应急医院建筑从使用功能上可以分为以下 12 个区域:

1. 生活区

医护换班后的宿舍生活区,以及换岗后的医务人员的临时居住区,须在该区域隔离两周,无状况后方可离开,卫生安全等级划分为清洁区。

2. 限制区

医务人员临时休息、应急指挥、物资供应的区域,卫生安全等级划分为半清洁区。

3. 隔离区

医务人员直接或间接对患者进行诊疗和患者涉及的区域,卫生安全等级划分为半污染区和污染区。

4. 清洁区

医务人员开展医疗工作前后居住、停留的宿舍区域。

5. 半清洁区

限制区的功能区域以及由限制区通向隔离区的医护主通道和配餐、库房、办公等辅助用房。

6. 半污染区

医护主通道经过卫生通过后的医护工作区,包括办公、会诊、治疗准备间、护士站等用房。

7. 污染区

医护人员穿上防护服后进入的直接对患者进行诊疗的区域,及有患者进入的有病毒污染的区域。

8. 接诊区

办理、接收来院患者,并对患者进行诊断的区域。

9. 负压病房

采用空间分隔并配置通风系统控制气流流向,保证室内空气静压低于周边区域空气静压的病房。

10. 负压隔离病房

采用空间分隔并配置全新风直流空气调节系统控制气流流向,保证室内空气静压低于周边区域空气静压,并采取有效卫生安全措施防止交叉感染和传染的病房。

11. 缓冲间

半清洁区、半污染区、污染区等相邻空间之间的有组织气流并形成卫生安全屏障的间隔小室。

12. 卫生通过

位于不同卫生安全等级之间,进行更衣、沐浴、换鞋、洗手等卫生处置的通过式空间。

三、建筑高度控制与流程

应急救治建筑宜以单层为主,最多不超过两层。应按照"三区两通道"的原则进行平面布局。建筑功能分区应包括接诊区、医技区、病房区,以及生活区和后勤保障区。应按传染病医疗流程进行布局,根据 COVID-19 新冠病毒感染的肺炎传染病诊疗流程细化功能分区,基本分区应分为清洁区、限制区(半清洁区)、隔离区(半污染区和污染区),相邻区域之间应设置相应的卫生通过或缓冲间。

建筑设施和部件应与气流的组织有效结合,应控制空气做出气压梯度,实现限制区、隔离区的空气流向由半清洁区向半污染区、污染区单向流动。医务人员与患者的交通流线应严格划分,清洁物流和污染物流应分别设专用路线,且不应交叉。住院病房应为负压病房,负压隔离病房可根据需要设置。

四、建筑空调设计

呼吸类传染病应急医院建筑在设置空调系统时,温湿度要求可参照表4-41。

表4-41 主要用房室内空调设计温度、湿度

房间名称	夏季		冬季	
	温度/℃	相对湿度/%	温度/℃	相对湿度/%
病房、诊室、药房、管理室、实验室	26～28	30～60	18～22	20～60
手术室、重症监护室	23～25	30～60	21～23	20～60
放射线室	26～28	30～60	20～24	20～60
药品储藏室	26～28	60以下	—	60以下

呼吸类传染病应急医院建筑主要功能用房与区域的最小换气次数或新风量要求见表4-42,且应能够保证各区域压力梯度要求。

表4-42 主要用房与区域最小换气次数或新风量

房间名称	换气次数/新风量/(次/h)	备注
清洁区用房	3	每个房间新排风差值按压差控制计算,且送风量应大于排风量150 m³/h
半污染区用房、污染区用房、负压病房	6	每个房间排风量大于送风量10%,且排风量至少大于送风量90 m³/h
负压隔离病房	12	
手术室	根据洁净度等级要求	—

传染病应急医院建筑应设置机械通风系统。机械送、排风系统应按半清洁区、半污染区、污染区分区设置独立系统,空气静压应从半清洁区、半污染区至污染区依次降低。

半清洁区送风系统应采用粗效、中效不少于两级过滤;半污染区、污染区送风系统应采用粗效、中效、亚高效不少于三级过滤,排风系统应采用高效过滤。送风、排风系统的各级空气过滤器应设压差检测、报警装置。隔离区的排风机应设置在室外。隔离区的排风机应设在排风管路末端,排风系统的排出口不应临近人员活动区,排气宜高空排放,排风系统的排出口、污水通气管与送风系统取风口不宜设置在建筑同一侧,并应保持安全距离。

新风的加热或冷却宜采用独立直膨式风冷热泵机组,并应根据室温调节送风温度,严寒地区可设辅助电加热装置。

根据当地气候条件及围护结构情况,隔离区可安装分体冷暖空调机,严寒、寒冷地区冬季可设置电暖器。分体空调机应符合下列规定:①送风应减小对室内气流方向的影响;②电源应集中管理。CT等大型医技设备机房应设置空调。

第十三节　负压隔离病房空调系统的规划与管理

一、负压隔离病房平面布局

1. 负压隔离病房是由病室、患者独立卫生间、污物消毒室、缓冲间及医护人员通道组成的一个单元体。

2. 负压隔离病房的布局应采用双通道布置方式,具有良好的自然通风和天然采光条件。病区内建立"三区二带二线";"三区":清洁区、半污染区、污染区;"二带":在清洁区与半污染区、半污染区与污染区之间建立两个缓冲带;"二线":内走廊、外走廊,封闭式隔断界限分明。

3. 负压隔离病房宜采用单人间设计,房间面积应考虑医疗功能和患者的生活需要。

4. 负压隔离病房层高不宜小于 4.0 m,室内吊顶高度不宜小于 2.8 m。

5. 负压隔离病房应设独立卫生间及污物清洗间。

卫生间内应设坐便器、淋浴器、洗手池、扶手等设施,且有紧急呼叫装置。

6. 病房的门建议采用气密性自动门或气密性平开门;窗户采用气密封窗同时考虑紧急自然通风窗,走廊宽度等均做出了相应规定。有压差梯度要求的房间必须安装压差计。

7. 每间负压隔离病房为一个独立的通风空调系统,配备中心供氧、压缩空气、吸引系统、监护及通信设备、双门密闭机械互锁传递窗、紧急自然通风窗等;病室朝向走廊一侧安装密闭大玻璃窗,便于观察患者情况。

8. 缓冲间:为医护人员工作走廊到病室的通过间。缓冲间内设有感应式洗手设施、脚踏式污染防护用品收集器具及免接触手消毒器、风淋装置。缓冲间的双门为电子互锁门,开一道门进入缓冲间,只有在第一道门关闭后,才能打开另一道门。医护人员快速进入缓冲间后,随即关门,进行全身风淋。风淋后静待 1 min 以上,以使气流稳定,并使病房内带出的污染物与气味通过负压通风系统排除干净;脱卸防护用品,洗手,手消毒,离开。

二、负压隔离病房流线

(一) 负压隔离病房医护人员及患者流线

1. 医护人员由清洁区入口乘电梯进入工作走廊(清洁区),经卫生通过室(更鞋、淋浴、更衣)到治疗区内走廊(半污染区),经缓冲间进出病房。医护人员每进入一级区域按要求更衣。

2. 患者从污染区入口乘电梯通过外围走廊或污染通道进入治疗区。

3. 各区标识明显,互无交叉,物品专区专用(图 4-34)。

(二) 负压隔离病房药物及食物流线

1. 内走廊与各病房间设双门机械互锁密闭传递窗,用于为患者传递食物、药物等,且传递窗带有紫外线杀菌灯。

2. 餐车不得进入病区。治疗区工作人员接收食物后在配餐间进行分餐,用治疗区内餐车分送,由传递窗送入,使用一次性餐具(图4-34)。

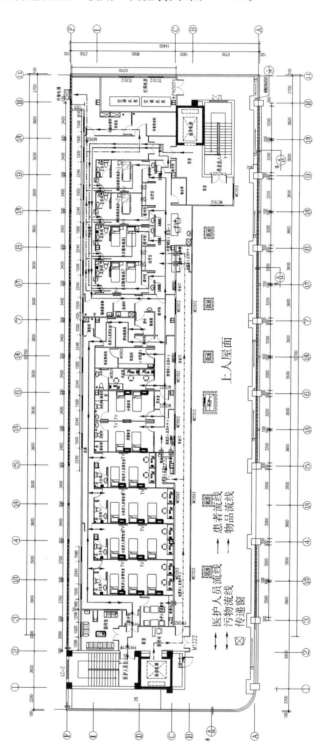

图4-34 某医院负压隔离病房平面流线图

（三）负压隔离病房生活垃圾及污染物处理

1. 对患者使用后的物品,采用压力蒸汽灭菌、紫外线照射、消毒剂浸泡、擦拭、熏蒸等方法消毒。

2. 患者产生的生活垃圾及其他废弃物均属医疗废物,由各病房的污染通道收集,双层医疗废物袋装或一次性医疗废物桶密封后,专人接收运送、焚烧。

3. 患者的排泄物和生活污水排入独立污水处理系统进行消毒后,排入医院污水系统处理,达标后方可安全排放。

（四）负压隔离病房感控要求

根据所在区域不同,进行医疗操作时,因接触污染物的危险程度不同,实行分级防护,即清洁区、半污染区、污染区分别遵循不同的防护要求和着装要求,标志清楚,通行流线不交叉。

三、负压隔离病房通风空调设计

（一）负压隔离病房空调形式

一般情况下采用每一个病房为一个独立空调系统。（为保证压力梯度,风机采用变频控制)病房的风系统也可采用部分循环风回风,但回风口必须采用"动态密封负压高效无泄漏排风装置",同时必须配有高效过滤器,否则,将有相当的不安全性。

公共治疗区设置独立空调系统,清洁区、潜在污染区、污染区应分别设置空调系统。

（二）负压隔离病房气流组织形式

1. 负压隔离病房气流组织

(1) 气流组织应尽量排除死区、停滞区和避免送、排风短路。

(2) 送风口应位于医务人员进入病房操作区域一侧顶部,排风口一般设在病床病人头部位置附近墙壁下侧,应使洁净空气首先流过病房内医护人员可能停留的区域,然后流过传染源(主要指病人头部)进入排风口。这样,医护人员就会处在气流的上风口,不会处于传染源和排风口之间。送风口布置在房间的一侧,与病人相对,排风从病人头部下风侧排出(图 4-35)。

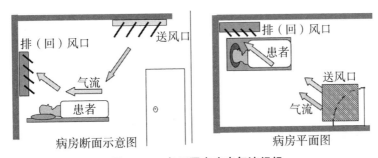

图 4-35 负压隔离病房气流组织

气流组织通常受到空气送风温差,送、排风口准确位置,医疗器具和家具摆放位置以及卫生保健人员和病人活动情况的影响。排风口的底部应在房间地板上方 100 mm 及以上的位置。

2. 负压隔离病房公共治疗区的气流流向

（1）致病因子可能传播到隔离病区其他部分，因此，隔离区域应该设计成定向气流。气流应从清洁区域流向非清洁区域。

（2）公共治疗区的送风必须使洁净空气首先流过医护人员可能停留的区域。空气流向应从走廊流入隔离病房以防止污染物传播到其他区域。空气流向通过压力梯度控制来实现。空气从较高压力区域流向较低压力区域，且所有回风必须采用下回风，回风口上安装中效过滤器。

（三）负压隔离病房换气次数及洁净度要求

详见《负压隔离病房建设配置基本要求》DB11/663—2009，换气次数一般为 6～12 次/h。

（四）负压隔离病房负压梯度的确定

1. 为了严格控制致病因子对其他区域的污染，隔离病房一般应设前室（缓冲室或气闸室）

2. 隔离病区内应保持一定的负压梯度，走廊→前室→隔离病房的气压依次降低。

3. 病室内的负压值应低于缓冲间 10 Pa，但具体负压值应根据病室、卫生间、缓冲间3 个独立隔间之间的负压梯度值加以确定。负压梯度是指负压隔离病房的病室、卫生间、缓冲间具有有序的压差，以确保气流从低污染区向高污染区定向流动。毫无疑问，作为医护人员的通道，相对病室和卫生间而言，缓冲间内空气最为清洁，因此缓冲间内的气压相对病室应为正压，一般不小于 10 Pa。缓冲间内的气压相对患者卫生间不小于 15 Pa，公共治疗区内的气压相对缓冲间不小于 15 Pa，公共治疗区内的气压相对室外不小于 10 Pa。

（五）负压隔离病房排风系统

为了防止对环境造成污染，负压隔离病房的排风必须进行处理。常用的处理方法有高效过滤、紫外线消毒、高温消毒等。通常采用在室内回（排）风口处高效过滤。

（六）噪声规定

负压隔离病房室内噪声要求：室内噪声不高于 50 dB。

四、系统对空调设备及其配件的要求

1. 空调机组采用双风机或后备风机系统。在风机发生故障后可自动切换到后备风机，确保病房保持负压状态。

2. 排风箱采用双排风机系统，在风机发生故障后可自动切换到后备风机，确保病房保持负压状态。

3. 必须采用卫生型净化空调机组。空调机组中设紫外线杀菌灯。

4. 消音器或消音弯头采用双腔式微孔板式消音器。

第五章
医院空调系统的运行与维护

医院空调系统运行的维护,是相关部门按照规范与制度,对空调系统在投入运行全过程中实施全生命周期管理的制度、措施及手段的统称。这些措施与手段包括:空调系统的验收管理、空调系统的运行管理、空调系统的环境管理、空调系统的维修管理及空调智能管理等。以此保证空调系统维持原设计状态并正常运行,为医疗空间提供舒适性及工艺性空气质量保障,延长空调使用寿命,提高系统全生命周期的运行效率,确保医疗安全及医护人员的健康。

第一节 医院空调系统运行与维护的特点与要求

医院空调系统复杂,技术性强,保证其稳定、高效运行不仅需要专业的维护技能、成熟的管理方案和丰富的管理经验,而且需要严格的管理措施与制度以保证管理维护工作的落实。不良的维护与管理会严重影响空调运行的制冷效果与设备工况,使能耗越来越多,成本越来越高,造成设备严重损坏,影响医院运行安全。因此,在空调系统的运行管理中,应根据医院空调系统为临床服务的特点出发,坚持全生命周期的管理理念,从项目设计的源头抓起,对前期策划、图纸设计、施工管理、交付验收、运行管理、智能控制进行系统思维,全程跟踪,切实提高空调系统的投资效率、运行效率,确保空调系统始终在高效、节能工况下运行。

一、医院空调系统运行与维护的特点

1. 服务性

医院的空调系统是为病人和医疗工作服务的。必须加强对空调系统管理的服务意识,要提高服务水平,更要加强责任心。

2. 技术性

医院空调设备一般都比较先进,技术性要求比较高。在空调设备安装前,要安排人员随生产厂家学习了解设备的性能及操作、维修、维护方法。

3. 可靠性要求

医院空调设备必须性能可靠,使用维修方便,一旦出现故障,维修要非常及时,维保单位的维保服务也应跟上。否则,将严重影响医院工作的正常运行,给医院带来很大的损失。

4. 时间性。医院住院部及相关医疗科室部分为 24 h 工作,因此,空调系统需要全时值守,必须将管理维护人员落实到位,并应有专门的运行与维修管理人员。

二、医院空调系统运行与维护的要求

医院空调系统的管理涉及物业的全生命周期，从建筑物的选址到规划设计、设备选型、施工与安装直到投入运行，都应当纳入系统的全程管理。

（一）要成立空调设备运行管理组织

明确分工，责任到组。医院空调系统的管理要由专职人员负责。建立空调管理班组，指定负责人，建立值班制度，加强运行与维修人员的培训，以切实保障医院空调设备有效运行。空调运行班组负责空调系统的启停，做好运行记录；每日定时巡视空调机房，发现问题及时通知维修人员，填写巡视记录；定期打扫空调机房，保持地面整洁；定期清洁空调设备，保持空调设备清洁卫生。空调维修班组负责医院空调末端装置的维修及保养；负责医院空调机房设备的维护及保养，并做好保养记录；负责医院小型空调设备及其他制冷设备的维修。

（二）要完备空调的设备档案

医院管理者在规划建设空调系统的过程中，应当做好全程跟踪管理。在筹备阶段，要与决策团队紧密配合，做好全生命周期的费用测算与投资分析，保证投资的合理性与设备的先进性；在建设阶段，要与设计人员紧密配合，就医院对空气质量的需求、工艺设计的要求、功能性分区充分沟通，确保设计的先进性与适用性；在安装调试阶段，要与施工方密切配合，进行细节把控；在交付阶段，要与承包方密切配合，对遗留问题进行跟踪整改。根据《通风与空调工程施工规范》(GB 50738—2011)的规定，空调系统的联动运行应由施工总承包方组织实施。医院管理团队应紧密跟踪，将运行中出现的问题解决于交付阶段。同时，要与承包方做好资料与电子文档的交接，要将空调设备的说明书、合格证、操作手册等技术文件全部整理后保存；并建立设备技术档案，把设备的调试情况，使用后的运行、维修、保养等情况详细填入设备技术档案中，并由专人管理。

（三）要制定医院空调设备维修保养制度

根据不同季节按有关技术规范制定空调设备的维修保养制度，确定保养方案，强化制度的落实。按时间对机组进行检修，换零部件，进行预防性保养。对冷水机组制冷剂和冷冻机油、干燥剂等的更换应有预案，并定期对机组和系统进行气密性检查和防腐处理。对热水机组要做好换热器的除垢、缓蚀处理。要备有一定的配件及专用工具，以便运行中设备出现故障时能够及时进行检修，尽快使设备投入运行。同时，对每一次检修、保养都要认真做好记录。医院管理部门应为落实制度创造条件，建立空调系统易损件备品库房，储备的轴承、螺栓、叶轮、油封、水封以及润滑油等应保证其质量。对工艺性空调系统应加强管理，按规范做好过滤网更换及新风机组的保养。

（四）要制定设备的维修养护计划

为使医院空调设备安全、可靠、高效地运行，维修养护工作需遵循设备使用说明书及有关技术资料，结合实际运行情况，制定维修养护计划。中央空调制冷机组一般每年6月至10月运行，热水机组11月至次年4月运行，过渡季节停机时间很短，而维修调试工作量很大。因此，每年的维护管理计划应按照机组系统的性能和季节时间特点，制定规范的维保管理规程，严格管理员工作培训，严格按照规程来管理空调设备。

（五）空调系统运行中的及时性管理

在设备运行过程中,运行管理人员要把机组实际的运行状况与规定的标准值加以比较,若有偏差,应及时进行调整,一旦出现故障征兆,要立即采取适当措施,加以处理。如冷水机组运行中出现冷凝压力过高时,要检查冷却水的供应情况和冷却塔的运行情况,及时进行处理,使其尽快恢复到正常工况状态。

（六）空调系统运行中的节能管理

1. 合理调整病房温度

在满足病人需求的情况下,适当调整病房的温度。根据国家相关规定,一般房间的温度夏季不应低于 26 ℃,冬季不应高于 20 ℃。

2. 合理利用室外新风

机组运行期间,要尽量减少新风带来的能量消耗,可以把新风保持在所需新风量范围的较低值。在过渡季节,由于手术室和一些大型仪器等发热量较大,也需要降温,这时就可以考虑全部引入室外新风,利用室外新风所含的冷量对其降温,以减少冷水机组的能耗;而对过渡季节需要供暖的个别房间,可考虑采用电暖器、暖风机之类的加热设备,要比整个系统运行节约很多能耗。

3. 合理调整水泵的运行

在空调系统中,水泵是耗电大户,因此要十分重视水泵的节能情况。在选用水泵时,不要留太大的余量,尽量使水泵在最佳工况点附近运行。根据负荷大小及时调整水泵的台数,或安装变频调速装置,控制水泵的转速。冷却水系统也要根据水温高低及负荷大小及时调节运行的台数。

4. 适当调整冷(热)媒水、冷却水的温度

在满足病房、手术室内空调舒适度要求的情况下,夏天适当提高冷媒水的温度、降低冷却水的温度,冬天适当降低热媒水的温度,都会使冷(热)水机组的能耗大幅度减少,收到较好的节能效果。

第二节　舒适性空调系统的运行与维护

一、医疗空间环境的空气质量管理

医院舒适性空调通过向医疗空间提供适宜的温度、湿度,标准的噪声控制、气流方向与空气质量,从而为患者及医护人员提供舒适的工作环境,提高医疗质量,控制感染率,确保医疗安全。

医疗空间的环境管理须注意下述问题:

1. 加强新风管理

入室新风对改善室内空气品质起着重要的作用。要保证室外新风的新鲜度,合理采集新风,同时对新风采取过滤、加热或冷却处理,按人员分布及空间大小合理确定新风量,在过渡季节要加大新风量的供给。

2. 加强对病房温度的管理

温度不仅影响住院病人康复,还影响医务人员的工作情绪和工作效率,对医疗设备的性能也有很大影响。医院病房出入人员较多,每个人对温度的要求也不尽相同,这就需要空调管理人员与病房医护人员及时沟通,对陪床人员做好宣传工作,加强管理,以保持病房所需温度。

3. 防止细菌滋生

要对空调风系统的所有部件定期进行清洗消毒。每年对风系统进行招标清洗,清洗结束后由第三方检测机构出具检测报告,检测报告由专人负责归档保管。

二、空调系统运行中的水质管理

1. 定期进行水质检测

水质管理是空调系统管理的一个重要环节,要引起足够的重视。水在物理、化学、微生物等作用下,水质很容易发生变化,水质差会使系统产生污垢沉积、腐蚀等问题,影响传热效果和系统寿命,增加维修量,给医院带来很大的能源损失。因此,要由专人负责水处理事项,并经常检测系统水质。

2. 冷却水水质管理

由于冷却塔是开放式结构,灰尘、脏物、雨水等不可避免地进入其中,所以,要尽量减少冷却塔污染。水过滤器要定期清洗,以防杂物进入冷凝器造成管路堵塞;冷却水应使用软化水,并对水质定期进行检测。若发现水质超标,须更换系统的冷却水,并按要求添加适量的除垢剂、缓蚀剂和除藻剂等。

3. 冷(热)媒水水质管理

冷(热)媒水系统为闭式循环系统,水质较稳定。但也必须使用软化水,且需在系统内加入适量的防腐剂、除垢剂。在每年的换季检修期间更换全部循环水,对系统进行清洗保养,并及时补充软化水,还要及时放尽系统中的空气。

三、空调系统运行中的设备管理

1. 制冷主机机组的保养。每年检查一次主机气密性,取样分析主机内溶液,检查屏蔽泵及真空泵的电机电气性能是否正常;检查电源接地、电控箱绝缘性、保护装置和控制装置、液位探头、传感器、变频器等是否能正常工作。

2. 每月定期检查溶液酸碱度及浓度参数,冷剂水密度,冷却水水质及 pH。清洗外部系统各管路上的过滤器,加固螺栓尤其是地脚螺丝,给水泵换油,检查风机皮带是否松动,真空泵抽气能力是否达到要求,各个电气控制元器件是否安全可靠地运行。

3. 在中央空调系统停机稀释运行时,需将冷剂水全部通入吸收器,使机组内溶液充分混合稀释,防止液体结晶和蒸发器传热管冻裂。为防止停机期间冷剂水在冷剂泵内冻结,停机前应将部分溶液通入冷剂泵。

4. 若机组内溶液浑浊,腐蚀情况较严重,则应用储液罐将溶液取出后做除杂质处理;若机组内溶液透明清晰,可将溶液留在机组内,无须取出。

四、空调水管网系统的维护和保养

因空调水管网系统中存在微生物、重碳酸盐等物质,系统运行一段时间后会在蒸发器、热水器、风机盘管及管道内壁形成污垢和腐蚀。随着运行使用时间的增加,囤积的污垢会变厚,影响水流畅通,冷热交换效率下降,影响制冷制热效果,因此要定期进行管网清洗和水质净化。可一次性注入软水,在水中添加适当的缓蚀剂,并定期对系统进行投药保养。对于管道壁内的污垢可采用投放化学药剂的方法进行清洗,使附在管壁上的污垢剥离、脱落或溶解。使用化学药剂进行管壁清洗具有操作简单、可不停机清洗的优点,但要注意对产生的废液进行安全处理,否则将会造成二次污染。

五、空调机组及风机盘管的维护与管理

1. 空调机组在投入运行后,空气过滤网表面会有许多灰尘沉积,须及时进行清理,防止堵塞过滤网,增加空气阻力,影响机组换热效率,使空调房间内温度和湿度与实际需求不符,造成能源的浪费。中央空调在运行时,空调机组和热风盘管需要进行热交换,当盘管表面温度低于盘管内部输送的空气温度时,盘管表面就会凝结水滴,水滴不断滴入凝水盘,随运行时间的增加,凝水盘中的水与灰尘混合凝固,就会造成防尘网和排水管堵塞,若不及时清洗,会造成水从盘中溢出的情况。

2. 空气过滤网、防尘网和排水管堵塞都会使有害细菌及微生物滋生繁衍,使室内空气质量下降,易造成病人的交叉感染。因此,对过滤网的清洗,建议保持每月一次的频率。清洗过程中,对破损过滤网应及时更换。应于每年空调机组开机之前,对凝水盘进行全面的清洗,并在机组连续运行了一段时间之后,再进行一次清洗。

3. 对风机盘管进行养护时,冷水温度最低不能低于 6 ℃,热水温度最高不能高于 52 ℃,水要干净清澈,最好使用软水。保养前应先开启盘管上的放气阀,排尽空气后再将阀门关闭,盘管一般使用一个月左右就要对过滤器进行清洗,在机组停止使用时,夏季应保持盘管干燥,防止锈蚀,冬季应采取相应的防冻裂措施。

第三节　工艺性空调系统的运行与维护

一、工艺性空调的设备维护

1. 空气过滤器的维护

空气过滤器是空调净化的主要组成部分,空气过滤器如果超负荷承载尘埃,过滤器的背面都可能被尘埃覆盖,自身就变成一个新的尘源,不仅没有起到除尘的作用,还成了污染空气的帮手。空气过滤器长此以往地除尘,累积过多的尘埃,使阻力增加,减缓了通风的风量。因而需要维修人员定期检查过滤器的阻力,以决定更换过滤器的时间。对于可以重复使用的过滤器,要及时进行清洗,对于不可再次使用的过滤器,要定期检查过滤器是否变形及机组的通风情况。在安装过滤器时要轻拿轻放,严格按照使用说明来操作维护。

2. 空调风机的维护

净化空调的风机需要定期拆除清理,风机机壳、皮带罩、联轴器是灰尘积累最多的部位,清理灰尘可以减小风机发出的噪声。风机的轴承座是容易出现松动、变形的,需要定

期检查。风机在正常运行过程中,出现噪声过大、异常振动,需要立即停机进行检测,特别是轴承座,需要检查是否有轴承破裂、难以转动的情况,如果出现难以转动、润滑不良,必须严格用生产厂家提供的润滑油给风机上油。即使风机没有任何异常,还是需要每年打开轴承盖,检查轴承座各部位是否出现破裂、松动的情况。

3. 加湿器的维护

加湿器通常可分为干蒸汽式加湿器和电极式。干蒸汽式加湿器的蒸汽压必须要恒定,避免出现过度波动,影响加湿器的正常运行。干蒸汽式加湿器的疏水管道要定期检查,确保冷凝水排出。此外,干蒸汽式加湿器的蒸汽管道需要清理,保持蒸汽畅通。干蒸汽式加湿器要检查电磁阀,以免加湿器停止使用后无法关闭阀门。而电极式加湿器需要保证水质与电极相适应,确保能正常通电。电极式加湿器长期使用会累积金属杂质及水垢,必须要定期清理,在加湿器正常使用的同时避免污染。大多数温热潮湿的地方会繁殖细菌,而加湿器的水盘更是细菌的滋生地,维修人员必须经常擦洗水盘,保证水盘干燥清洁,且每年定期更换电极。

4. 热交换器(表冷器)的维护

热交换器又称加热器或表冷器。热交换器的维护主要是检查片间有无堵塞,应定期检查片间,趁片间堵塞不严重时用高压水枪冲洗,以免堵死,对叶片进行药物浸泡,达到杀菌消毒的目的。

5. 电动机的维护

电动机要定期做绝缘检查,每年不少于2次。电动机的运转电流、电压需要定期检测,确保在正常范围内。此外,还要定期检测电动机的安装连接情况,检查轴承的密封圈,如有破损,需要及时更换。电动机发声过大、噪声刺耳、振动频率异常、温度过高等需要进行严格的检测。应保持电动机清洁干燥,严格按照使用说明来进行操作维护。

6. 冷热水盘管的维护

冷热水盘管表面的灰尘需要定期清理,在空调净化设备正常运行时,可用手感受冷热水盘管表面的温度,如没有感觉到明显的温度变化,说明冷热水盘管已经被堵,需要及时拆除清理或更换。此外,还需要检查冷热水盘管翅片是否出现变形或损坏,若有粘连、脱落等现象发生,可用专业镊子进行矫正。在冬季来临前,应排空水盘管,防止冷热水盘管出现冻裂现象。

二、工艺性空调的气流管理

净化空调系统是整个空气净化系统的重要组成部分。它能够控制洁净手术部的温度、相对湿度、尘粒浓度、细菌浓度、有害气体浓度以及气流分布,保证室内人员所需的新风量,维持室内外合理的气流流向。气流管理须注意下述问题:

1. 制定运行管理、日常监测制度

主要监测制冷主机风冷热泵、水系统压力、温度、循环机组和新风机组进出口的风压差,为每台机组制定一个运行状况和维修记录本。

2. 加强对洁净空调维护管理人员的培训

维护管理人员必须具有一定的空气洁净技术原理知识,熟悉洁净手术部的结构和设施,熟悉净化空调系统的技术性能和保持空气洁净度的各种技术措施。空气处理机及风管上的各个阀门在交付使用前已经调整至最佳位置,技术人员严禁随意调整,以免影响净化效果。

3. 保持手术部合理的气流组织,稳定的梯度压力及洁净度级别

在日常使用中,应将手术室内温度控制在 22～25 ℃,湿度控制在 40%～60%。每日手术开台前,应提前 0.5 h(Ⅰ级手术室 15 min)开启净化空调系统。洁净手术室内医疗设备的放置应避开手术室内的回风口,避免因设备遮挡而影响回风量和室内的气流组织。

4. 加强管理考核,增加量化考核内容

考核到位、奖惩分明是日常管理的一项重要手段。通过考核能为医院节约资金、能源,延长设备使用寿命。工艺性空调的运行状态和维护效果直接关系到医疗安全,从基础管理、设备管理、服务受理等主要方面量化、细化,使各个关键点都处于安全受控状态。

表 5-1　净化区域考核表

标准内容	规定分值/分	评分内容	考核得分
(一) 基础管理	257		
1. 设备维护管理企业制定了发展规划、ISO 质量认证体系和具体实施方案,并经医院设备委员会同意	5	符合 5 分,有一项内容 2 分	
2. 对医院设备维护管理建立健全各项管理制度,各岗位工作标准,并制定具体的落实措施和考核办法	10	制度、工作标准建立健全 10 分,主要检查:设备维护管理服务工作程序、质量保证制度、收费管理制度、财务制度、岗位考核制度等,每发现一处不完整规范扣 3 分,未制定具体的落实措施扣 3 分,未制定考核办法扣 3 分	
3. 设备维护管理企业的管理人员和专业技术人员持证上岗;员工统一着装,佩戴明显标志,工作规范,作风严谨	5	管理人员、专业技术人员,每发现 1 人无上岗证书扣 3 分;着装及标准一项不符合扣 2 分	
4. 设备维护管理企业应用计算机等现代化管理手段,提高管理效率	5	按应用的全面性、实用性和水平高低分别给 5 分,3 分和 1 分	
5. 设备维护管理企业在收费、财务管理、会计核算、税收等方面执行有关规定;每月报告一次设备维护管理服务费用收支情况;执行共同财务管理规定	10	执行有关规定 10 分,未执行一项扣 2 分	
6. 所负责维护管理的设备档案资料齐全,分类成册,管理完善,查阅方便	10	包括设备的原理结构图、安装图、电路图、管网图等,分类统计成册;有设备维修、保养记录、大中修记录;5 万元以上设备每台设备有档案;1 万～5 万元设备按类建立档案;1 万元以下设备按科室归类建档。每发现一项不齐全或不完善扣 3 分	

医院空调系统规划与管理

第五章 医院空调系统的运行与维护

标准内容	规定分值/分	评分内容	考核得分
7. 有月度、年度工作报告	10	每发现一处不符合扣5分	
8. 建立并落实维修服务承诺制,零修急修及时率100%、返修率不高于2%,并有回访记录	10	建立并落实10分,建立但未落实扣3分;未建立扣3分;及时率每降低1%扣1分;返修率一项不合格扣1分;回访记录不完整或无回访记录扣1分	
9. 值班人员通信设备配备齐全,有电话机、手机	3	符合3分;每发现一处不符合扣1分	
10. 急救、手术中的设备抢修,必须在10 min内到达现场	7	符合7分;每发现一次不符合扣1分	
11. 一般故障,维修人员必须及时处理,24 h内解决。较复杂的故障检修也要以最快速度解决,不超过72 h	10	符合10分;每发现一次不符合扣2分	
12. 要建立故障维修报告、技术改造申报制度,及时向医院设备管理部门报告设备的运行状况	15	符合15分;每发现一次不符合扣2分	
13. 服务公司应不定期举行临床医护人员仪器设备使用讲座,避免出现因不正当操作引起的设备故障	5	符合5分;每发现一处不符合2分	
14. 凡修复的仪器、设备实行同一故障免费保修一年的制度	7	符合7分;每发现一处不符合扣3分	
15. 需要医院出资购买零部件的情况,承包方要书面报告设备科,说明设备损坏原因和故障情况、购买理由、需要金额和维修方案	8	符合8分;每发现一处不符合扣3分	
16. 制定设备安全运行、岗位责任、定期巡回检查、维护保养、运行记录管理制度,并严格执行	10	符合10分;每一处不符合扣2分	
17. 配备所需专业技术人员,制定并严格执行操作规程	10	符合10分;每一项不合格扣3分	
18. 制定应急处理措施并严格执行	10	符合10分;无应急措施扣5分;未执行应急措施扣10分	
19. 备用应急设备可随时启用,定期检查	10	符合10分;设备有故障扣7分;未定期检查扣3分	
20. 设备运行有记录并按规定期限保存	10	符合10分;每一台设备不符合扣2分	

标准内容	规定分值/分	评分内容	考核得分
21. 定有突发火灾的应急方案,设立消防疏散示意图,照明设施、引路标志完好,紧急疏散通道畅通。无火灾安全隐患。组织开展消防法规及消防知识的宣传教育,明确各区域防火责任人	7	符合7分,一项不符合扣4分	
22. 停机维修按规定时间通知各科室	5	符合5分,一次不符合扣3分	
23. 办公室、手术层保持清洁,地面、墙面应无污垢,无乱贴、乱画,无擅自占用和堆放杂物现象,无纸屑、烟头等废弃物	5	符合5分,一次不符合扣2分	
24. 施工过程中排污、噪声等符合国家环保标准,无外墙污染	5	符合5分,每发现一次不合格扣2分	
25. 总的设备完好率和单台设备完好率在95%以上	40	完好率在95%以上40分,每降低1%扣10分	
26. 对所管理的每台设备和系统有维修、保养计划	25	内容完整齐全25分,每漏1项扣5分	
(二)设备管理	643		
设备机房	480		
1. 设备位置标识明显,并设立引路方向平面图,设备操作、警示说明明显	20	符合20分,无示意图或发现一处标志不清、更换不及时或没有标志扣5分	
2. 冷凝水集中收集,支架无锈蚀	15	符合15分;一处不符合扣5分	
3. 装饰装修符合规定,未发生危害房屋结构安全及拆改管线的行为,且无擅自用水用电和违反反消防安全的现象发生	8	符合8分,每发现一处不符合扣3分	
4. 设备及设备层环境整洁,无杂物、灰尘,无鼠、虫害发生,设备层环境符合设备要求,责任落实到岗、到人	27	符合27分,每发现一处不符合扣5	
5. 排水系统通畅,设备层无积水、浸泡发生	20	符合20分,每发现一处不符合扣6分	
6. 空调系统运行正常且噪声不超标,无严重滴、漏水现象;每天有风机、变频器、控制器运行记录	43	符合43分,一处不符合扣10分	
7. 制订空调发生故障应急处理方案	11	无应急处理方案扣5分,有方案但不完善或执行不够的扣5分	

标准内容	规定分值/分	评分内容	考核得分
8. 洁净区内温度应该控制在 22～25℃,温度控制精度±1℃	53	符合53分,一次不符合扣10分	
9. 洁净区内湿度为 40%～60%,湿度控制精度±5%以内	53	符合53分,一次不符合扣10分	
10. 洁净区洁净度达到卫生部部颁标准(证实由于乙方原因才扣分)	100	符合100分,一次不符合扣100分	
11. 每天5次记录温、湿度参数,做好值班记录,早8:00交手术室签字。(周一至周五)	20	符合20分,一项不符合扣1分	
12. 每台设备有定时保养计划,并定时保养	20	有计划10分,定时保养20分	
13. 每天记录管路、阀门工作情况	10	符合10分,每发现一处不符合扣5分	
14. 每天记录进水温度5次,时间在8:00、11:00、15:00、19:00、23:00	20	符合20分,每发现一处不符合扣5分	
15. 风机盘管每年保养两次	20	符合20分,每发现一处不符合扣10分	
16. 粗效过滤器每个月清洗1次;中效过滤器每3个月清洗一次;高效过滤器每年检查一次	20	符合20分,每发现一处不符合扣10分	
17. 洁净区内风速、风压、噪声、新风量、换气次数每半年检测一次	20	每发现一处未记录扣5分	
洁净区内控制部分	77		
1. 设备保持清洁	6	设备应干净、清洁、干燥,发现一项不合格扣3分	
2. 气体、照明及各项辅助设备指标达到额定指标	10	有一项未达标扣10分	
3. 应有排除险情的应急处理措施	10	符合10分,一项不符合扣5分	
4. 控制面板能有效工作;设备完好	20	设备完好率在95%以上20分,每降低1%扣10分	
5. 显示时间、温度、湿度等要准确;每月校正一次	17	符合17分,每发现1项不符合扣5分	
6. 设备无故障运行	14	一台设备带故障运行扣10分	

医院空调系统规划与管理

标准内容	规定分值/分	评分内容	考核得分
配件仓库、回收仓库管理	18		
1. 仓管员遵守劳动纪律,仓库管理4项制度。(保管员岗位责任制、物资验收制度、物资发放制度、防火及安全制度)健全并张贴在明显处	8	每缺一项制度扣2分;有迟到、早退、无故离岗,发现一次扣2分	
2. 从设备上拆下的零部件回收至回收仓库,并登记造册,报废零部件需设备科同意	10	漏报或漏记一项扣3分	
(三) 服务受理	68		
1. 建立24 h值班制度,设立服务电话和值班手机,对医院各科室设备维护服务保修、问询、质疑投诉等各类信息收集进行和反馈,并及时处理,有回访制度和记录	20	符合20分,没有值班制度扣5分,未设服务电话扣5分,发现一处处理不及时扣2分,没有回访记录每次扣2分	
2. 定期向医院发放设备维护服务工作征求意见单,对合理的建议及时整改,满意率(很满意、较满意、满意)达85%~95%以上	14	符合14分,不按规定或达不到标准扣7分	
3. 在医院范围内,增设其他的服务项目,要向医院逐级打报告,待批准后执行	7	符合7分,不符合扣5分	
4. 加强对员工的文化和技术知识的学习、培训	7	符合7分,不符合扣5分	
合计	900	考核分合计	
综合评比: 考核人签名:		计算方法:总评分系数×[(一)+(二)+(三)] 注:系数值0.3~1.2 1. 无事故时为1。 2. 小事故时为0.98。(损失小、未产生不良后果) 3. 中等事故时为0.90。(给患者和医院造成一定损失) 4. 中等以上事故时为0.5、0.3。(损失大、影响恶劣) 5. 为医院做出额外贡献时为1.1~1.2。(提前发现事故苗头并制止,为医院避免损失;维修技术高,为医院节约资金、能源;延长设备使用寿命)	

医院空调系统规划与管理

第五章　医院空调系统的运行与维护

第六章
医院空调系统的节能管理

现代医院建筑是人员密集且流动性大的场所。用能设备多、使用频率高、用能时间长、功能分区多、影响范围广、高能耗是现代医院建筑区别于其他公共建筑的鲜明特征。节能管理是空调系统管理中应始终关注的重点。

第一节　建筑节能概述

目前，国内外学者都致力于建筑的节能设计和对既有建筑进行节能改造，研究成果不一。主要可以分为几类：一是从建筑本身出发，使用模拟软件建模分析得到其能耗的影响因素，并提出节能改造方案，同时还可以对医院的功能区域进行分区处理来达到减少空调能耗的目标；二是通过对空调系统的优化来达到节能的目的，这其中包括空调系统形式的选择、设备的优化选型、设备运行的合理化等，例如选用利用可再生能源的空调系统、水泵的变频运行；三是在空调系统运行过程中根据各个建筑的用能特性，完善优化运行管理模式，比如合同能源管理、能源审计等。

所谓建筑节能，最初在发达国家被定义为减少建筑中能量的散失，现在普遍定义为"在保证提高建筑舒适性的条件下，合理利用能源，尽可能提高建筑中的能源利用率"。建筑节能包括建筑材料生产过程中节能、施工过程中节能和使用过程中节能三部分。目前，建筑节能的主要途径包括：减少不可再生能源的消费，提高能源利用效率；减少建筑围护结构的能量损失；开发利用新能源。当前我国建筑外围护结构单面积能耗是发达国家相应建筑能耗的 3～5 倍，窗户能耗则是发达国家的 2～3 倍，因此我国的建筑能耗比发达国家高出许多。和西方发达国家相比，我国的建筑节能在很多方面还存在较大差距，这就要求我们不断地学习，合理利用国外先进的建筑节能技术，走适合我国的可持续发展的建筑节能之路。

我国的建筑节能工作始于 20 世纪 80 年代初期，当时制定的"能源开发与节约并重，近期把节约放在优先位置"的能源发展总方针以及有计划、有组织地开展节能工作的策略对节约能源起到了巨大的作用。在原国家经委、原国家计委的支持下，原建设部首先组织开展了北方集中采暖地区（严寒、寒冷地区）居住建筑采暖能耗调查和建筑节能技术及标准研究。在 20 多年的时间里，通过采取标准先行、先易后难、先新建建筑后既有建筑、先居住建筑后公共建筑、从北方向南方逐步推进的策略，我国的建筑节能工作取得了一定的成效。

而在建筑节能的相关法规和规范方面，1986 年原建设部颁布了《民用建筑节能设计标准(采暖居住建筑部分)》(JGJ 26—86),1995 年又颁布了《民用建筑节能设计标准(采暖居住建筑部分)》(JGJ 26—95),2000 年颁布了《既有采暖居住建筑节能改造技术规程》(JGJ 129—2000),2001 年颁布了《采暖居住建筑节能检验标准》(JGJ 132—2001)和《夏热冬冷地区居住建筑节能设计标准》(JGJ 134—2001),2003 年颁布了《夏热冬暖地区居住建筑节能设计标准》(JGJ 75—2003)。《民用建筑供暖通风与空气调节设计规范》(GB 50736—2012)于 2012 年发布实施。国家标准《公共建筑节能设计标准》(GB 50189—2015)于 2015 年发布实施。

随着我国国民经济的迅速发展和医疗保健产业的急速推进,大型医疗建筑的建设也取得了空前的进展。因为医院建筑的人员密集、用能设备多、用能时间长等原因,医院建筑的能耗位于各类公共建筑的前列。在医院建筑各项能耗中,主要能源形式是电力,占医院总能耗的 64% 左右,天然气、重油等能源形式占医院总能耗的 11% 左右,主要用于供暖系统、生活热水系统和蒸汽消毒系统。电力消耗结构中,空调系统能耗占 50% 左右,插座、照明能耗占 34% 左右。目前,我国新建医院建筑的能耗比例与传统医院建筑完全不同,空调与供热(包括生活热水和蒸汽)能耗最大,其次是照明。因此,研究医院建筑的空调节能刻不容缓。

我国幅员辽阔,气候变化大,可分为七种气候区,每个气候区都有各自的气候特点,空调节能设计应当针对这些气候特点提出相应的策略(见表 6-1)。

表 6-1 中国建筑气候区划

建筑气候区划		热工区划	建筑气候区划主要指标	建筑基本要求
Ⅰ	ⅠA ⅠB ⅠC ⅠD	严寒地区	1 月平均气温≤−10℃ 7 月平均气温≤25℃ 7 月平均相对湿度≥50%	1. 建筑物必须充分满足冬季保温、防寒、防冻等要求; 2. ⅠA、ⅠB 区应防止冻土、积雪对建筑物的危害; 3. ⅠB、ⅠC、ⅠD 区的西部,建筑物应防冰雹、防风沙
Ⅱ	ⅡA ⅡB	寒冷地区	1 月平均气温−10~0℃ 7 月平均气温 18~28℃	1. 建筑物应满足冬季保温、防寒、防冻等要求,夏季部分地区应兼顾防热; 2. ⅡA 区建筑物应防热、防潮、防暴风雨,沿海地带应防盐雾侵蚀
Ⅲ	ⅢA ⅢB ⅢC	夏热冬冷地区	1 月平均气温 0~10℃ 7 月平均气温 25 ~30℃	1. 建筑物应满足夏季防热、遮阳、通风降温要求,并应兼顾冬季防寒; 2. 建筑物应满足防雨、防潮、防洪、防雷电等要求; 3. ⅢA 区应防台风、暴雨袭击及盐雾侵蚀; 4. ⅢB,ⅢC 区北部冬季积雪地区建筑物的屋面应有防积雪危害的措施
Ⅳ	ⅣA ⅣB	夏热冬暖地区	1 月平均气温＞ 10℃ 7 月平均气温 25~29℃	1. 建筑物必须满足夏季遮阳、通风、防热要求; 2. 建筑物应防暴雨、防潮、防洪、防雷电; 3. ⅣA 区应防台风、暴雨 袭击及盐雾侵蚀

建筑气候区划		热工区划	建筑气候区划主要指标	建筑基本要求
V	V A V B	温和地区	1 月平均气温 0～13℃ 7 月平均气温 18～25℃	1. 建筑物应满足防雨和通风要求; 2. V A 区建筑物应注意防寒,VB 区应特别注意防雷电
VI	VIA VIB	严寒地区	1 月平均气温 0～13℃ 7 月平均气温＜ 18℃	1. 建筑物应充分满足保温、防寒、防冻的要求; 2. VIA、VIB 区应防冻土对建筑物地基及地下管道的影响,并应特别注意防风沙; 3. VIC 区的东部,建筑物应防雷电
	VIC	寒冷地区		
VII	VIIA VIIB VIIC	严寒地区	1 月平均气温－5～－20℃ 7 月平均气温≥18℃ 7 月平均相对湿度 ＜50%	1. 建筑物必须充分满足保温. 防寒、防冻的要求; 2. 除VIID区外,应防冻土对建筑物地基及地下管道的危害; 3. VIIB 区建筑物应特别注意积雪的危害; 4. VIIC 区建筑物应特别注意防风沙,夏季兼顾防热; 5. VIID 区建筑物应注意夏季防热,吐鲁番盆地应特别注意隔热、降温
	VIID	寒冷地区		

第二节 实用节能技术在空调系统中的应用

一、空调冷水机组的余热回收技术

(一) 中央空调余热回收技术原理

医院中央空调能耗占医院总能耗的 50% 左右,每平方米耗电量 30～50 kW·h。中央空调运用卡诺循环的原理,通过消耗少量的电能做功,压缩机工作过程中会排放大量的废热,热量等于空调系统从空间吸收的总热量加压缩机电机的发热量。水冷机组通过冷却水塔,风冷机组通过冷凝器风扇将这部分热量排放到大气环境中去,散发到室外的热量约为压缩机耗电量的 7～9 倍。

目前绝大部分空调器在设计时并没有对这部分热量加以有效利用,而是将其直接排放到大气中。热回收技术利用这部分热量来获取热水,实现空调热量再利用的目标,它在原有空调机组上进行改进,在中央空调机组上安装一个高效的热回收设备及热泵接驳装置,该装置使高温的冷媒与自来水进行热交换,将排到大气中的废热转变为可再生能源二次利用,生成 35～60 ℃生活热水。

热回收技术的核心是热回收器,热回收器又可称作"过热蒸汽降温器"或"水加热器",其主要功能是实现空调压缩机在制冷运行过程中排放出的高温冷媒蒸汽与被加温冷水的热交换,将压缩机排出的热量转换成可利用的热水,其实质是一个高效蒸汽-水热交换器(图 6 - 1)。目前该项技术广泛应用于涡旋式、离心式、螺杆式冷水机组。

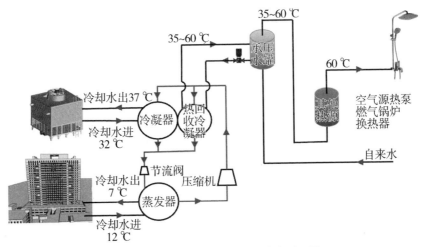

图 6-1　中央空调全热回收技术原理图

（二）空调机组全热回收技术特点

1. 废热利用

热回收系统可自动回收现有的空调废热制取 35～60 ℃ 的免费热水,空调可再生能源二次利用可减少地球资源损耗,节约烧水的电力、燃气燃油热水锅炉的资源消耗,减少空调系统温室气体排放数量及燃油锅炉的废热地球环境的污染破坏。在一般空调使用工况下,水温需求为 30～65 ℃ 时,可回收热量为制冷量的 30％～80％;水温需求为 55～60 ℃ 时,可回收热量为制冷量的 30％。由于利用废热提供了所需的热水,大大减少了供热锅炉向大气排放的 CO_2 气体,从而减轻了使地球大气候变暖的温室效应,同时直接减少了向大气排放量的废热。

2. 提高原机组工作效率,延长机组寿命

热回收技术应用于水冷机组,减少原冷凝器的热负荷,使其热交换效率更高;应用于风冷机组,使其部分实现水冷化,兼具有水冷机组高效率的特性;所以无论是水冷还是风冷机组,经过热回收改造后,工作效率都会显著提高。由于技术改造后负载减少,机组故障减少,寿命延长。

3. 制冷时降低了冷凝压力,可以节约耗电量

制冷时降低了冷凝压力,也就是降低压缩机的排气压力,使空调机组耗电量节约10％～30％。制冷时降低了冷凝温度,提高了机组制冷量。根据计算,冷却水温度(冷凝温度)每降低 1 ℃,机组制冷量可提高 1.3％。冷凝热回收后,如果冷却水流量不变,冷凝温度可降低 3～5 ℃,可提高机组制冷量 4％左右,节电效果明显。

（三）医院设备余热和生活废水余热利用技术

1. 氧站热回收

制氧系统作为医院中应用较为广泛的设备,其消耗的电能大部分转换为压缩热,房间内温度可达 40～50 ℃,部分医院制氧中心建筑内设通风及空调设备,用来降低房间温度。如果采用空气源热泵或水源热泵吸收氧站空间余热,用于生产生活热水,则会节省大量的能源,减少二氧化碳的排放,实现节能减排(图 6-2)。

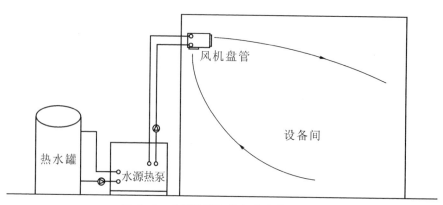

图 6-2　水源热泵回收氧站余热原理图

　　某医院制氧中心设备散热约 70 kW,日常房间温度 40～45 ℃。采用水源热泵加风机盘管的系统,风机盘管吸收房间余热,热量传递给水源热泵然后产生 60 ℃ 生活热水,产水量约 1.3 m³,按照日运行 14 h 计,年节约天然气约 40 000 m³。

　　2. 医院生活废水余热作为空调的低温热源

　　水源热泵技术日趋成熟,污水源热泵系统利用污水(生活废水,工业废水,矿井水、河、湖、海水,工业设备冷却水,生产工艺排放的废水)通过污水换热器与中介水进行换热,中介水进入热泵主机,主机消耗少量的电能,在冬天将水资源中的低品质能量"汲取"出来,经管网供给室内采暖系统、生活热水系统(图 6-3)。

　　我国北方地区,冬季采暖主要依靠天然气等化石燃料的燃烧。积极处理缓解采暖与环保之间的矛盾。城市污水是北方寒冷地区不可多得的热泵冷热源。它的温度一年四季相对稳定,冬季比环境空气温度高,夏季比环境空气温度低。这种温度特性使得污水

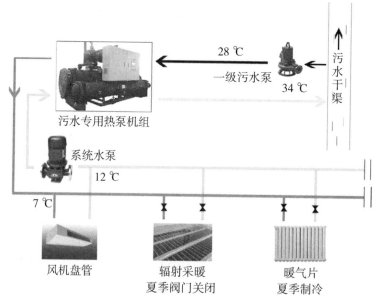

图 6-3　污水源热泵系统示意图

源热泵比传统空调系统运行效率要高,节能和节省运行费用效果显著。

根据《建筑给水排水设计规范》(GB 50015—2019)中的规定,医院用水定额为350 L/(人·天),排水定额取用水定额的 85%～95%,1 500 床医院日排水量为 446～499 m³。医院污水水温相对较高且随季节变化幅度较小,通常在 10 ℃ 以内,具有冬暖夏凉的冷热特点,温度全年在 10～25 ℃ 之间,蕴含的热量较大。按照汲取 5 ℃ 温差的热量,则每天获取热量 9 321～10 428 MJ,折合天然气 266～298 Nm³/d。

污水成分极其复杂,且不稳定,含有多种悬浮物质、絮状物、油脂、固体颗粒,以及生活垃圾,随着污水源热泵的使用越来越广泛,很多的弊端也都显露出来,其中最重要的就是要按时把污水源热泵拆开来进行清洗,需要耗费大量的人力和精力,而且一般清洗时建筑物无法进行供暖、制冷。目前有两种解决办法:

一种是采用化学液体或者是高压水枪清洗内部结构,但是由于污水源热泵的结构较为复杂,所以给清洗造成了很大的不便。

另一种就是在污水源热泵前面加污水换热器使其构成一整套的污水源热泵系统的方法,这样就避免了污水源热泵的堵塞、腐蚀问题。

3. 空气源热泵的冷暖两联供技术

空气源热泵是一种利用高位能使热量从低位热源空气流向高位热源的节能装置。它是热泵的一种形式。顾名思义,热泵也就是像泵那样,可以把不能直接利用的低位热能(如空气、土壤、水中所含的热量)转换为可以利用的高位热能,从而达到节约部分高位能(如煤、燃气、油、电能等)的目的。

(1) 空气源热泵制冷:空气源热泵制冷原理与传统风冷模块一致,是通过热泵机组将回收来的低压冷媒压缩后变成高温高压的气体排出,随后冷却下来的冷媒在气压的持续作用下变成液态,经膨胀阀后进入蒸发器,由于蒸发器的气压骤然降低,因此液态的冷媒在此迅速蒸发变成气态,并吸收大量的热量。在风扇的作用下,大量的空气流过蒸发器外表面,空气中的能量被蒸发器所吸收,空气温度迅速降低,变成冷气排进风机盘管提供制冷服务。随后蒸发器所吸收一定能量的冷媒回流到压缩机,实现制冷循环。

(2) 空气源热泵采暖:空气源热泵采暖的原理是吸收空气中大量的低温热能,通过压缩机的压缩变为高温热能,采暖过程中将热量转移到水中,即使在低温环境下,通过热水或热风循环,将热量传达室内。整个系统仅消耗极少的电能来驱动压缩机运转,吸收空气中免费热量,理论上在平均气温为 -5 ℃ 的环境温度中,每耗 1 kW·h 电,可产生 3 kW·h 以上的热量,节能效益远远高于传统电辅热等形式。空气源热泵采暖时整个室内空间的温度均匀分布,没有热风感,有利于保持环境中的水分,提高人体舒适度。空气源热泵在 -30 ℃ 以上环境皆可用。

对于建筑面积小于 20 000 m² 的小型医院或大型医院的独立建筑,采用空气源热泵两联供对比传统锅炉＋冷水机组的冷热系统有以下优点:

①空气源热泵安装于室外绿化带或屋面,不占用建筑室内空间。

②空气源热泵冬季供暖、夏季制冷,设备利用率高,初投资降低 30%。

③空气源热泵以电为驱动力,冬季运行费用低,冬季运行费用对比燃气锅炉供暖节约 60%。

二、建筑室内的温湿度独立控制技术

（一）温湿度独立控制原理

传统医院空调依靠风机盘管对空气进行降温除湿，风机盘管长期处于湿工况运行，盘管表面潮湿甚至积水，成为霉菌繁殖的场所，从而影响送风品质。

温湿度独立控制技术可以克服传统医院空调的弊端。温湿度独立控制空调让新风独立承担室内全部湿负荷，从而使循环空调机组或者风机盘管干工况运行，最大限度地减少细菌等微生物的繁殖和扩散，从根本上解决空调自身对空气的污染。

温湿度独立控制系统采用两种不同蒸发温度的冷源，用高温冷冻水取代低温冷冻水，承担传统空调系统中大部分的热湿负荷，这样可以提高综合制冷效率，进而达到节省能耗的目的。高温冷源作为主冷源，承担室内的全部显热负荷和部分新风负荷，能耗占空调系统总能耗的 50％以上；低温冷源作为辅助冷源，承担室内的全部湿负荷和部分新风负荷，能耗占空调系统总能耗的 50％以下。

（二）温湿度独立控制的设备组成

温湿度独立控制系统由 4 个核心组成部件组成，分别为高温冷水机组、新风处理机组、除湿设备、去除潜热的室内送风末端装置。

（三）除湿系统控制的主要方式

除湿系统控制主要有两种方式：

一是溶液除湿，二是传统的低温除湿。溶液除湿系统主要由再生器、储液罐、新风机、输配系统和管路组成。除湿系统中，主要采用分散除湿和集中再生的方式，再生浓缩后的浓溶液被输送到新风机中。储液罐具有存储溶液的作用和蓄存能量的能力，可以缓解再生器对持续热源的需求，可以降低整个除湿系统的容量。

（四）温湿度独立控制空调与传统控制模式的比较

1. 可以避免过多的能源消耗

医院高大空间中多采用全空气空调系统，为了满足送风温差，一次回风系统需对空气进行再热，然后送入室内，这部分加热的量需要用冷量来补偿。而温湿度独立控制空调系统就能避免送风再热，节省能耗。

湿热负荷原本可以采用高温冷源来承担，却与除湿共用 7 ℃冷冻水，造成了利用能源品位上的浪费，这种现象在湿热的地区表现得尤为突出；采用高温冷水机组可节能 20％～30％。

2. 温湿度参数很容易实现

传统的空调系统不能对相对湿度进行有效控制。夏季，传统的空调系统用同一设备对空气温度、湿度进行处理，当室内热、湿负荷变化时，通常情况下，我们只能根据需要，调整设备的能力来维持室内温度不变，这时，室内的相对湿度是变化的，因此，湿度得不到有效控制，这种情况下的相对湿度不是过高就是过低，都会对人体产生不适。温湿度独立控制空调系统通过对显热的系统处理来进行降温，温度参数很容易得到保证，精度要求也可以达到。

3. 空气品质良好

温湿度独立控制空调系统的余热消除末端装置以干工况运行，冷凝水及湿表面不会在室内存在,该系统的新风机组也存在湿表面,而新风机组的处理风量很小,室外新风机组的微生物含量小,对于湿表面除菌的处理措施很灵活并很可靠。传统空调系统中,在夏季,出于除湿供冷的需要,风机盘管与新风机组中的表冷器、凝水盘甚至送风管道基本都是潮湿的。这些表面就成为病菌等繁殖的最好场所。

4. 温湿度独立控制技术适合在医院病房中应用,不仅可以极大改善病房空气质量,而且可以减少空调自身带来的感染,有效解决了医院建筑能耗高及室内空气质量差的难题。

第三节　建筑围护结构对空调节能的影响

降低医院中央空调能耗原则上应由建筑和设备共同来实现,因建筑围护结构负荷占空调总负荷的 10%～32%,所以减少围护结构的空调能耗对降低中央空调能耗,从而降低建筑能耗有着重要意义。通过改进围护结构形式达到的节能效果是有限的,而通过改进围护结构的热工性能可以达到比较好的节能效果。因此在医院建筑使用空调的环境下,我们就对围护结构提出了更加节能的要求。对空调节能来说,通过提升围护结构热工性能可以起到立竿见影的效果。建筑保温是围护结构中非常重要及有效的空调节能技术,直接关联影响空调节能。增强建筑物外墙围护结构的保温性能,可以降低冬季供暖需要,降低夏季烈日对建筑物的热效应,进而减小空调的负荷。近年来,节能建筑越来越多,通过外墙保温技术、窗户的节能改造、冷墙效应等方式,建筑围护结构的负荷逐渐降低。

一、影响建筑空调节能的主要因素

(一) 建筑形态对空调节能的影响

建筑设计上应根据医疗功能,利用良好的朝向和合适的建筑间距系数,减少围护结构体型系数的设计。以英国伦敦市的瑞士再保险总部大厦为例(图 6-4),它是生态绿色的代表性建筑,其借助空气动力学原理,充分利用体型设计,内部像烟囱一样的流线型螺旋视觉效果的中庭给大厦带来了良好的自然通风,把其对人工制冷和取暖系统设备的依赖降到了最低。大厦取得了最大限度的自然采光和通风,并将建筑运转的能耗降至最低。通过自然通风,使用节能照明设备,采用被动式太阳能供暖设备等方式来节能。这样的节能方式使摩天大楼的能源损耗比普通的办公大楼低 50%,其幕墙体系可满足不同功能分区对照明、通风的需要,为建筑提供了一套可呼吸的外围护结构。

图 6-4　瑞士再保险总部大厦

(二) 建筑维护结构对空调节能的影响

医院建筑单层面积大,为了降低其能耗,可根据建筑内外分区来设置空调系统,降低建筑维护结构的负荷占比。根据建筑情况进行合理的内外区划分,分别计算内外区负荷,根据负荷选择不同的机型。外区负荷中,建筑围护结构的负荷占比最大,可采用节能建筑材料和门窗处理技术,降低外区负荷,减小空调容量。在过渡季节,仅开启内区空调,外区仅开启新风,就可满足医院的空调需求,可有效降低整体医院的空调能耗。在材料选用上,围护结构应具有足够的保温性能,选用适宜厚度的热阻比较大的隔热材料。不同厚度材料年能耗不同,见图6-5。

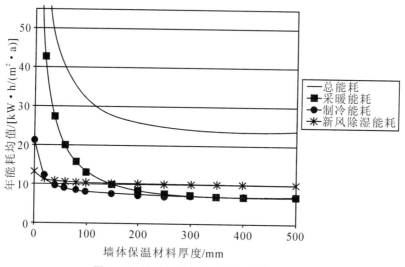

图6-5 墙体降温材料厚度与年能耗关系

（三）建筑围护结构材料的应用对空调节能的影响

增强围护结构的密闭性,防止热桥现象,防止冷热风渗透。热桥主要是指在建筑物外围护结构与外界进行热量传导时,围护结构中的某些部位的传热系数明显大于其他部分,使得热量集中地从这些部位快速传递,从而增大了建筑物的空调、采暖负荷及能耗。

（四）保温、遮阳技术对空调节能的影响

除了结构合理的设计外还应注意围护保温技术、外遮阳技术(图6-6)等。

图6-6 外遮阳技术

二、建筑围护结构与节能的关联性

建筑围护结构是指建筑及房间各面的围挡物，如门、窗、墙、屋面等，是室内和室外的物理空间界线，也是集合多种功能的复合体，能够有效地抵御不利环境的影响。医院建筑外墙围护结构常常运用钢筋混凝土、幕墙、铝板和砖石等材料，具有空间隔离、降噪、抵御水平风荷载、耐腐蚀、保护隐私等优异性能。围护结构节能技术就是通过改善建筑维护结构的热工性能，达到夏季隔热、冬季保温的效果，最终达到空调节能目的。可采用能吸收阳光辐射的外墙饰面及外墙外侧、屋面设置绝热层，采用低辐射的镀膜玻璃（low-e玻璃）有效减少阳光辐射，采用热阻大的断桥隔热门窗提高门窗的气密性，尽可能地选用传热系数小的物质来作为围护结构的主要构成部分，通过采取遮阳、绝热、气密的措施来减少室内的热负荷达到预期节能效果，有效降低能耗。

（一）保温材料在建筑围护结构节能中的作用

保温绝热材料属于节能材料。绝热材料是指用于建筑围护或者热工设备，阻抗热流的材料，既包括保温材料，也包括保冷材料。绝热材料的意义，一方面是为了满足建筑空间或热工设备的热环境，另一方面是为了节约能源。仅就一般的公共建筑采暖的空调来说，通过使用绝热围护材料，可在现有基础上节能 50%～80%。日本的节能实践证明，每使用 1 t 绝热材料，可节约标准煤 3 t/a，其节能效益是材料生产成本的 10 倍。外墙保温主要是靠保温绝热材料作为建筑围护，开发和应用高效的保温绝热材料是保证建筑节能的有效措施。

保温系统主要包括外墙保温、屋顶保温，其中屋顶保温又分为平屋顶和坡屋顶保温，保温板的选择也是多样的（图 6-7）。常用的墙面及屋面保温材料从形式上可以分为板材、块材、卷材和散料。其中板材有憎水性水泥膨胀珍珠岩保温板、发泡聚苯乙烯保温板、挤塑型聚苯乙烯保温板、硬质和半硬质的玻璃棉或岩棉保温板；块材有水泥聚苯空心砌块、发现陶瓷板等；卷材有玻璃棉毡和岩棉毡等；散料有膨胀珍珠岩、发泡聚苯乙烯颗粒等。其中挤塑型聚苯乙烯保温板因为表面结构全部封闭，可以不考虑防水的问题；其他材料用作保温层时大多需要采取防水及隔汽的措施。

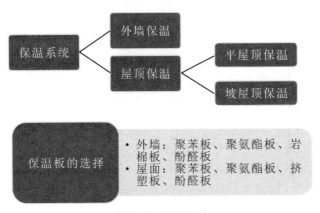

图 6-7 保温系统

（二）几种成熟的外墙保温技术介绍

外墙保温系统具有一定的层次结构（图 6－8），具有多道施工工序，不同保温系统有着不同做法。

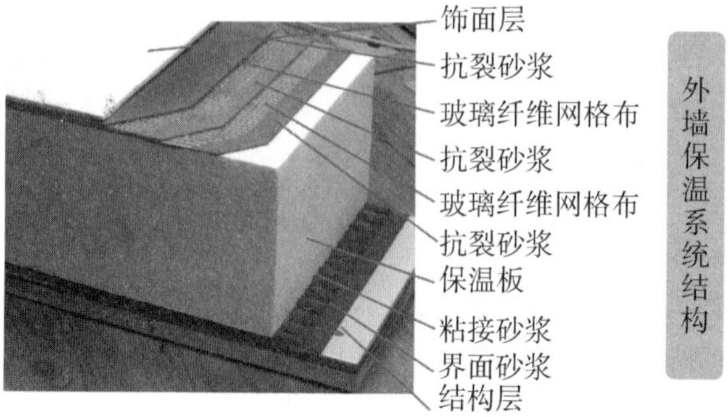

饰面层
抗裂砂浆
玻璃纤维网格布
抗裂砂浆
玻璃纤维网格布
抗裂砂浆
保温板
粘接砂浆
界面砂浆
结构层
外墙保温系统结构

图 6－8　外墙保温系统结构

1. 外挂式外保温

外挂式的保温材料有岩（矿）棉、玻璃棉毡、聚苯乙烯泡沫板（简称聚苯板、EPS、XPS）、陶粒混凝土复合聚苯仿石装饰保温板、钢丝网架夹芯墙板等。其中聚苯板因具有优良的物理性能和廉价的成本，已经在全世界范围内的外墙保温外挂技术中被广泛应用。该外挂技术是采用粘接砂浆或者是专用的固定件将保温材料贴、挂在外墙上，然后抹抗裂砂浆，压入玻璃纤维网格布形成保护层，最后再做装饰面。还有一种做法是用专用的固定件将不易吸水的各种保温板固定在外墙上，然后将铝板、天然石材、彩色玻璃等外挂在预先制作的龙骨上，直接形成装饰面（图 6－9）。这种外挂式的外保温安装工期长，施工难度大，且需结构主体验收完后才能够施工，在使用的耐候性上还有待时间检验。

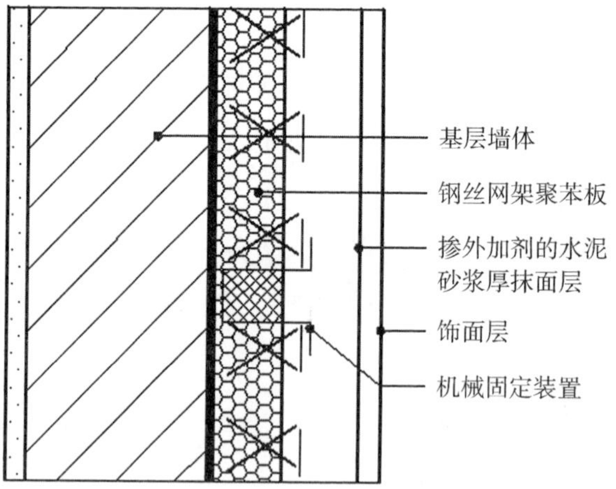

基层墙体
钢丝网架聚苯板
掺外加剂的水泥
砂浆厚抹面层
饰面层
机械固定装置

图 6－9　机械固定 EPS 钢丝网架板外保温系统

2. 聚苯板与墙体一次浇注成型

该技术是在混凝土框-剪体系中将聚苯板内置于建筑模板内，即将浇注的墙体外侧，然后浇注混凝土，混凝土与聚苯板一次浇注成型为复合墙体（图 6－10）。该技术解决了外挂式外保温的主要问题,优势明显。因为外墙主体与保温层一次成型,可有效缩短工期。在冬季施工时,聚苯板起保温作用,可减少外围围护保温措施。但在浇注混凝土时要注意有序连续浇注,否则混凝土侧压力的影响会造成聚苯板在拆模后出现变形和错茬,影响后序施工。

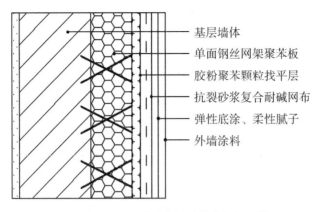

图 6-10 EPS现浇混凝土外墙外保温系统

基层墙体
单面钢丝网架聚苯板
胶粉聚苯颗粒找平层
抗裂砂浆复合耐碱网布
弹性底涂、柔性腻子
外墙涂料

3. 聚苯颗粒保温砂浆外墙外保温

将废弃的聚苯乙烯塑料(简称EPS)加工破碎为直径0.5~4 mm的颗粒,作为轻集料来配制保温砂浆。该技术包含保温层、抗裂防护层和抗渗保护面层(或是面层防渗抗裂二合一砂浆层),是当前被广泛认可的外墙保温技术(图6-11)。该施工技术简便,能够减轻劳动强度,提升工作效率;不受结构质量差异的影响,对有缺陷的墙体施工时墙面不需修补找平,直接用保温料浆找补即可,避免了因别的保温施工技术找平抹灰过厚而脱落的现象。同时该技术解决了外墙保温工程中使用条件恶劣造成的界面层易脱粘空鼓、面层易开裂等问题,从而实现了外墙外保温技术的重要突破。与别的外保温方式相比较,在达到同样保温效果的情况下,其成本较低,可降低房屋建筑造价。

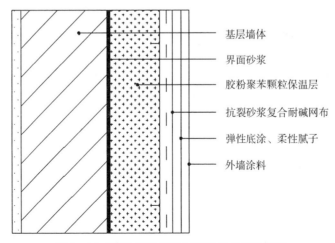

基层墙体
界面砂浆
胶粉聚苯颗粒保温层
抗裂砂浆复合耐碱网布
弹性底涂、柔性腻子
外墙涂料

图 6-11 胶粉EPS颗粒保温砂浆外保温系统

此外,外墙体温系统还包括聚氨酯外保温系统、EPS板薄抹灰外保温系统等,此处不再赘述。墙体保温技术中还可将墙体做成夹芯空腔层,把苯乙烯泡沫塑料、聚氨酯泡沫塑料(也能够现场发泡)珍珠岩、岩棉、玻璃棉等填入该夹芯层中,形成保温隔热层。

部分保温材料物理性能指标见表6-2。

表6-2 部分保温材料物理性能

项目	密度/ (kg/m³)	抗拉强度/ kPa	抗压强度/ MPa	导热系数/ [W/(m²·K)]	40 h尺寸 变化率	吸水率 (体积分数) /%	阻燃性 (GBT 10801.1— 2002)
聚苯板	20±2	≥100	≥0.10	≤0.041	≤3%	≤3	B₂(42 d氧化)
挤塑板	30±2	≥100	≥0.50	≤0.030	≤1%	≤1	B₂(42 d氧化)
聚氨酯	35±3	≥100	≥0.20	≤0.023	≤3%	≤2	B₂(72 d氧化)

三、建筑外门窗保温构造对空调节能的影响

据有关资料,在北方冬季采暖的建筑物中,窗户的传热耗能加上其空气渗透耗热量,可以占到全部耗热量的一半甚至更多,因此,外窗的保温隔热性能是围护结构节能设计的重点。目前低传热系数的断桥隔热型材窗具有优异的保温隔热性能,在医院门窗中被广泛采用;可配套使用低辐射镀膜low-e中空玻璃,能有效减少阳光辐射。

(一)尽量减小窗口面积

建筑在保证日照、采光、通风、观景的条件下,尽量减少外门窗洞口的面积。

(二)提高窗的保温隔热性能

玻璃的导热系数很大,必须考虑采用双层玻璃、中空玻璃、低辐射玻璃等保温性能较好的玻璃来做窗户;要求高的采用三玻两腔结构钢化玻璃。经过有关部门的测试和研究,双层单玻璃的保温效果不如单层单框双玻璃的保温效果来得好,主要是因为双玻璃能够发挥两层玻璃之间密封间层的作用,而双层窗之间的中间层难以做到密封,对热流的阻挡作用就有限。

窗户的开启形式也有推拉、平开、上悬、下悬、内开内倒等。从目前新冠肺炎疫情防控需要,考虑气闭性、水密性、通风面积以及使用方便性,建议首选平开窗。对外窗的框材也要加以遴选,外窗型材优先选断桥隔热铝合金、铝包木、木包铝等。

(三)合理设置遮阳设施

遮阳是窗户等透明围护结构进行隔热处理的重要措施。遮阳形式对遮阳效果有很大的影响,采用外遮阳效果好些。

四、屋面节能构造对空调节能的影响

屋面节能是围护结构节能的关键,屋面保温节能对建筑造价影响不大,但节能效益显著。屋面导热系数在整个系统中所占比例不大,但对整体结构节能影响重大。通常,屋面保温设计和防水设计协同考虑,这是因为:冬季降雪覆盖屋面,融化时间较长,若防水构造出现问题,则导致屋面整体导热系数上升,保温效果下降;同样,如坡度设计不合适,在多雨季节屋面排水就会出现问题,同样考验防水设计的有效性。

目前,常用的隔热构造有实体材料隔热屋顶和通风降温屋顶,如蓄水种植隔热屋面、

保温材料填充屋面以及通风屋面等。

在我国冬暖夏凉的广大地区,除了采用蓄水屋面、种植屋面外,通风屋面的应用有许多优越性,多数屋盖由实体结构变为带有通风空气层的结构,把屋面通风与冬季充分利用太阳能采暖结合起来,大大提高了屋盖的隔热能力,图6-12、图6-13中的几种屋面构造就充分利用了材料的集散热性能,利用水的比热容性能[图6-12(3)]或者通过添加空气层[图6-13(1)],降低了热的传导速度,从而提高隔热能力。

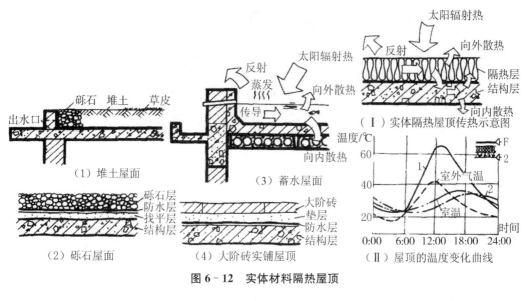

图6-12 实体材料隔热屋顶

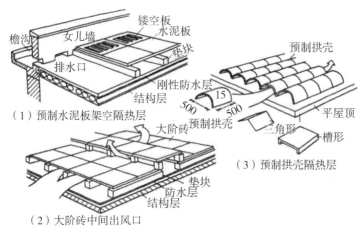

图6-13 通风降温屋顶示意图

图6-13中的通风降温屋顶主要用于气候炎热的地区,通过将预置拱壳放置在平屋顶上,中间预留空隙,促进了空气的流通,并且通风层在防水层之上,不会影响屋顶结构,起到了较好的降温作用。

垂直绿化在长江以南比较多见,利用植物的天然优势,不仅能缓解室外高温带来的不适,起到降温作用,在一定程度上还具有观赏价值。垂直绿化除了美化环境,也能给外墙起到遮阳降温作用。如南京江北国家新区的亚洲第一座"垂直森林"——南京浦口明发财富中心,被绿色植物包围。这个垂直森林一共有 900 棵树,除了乔木,也有 5 000 棵灌木,还有 2 万多株攀缘植物和一般植物,植被覆盖面积约 3 万平方米。这些包裹住大楼的植物,既能够阻挡一部分太阳辐射,缩小室内外温差,又能过滤粉尘、减弱噪声、释放新鲜氧气,营造良好的微环境系统(图 6 - 14)。

图 6 - 14 南京江北新区"垂直森林"

五、建筑围护结构新技术、新材料应用

(一) 纳米陶瓷膜

纳米陶瓷膜具有高透光、高隔热的优异性能,在保证室内有足够的采光的同时,有效阻隔室内外的热量流通;贴膜后可吸收并阻隔高达 90% 以上的红外热能进入室内。

(二) 产能建筑(光伏建筑一体化技术和应用)

光伏建筑一体化技术具有绿色节能,替代部分建筑材料,降低建筑物造价,提高用电效率,节约土地资源,减少大气和固废污染等巨大优势。

当前的光伏建筑一体化项目大多是将太阳能光伏组件以光伏幕墙形式安装于建筑物外立面,并没有将光伏组件作为建筑物的一部分有机地集成到建筑物之中,建筑物的自动化系统也未有效运行,尚处于光伏建筑一体化的初级阶段。

而铜铟镓硒薄膜光伏建筑一体化将集成了铜铟镓硒薄膜光伏组件的建筑物作为一个整体设计和施工,让光伏组件成为建筑物不可分割的一部分。比如,一堵墙既具有遮风挡雨、保温隔热、承重等建筑功能,又能成为分布式能源系统。在此基础上,对被动式和主动式太阳能系统进行优化,对自然采光、光伏发电、光热利用、直流供电、智能微电网、自动化系统进行全面集成,实现建筑物的各项舒适性指标,就能迈入光伏建筑一体化的高级阶段。

分布式绿色清洁能源的普及,让建筑由能源消耗者转变为能源生产者,使城市由能源消费型城市向能源生产型城市转变。

(三) 低能耗建筑(被动式建筑)技术

"被动式建筑技术"源于德国,是一种低能耗建筑技术,是指适应气候特征和自然条件,将自然通风、自然采光、太阳辐射和室内非供暖热源得热等各种被动式节能手段与高保温隔热性能建筑围护结构相结合,大力提高围护结构气密性,采用高效新风热回收技术,充分利用可再生能源,最终实现在显著提高室内环境舒适性的同时,最大限度地降低主动式机械采暖制冷设备的能源消耗。

被动式建筑通过保温和密封技术手段，营造一个与外部相对隔绝的空间，将阳光、地热和家用电器，甚至人体自身产生的热量通过能量交换设备回收和再利用的节能建筑。它是四季恒温、恒氧、恒湿、宜人，比我国现行的 75% 节能率标准更为节能的建筑。与常规节能建筑相比，被动式建筑应该是一个质量更高的房子，通过采用优质的部品部件和严密的节点设计，避免了门窗、保温等节能工程的质量通病。

被动式建筑的舒适标准：室内温度 20～26 ℃，室内相对湿度在 40%～60%，超温频率 5%，室内二氧化碳浓度≤1%，室内围护结构内表面温度温差不得超过 3 ℃，门窗室内一侧无结露现象。

被动式建筑的能耗与技术标准（图 6-15）：

（1）外墙、屋面、地面传热系数不大于 0.15 W/(m² • K)；

（2）外门窗传热系数不大于 0.8 W/(m² • K)；

（3）具有相匹配的外遮阳系统；

（4）保证气密性，鼓风门测试值（$n_{50} \leq 0.6/h$）；

（5）无热桥结构设计及施工；

（6）新风热回收效率不低于 75%。

被动式建筑技术集建筑和节能技术为一体，可极大地提高建筑保温隔热性能和气密性，大幅减少建筑主动向外的能源需求；对建筑产业链提升，构配件的制造安装技术均有较高的要求。此项技术在我国山东青岛中德生态园、河北省秦皇岛"在水一方"、新疆乌鲁木齐"幸福

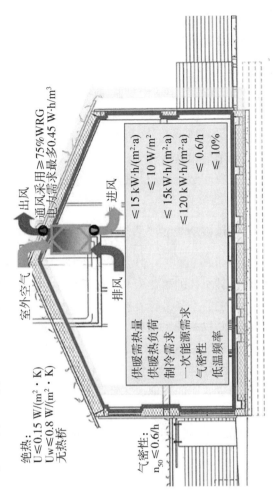
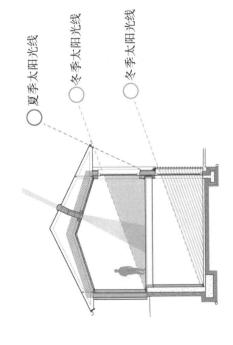

图 6-15　被动房主要技术参数

堡"等项目中得到很好的应用。相信不久的将来,这项技术也将走进医院建筑。

六、高大建筑分层空调技术

现在一般医疗建筑规模较大,不少属于高大建筑(层高为 5 m,体积大于 10 000 m³)。它具有高度高、外墙围护结构与地板面积之比较大、空调负荷很大等特点,导致外部环境对内部空间自然对流影响大,在围护结构四周夏季容易形成上升热气流,冬季容易形成下降冷气流。因送风量大,高大空间上下空间温差大,造成"上热下冷"现象。

分层空调节能设计通过气流组织技术,既能保障下部空调环境,又能节约能耗,减少空调的初始投资和运行费用。通过分层空调节能设计可达到与全室空调相比减少冷负荷 14%～50%的效果。

七、太阳墙被动节能技术

太阳墙(solarwall)是一种太阳能热利用技术,它通过金属墙系统加热新风,这个金属墙系统由布满小孔的集热板和框架系统组成。将室外新鲜的空气经过系统加热,借助风机与室内污浊的空气进行置换,起到供暖和换气的双重功效。

太阳墙全新风供暖系统核心组件是太阳墙板。太阳墙板是在钢板或铝板表面镀上一层热转换效率达 80%的高科技涂层,并在板上穿许多微小孔缝,经过特殊设计和加工处理制成的,能最大限度地将太阳能转换成热能。太阳墙板组成太阳墙系统的外壳,安装后与传统的金属墙面相似。太阳墙板有多种色彩可供选择,易于融入建筑整体风格。太阳墙系统的工作原理:室外新鲜空气经太阳墙系统加热后由鼓风机泵入室内,置换室内污浊空气,起到供暖和换气的双重功效。太阳墙可以最大限度地利用太阳能,将其转换成热能,以热空气的形式传递到室内。

工作模式:

冬季运行模式下:太阳墙集热板表面吸收涂层吸收太阳辐射升温,室外冷空气在通过微循环孔和上升过程中被加热,并由进风风机驱动送入室内,置换室内污浊空气,实现供暖和换气的双重功能(图 6-16)。

夏季运行模式下:太阳墙系统排风装置打开,热气流上升过程中将室内污浊空气带走,在不开窗和增加室内冷负荷的情况下,完成室内换气(图 6-17)。

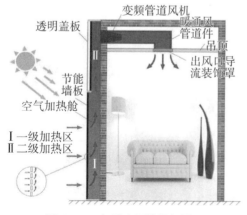

图 6-16　冬季太阳墙运行原理

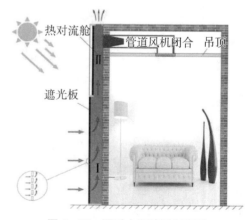

图 6-17　夏季太阳墙运行原理

医院空调系统规划与管理

太阳墙是一项用于提供经济适用的采暖通风解决方案的太阳能高科技新技术。优点明显：

（1）造价低廉，无须维护。

（2）微能耗，从而降低运行费用。据测定每平方米的太阳墙板在冬季日照正常情况下每天可向室内提供 17.6 MJ 的热量，为业主节约可观的采暖费用。

（3）提供新鲜空气，改善居民的室内环境，预防疾病。由于不断的技术改良，太阳墙系统的成本大大下降。它作为一种外装饰材料，具有美观、醒目的特点。

第四节　先进节能技术在空调系统中的应用

一、蓄冷技术

电能难于储存，单靠供电机构本身的设备难以达到"削峰填谷"的目标，无法尽量在电力低谷期间使用电力；当然，有些电力公司由于电网调峰能力不足，建设抽水蓄能电站进行调峰，但其初始投资高、运行费用大，难以推广。因此，大多数国家的供电机构都采用各种行政和经济手段，迫使用户各自将用电高峰削平，并尽量将用电时间转移到夜间，蓄冷系统就是在这种情况下发展起来的。蓄冷系统就是在不需冷量或需冷量少的时间（如夜间），利用制冷设备将蓄冷介质中的热量移出，进行蓄冷，然后将此冷量用在空调用冷或工艺用冷高峰期。蓄冷介质可以是水、冰或共晶盐。因此，蓄冷系统的特点是：转移制冷设备的运行时间；一方面可以利用夜间的廉价电，另一方面也就减少了白天的峰值电负荷，达到电力移峰填谷的目的（表 6-3）。

表 6-3　部分省（区）市峰谷电价

区域		低谷时段及电价/[元/(kW·h)]		高峰时段及电价/[元/(kW·h)]	
华北区域	北京市	23:00—07:00	0.359 8	10:00—15:00； 18:00—21:00	1.300 2
	天津市	00:00—08:00	0.393 3	08:00—11:00； 18:00—22:00	1.213 3
	山东省	23:00—07:00	0.481 4	08:30—11:30； 18:00—23:00	1.283 8
华东区域	上海市	22:00—06:00	0.350 0	08:00—11:00； 18:00—22:00	1.167 0
		22:00—06:00	0.285 0	08:00—11:00； 13:00—15:00； 18:00—21:00	1.202 0
	浙江省	11:00—13:00 22:00—08:00	0.558 0	19:00—21:00	1.368 0
	江苏省	00:00—08:00	0.356 0	08:00—12:00； 17:00—21:00	1.382 0

区域		低谷时段及电价/[元/(kW·h)]		高峰时段及电价/[元/(kW·h)]	
华中区域	湖北省	00:00—08:00	0.462 2	10:00—12:00；18:00—22:00	1.733 4
	湖南省	23:00—07:00	0.686 0	08:00—11:00；15:00—19:00	1.036 0
	陕西省	23:00—07:00	0.447 0	08:00—11:00；18:00—23:00	1.259 3
华南区域	广州市	23:00—08:00	0.466 3	14:00—17:00；19:00—22:00	1.470 3
	深圳市	23:00—07:00	0.337 6	09:00—11:30；14:00—16:30；19:00—21:00	1.199 2
	广西壮族自治区	23:00—07:00	0.356 2	08:00—11:00；18:00—23:00	1.424 8

（一）水蓄冷的技术

对于"移峰填谷"的项目，系统需要额外配置蓄放冷泵，蓄放冷泵的型号根据建筑大楼的实际情况选择，蓄冷罐容积结合场地、经济效益、投资回收期综合考虑。其系统原理如图6-18：

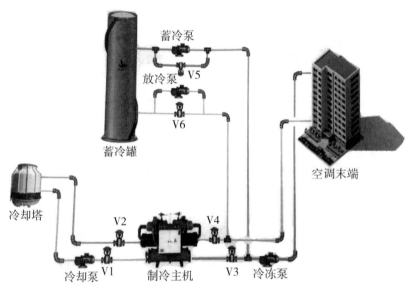

图6-18　水蓄冷技术示意图

运行模式说明：

1. 夜间备用主机为蓄冷水槽蓄冷（表6-4）

表6-4　夜间备用主机为蓄冷水槽蓄冷

项目	主机	冷冻泵	冷却泵	蓄冷泵	放冷泵	V1	V2	V3	V4	V5	V6
启闭	✓	×	✓	✓	×	✓	✓	✓	✓	×	✓

2. 蓄冷水槽单放冷模式（表6-5）

表6-5　蓄冷水槽单放冷模式

项目	主机	冷冻泵	冷却泵	蓄冷泵	放冷泵	V1	V2	V3	V4	V5	V6
启闭	×	×	×	×	√	×	×	×	×	√	×

3. 蓄冷水槽与主机联合供冷模式（表6-6）

表6-6　蓄冷水槽与主机联合供冷模式

项目	主机	冷冻泵	冷却泵	蓄冷泵	放冷泵	V1	V2	V3	V4	V5	V6
启闭	√	√	√	×	√	√	√	√	√	√	×

（二）冰蓄冷技术（图6-19）

运行模式说明：

1. 夜间主机为冰桶蓄冰（表6-7）

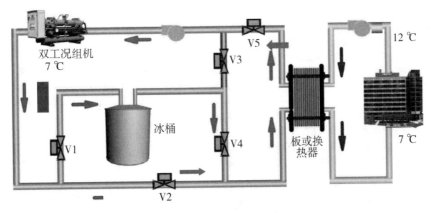

图6-19　冰蓄冷技术示意图

表6-7　夜间主机为冰桶蓄冰

项目	主机	冷冻泵	冷却泵	V1	V2	V3	V4	V5
启闭	√	√	√	√	×	√	×	×

2. 冰槽单放冷模式（表6-8）

表6-8　冰槽单放冷模式

项目	主机	冷冻泵	冷却泵	V1	V2	V3	V4	V5
启闭	×	√	×	√	×	×	√	√

3. 冰槽与主机联合供冷模式（表6-9）

表6-9　冰槽与主机联合供冷模式

项目	主机	冷冻泵	冷却泵	V1	V2	V3	V4	V5
启闭	√	√	√	×	√	√	×	√

（三）水蓄冷及冰蓄冷方案对比(表 6-10)

表 6-10　水蓄冷方案及冰蓄冷方案对比

项目	水蓄冷方案	冰蓄冷方案
造价	同等蓄冷量的水蓄冷系统造价约为冰蓄冷的一半或更低	冰蓄冷需要的双工况制冷机组价格高,装机容量大,增加了配电装置的费用,且冰槽的价格高,使用乙二醇数量多,价格贵,管路系统和控制系统均较复杂,因此总造价高
蓄冷系统装机容量	水蓄冷的蒸发温度与常规空调相差不大,且可采取并联供冷等方式使装机容量减小	冰蓄冷的蒸发温度较低,制冷机组在蓄冰工况下的制冷能力系数 Cf 为 0.6～0.65(制冰温度为 −6 ℃时),其制冷能力系数比制冷机组在空调工况下低 0.4～0.35。相同制冷量下,冰蓄冷的双工况制冷机组容量要大于常规空调工况机组
移峰量	在同等投入的情况下,水蓄冷系统一般设计为全削峰,节省电费大大多于冰蓄冷系统	冰蓄冷为降低造价,一般为 1/2 或 1/3 削峰,节省电费低于水蓄冷系统
用电量(系统效率)	属节能型空调,由于夜间蓄冷效率较白天高,系统满负荷运行时间大幅增加,扣除蓄冷损失等不利因素,较一般常规空调节电约 10%	属耗能型空调,制冰时效率下降达 30%,综合其夜间制冷、满负荷运行时间大幅增加等因素后,其较常规空调多耗电 20% 左右
蓄冷装置的蓄冷密度	蓄冷水池的蓄冷密度为 7～11.6 kW/m³。由于冰蓄冷的有效容积较小,如果将安装蓄冰槽的房间用作蓄冷水池,加上消防水池,其蓄冷量与冰蓄冷基本一致	冰蓄冷槽的蓄冷密度为 40～50 kW/m³,约为水蓄冷的 4～5 倍,但因其有效容积小,实际两者蓄冷能力近乎相当
蓄冷槽占用空间	相对较大,但因在一个蓄冷槽内完成全部蓄冷和放冷过程,占用空间绝大部分是有效的蓄冷空间,部分具体已投运的项目表明,水蓄冷实际占用空间只略大于冰蓄冷	相对较小,但因蓄冷一般在多个蓄冷槽内实现,设备间需留有检修通道及开盖距离,且冰槽内有乙二醇及预留结冰时膨胀空间,故其有效空间只是实际占用空间的一小部分
蓄冷装置的兼容性	蓄冷水池冬季可兼作蓄热水池,对于热泵运行的系统特别有用,但此时不能作为消防水池。若单独作蓄冷水槽时可作为消防水池使用	蓄冰槽没有此功能
蓄冷槽位置	可置于绿化带下、停车场下或空地上以及利用消防水池改造而成	一般安装在室内,会占用正常机房面积
适用性	适合老用户空调系统蓄冷改造,也适合新装空调蓄冷系统建设	只适合新装用户,改造老用户需改造主机为双工况机组等,一般难实现
运行状况响应速度	运行简便,易于操作,放冷速度、大小可依需冷负荷而定。可即需即供,无时间延迟	需融冰,故放冷速度、大小受限制,需约 30 min 的时间延迟才可正常供冷
维护	易于维护,维护费用低	难维护,维护费用高,通常同等蓄冷量的冰蓄冷系统的维护费用是水蓄冷系统的 2～3 倍

二、磁悬浮技术应用

（一）磁悬浮发展历史

"磁悬浮"的概念最早起源于欧洲。1842年，英国物理学家恩肖（Earnshow）就提出了磁悬浮的概念，指出单靠永久磁铁是不能将一个铁磁体在所有六个自由度上都保持在自由稳定的悬浮状态。1900年初，美国、法国等国专家曾提出物体摆脱自身重力阻力并高效运营的若干猜想，也就是磁悬浮的早期模型。而磁悬浮技术的研究则源于德国，1922年德国工程师赫尔曼·肯佩尔提出了电磁悬浮原理，并于1934年申请了磁悬浮列车的专利。

1992年，澳大利亚捷丰集团（Multistack）的一位技术人员开始进行无油磁悬浮离心式制冷压缩机的研究。

1993年，Multistack公司成立了一个TURBOCOR R&D部门，专门研究磁悬浮轴承应用于制冷压缩机。2003年，这项研究终于获得了成功，磁悬浮轴承制冷压缩机已经能够应用制冷和空调产品，并且这项技术在当年的美国Chicago&ASHRAE/AHR展览上获得了"能源革新奖"。

从1993年起，随着研究的进程，磁悬浮压缩机技术不断发展，项目本身也历经了很多变化，最早在澳大利亚墨尔本作为Multistack公司的一部分，后来获得加拿大魁北克政府的资助，整个项目迁移到加拿大蒙特利尔继续进行，再到后来，磁悬浮压缩机的技术基本成熟时，DANFOSS以合资的形式加入，并最终演变为DANFOSS & TURBOCOR公司，开始磁悬浮压缩机的规模化生产制造。经与DANFOSS合资，磁悬浮压缩机技术和产品品种得到进一步提升，从最初单一规格的压缩机，已经发展到了可以分别应用于水冷型冷水机组和风冷型冷水机组的多种规格的压缩机系列。

磁悬浮离心式制冷压缩机从最初研究到现在，已经有27年的时间。目前，磁悬浮制冷压缩机已经开始大批量投入到实际应用中。经过10多年的发展，麦克维尔、约克、阿拉斯加等一批国外企业均开发了自己的磁悬浮离心式空调。国内方面，海尔于2006年率先推出磁悬浮离心式空调，在此之后，格力、美的、佳力图等公司也相继推出了自己的磁悬浮空调产品。目前已经量产并在工程上得到应用的磁悬浮变频离心式空调包括磁悬浮变频冷水机组、磁悬浮变频模块机组、磁悬浮热泵机组。

（二）磁悬浮节能系统的原理

离心式压缩机所消耗的功，包括叶轮对气体所做的功和轴旋转时与轴承间摩擦消耗的功。磁悬浮离心式压缩机的叶轮、电机转子安设在一条轴上，两端被支承在轴承上。在起动时，变频电机将转速慢慢升高，依靠磁力的作用，轴向上浮起，旋转的轴与轴承脱离。摩擦功降低到很小。因而降低了压缩机消耗在轴与轴承间的摩擦功率，轴承消耗的功率从常规离心式压缩机的10 kW降低到磁悬浮压缩机的0.2 kW，使压缩机的效率提高。图6-20显示了磁悬浮旋转部件（轴和叶轮）和轴承配合的结构，磁悬浮轴承由前径向轴承、后径向轴承和轴向轴承组成。通过y轴位移传感器和z轴位移传感器检测控制，使轴保持在要求的悬浮位置上。通过x轴位移传感器检测控制，使轴保持在要求的轴向位置上，精度达到0.001 27 mm。

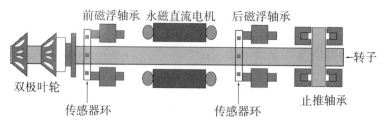

图 6-20 磁悬浮离心式压缩机运行原理图

磁悬浮压缩机采用磁悬浮数控轴承和高性能传感器,它利用稀土永磁体和电磁体间产生的强力磁场来实现压缩机轴的悬浮。轴在运转时受磁力的作用悬浮起来,不与轴承接触,保证在运转时轴与转子精确定位。

磁悬浮压缩机采用数控电力电子设备,集成压缩机、电子膨胀阀、冷水机组控制的最佳化运行。监控多达 150 个系统参数。当突然停电时,由于高速旋转的转子具有惯性,将会继续旋转一定的时间,这时电机成为发电机,发出的电力对蓄电池充电,使蓄电池维持电力供应至少 60 s,以便能控制磁悬浮的轴缓慢地降落到轴承上。当出现严重故障时,由专门设计的降落轴承承受转子,避免发生损坏。

（三）磁悬浮节能系统主要特点和优势

传统压缩机存在的问题有:

- 在部分负荷下运行时,效率低;
- 无法在部分负荷下持续运行,普通离心机存在小负荷喘振问题;
- 噪声大且振动剧烈;
- 可靠性差、维修率高,存在机械摩擦损耗;
- 存在电流冲击;
- 压缩机体积大,重量重;
- 维修更换费用高;
- 存在润滑油系统带来的回油问题、热阻、污染物处理问题等。

与传统压缩机相比,磁悬浮压缩机采用磁悬浮轴承,克服了传统压缩机所带来的弊端,具有更高的能效,更优秀的节能效果(图 6-21),磁悬浮压缩机特点如下:

图 6-21 磁悬浮压缩机特点

1. 软启动(图6-22)

磁悬浮压缩机采用软启动器,启动电流只有2 A,对于电网无任何影响。传统压缩机启动电流大,会有强烈电流冲击效应。

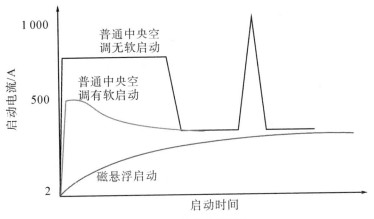

图6-22 启动电流对比

2. 体积小、重量轻(图6-23)

磁悬浮压缩机采用永磁同步电机,一个160 hp的永磁电机大小仅相当于一个1 hp的传统交流感应电机;其体积为传统压缩机的50%左右,重量约为传统压缩机的20%。

图6-23 磁悬浮压缩机体积小、重量轻

3. 噪声低、振动小(图6-24)

静音无振动:磁轴承系统实现完全无机械摩擦,使压缩机处于完全无机械摩擦的状态下运行,结构振动几乎为0,运行噪声极低,可以省去昂贵的减振和降噪费用。

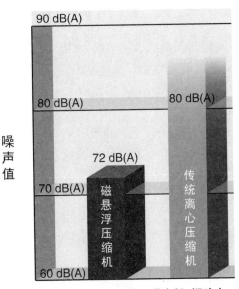

图6-24 磁悬浮压缩机噪声低、振动小

4. 故障率低、维修费用低(图 6-25)

传统压缩机润滑油系统支撑传统冷水机组正常工作,接触式机械摩擦需要润滑油进行润滑,保证密封和减少机械磨损,润滑油系统导致绝大多数机组报警和故障,严重影响制冷系统可靠性,根据统计,90%的压缩机损坏由润滑不良造成,因此需要复杂的润滑油系统作为保障,并需要进行周期性维护保养和部件更换。

磁悬浮离心压缩机采用磁悬浮轴承系统,实现无机械摩擦可靠运行,完全省略润滑油循环系统,简化制冷系统,可提高可靠性,提高传热效率,降低维护保养费用。

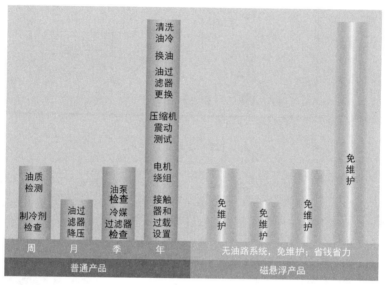

图 6-25 磁悬浮压缩机免维护、生命周期长

5. 绿色环保

绿色环保:采用 R134a 制冷剂,对臭氧层损耗(ODP)为 0;属于正压型制冷剂,避免系统混入空气的风险。

6. 高能效

根据《冷水机组能效限定值及能源效率等级》(GB 19577—2015),冷水机组以名义工况性能系数及综合部分负荷性能系数为评价标准。

名义工况性能系数 COP(coefficient of performance)是在规定工况下,机组以同一单位表示的制冷(热)量除以总输入电功率得出的比值。

部分负荷性能系数 PLV(part load value)是用一个单一数值表示空气调节用冷水机组的部分负荷效率指标,它基于机组部分负荷的性能系数值,按照机组在各种负荷下运行时间的加权因素计算得出。

综合部分负荷性能系数 IPLV(integrated part load value)是用一个单一数值表示空气调节用冷水机组的部分负荷效率指标,它基于规定的 IPLV 工况下机组部分负荷的性能系数值,按照机组在各种负荷下运行时间的加权因素,通过 IPLV 公式计算得出。

$$IPLV = a \times A + b \times B + c \times C + d \times D$$

其中:A＝机组100％负荷时的效率[COP,(kW/kW),下同],

B＝机组75％负荷时的效率,

C＝机组50％负荷时的效率,

D＝机组25％负荷时的效率。

备注:以上定义全部按照最新国标《蒸汽压缩循环冷水(热泵机组)第2部分:户用及类似用途的冷水(热泵)机组)》(GB/T 18430.2—2008)标准。

磁悬浮压缩机较传统压缩机来说有性能系数及部分负荷性能系数高的优点:

(1)磁悬浮高性能系数:ASHRAE做的研究表明绝大多数的冷水机组均存在过量的润滑油,润滑油超标会严重影响冷水机组的换热效率。磁悬浮离心压缩机采用磁悬浮轴承系统,实现无机械摩擦可靠运行,省略了润滑油循环系统,获得了更高的传热性能(当系统中含油量达到3.5％时,传热效率的下降比例为9％)(图6-26)。

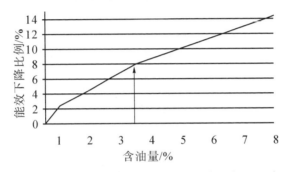

图6-26 含油量对传热效率的影响

磁悬浮压缩机采用进口导阀,使压缩机在低负荷时正常运行,智能防喘振,使系统运行更加稳定,达到节能效果(图6-27)。

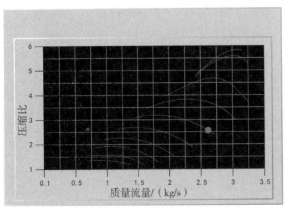
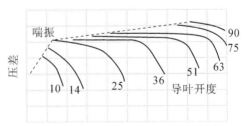

图6-27 导叶开度

(2)磁悬浮高部分负荷性能系数:综合部分负荷性能系数(integrated part load value, IPLV)由100％、75％、50％、25％四个点的性能系数组成。由于磁悬浮机组采用变频驱动系统,电机为永磁同步马达,内置变频驱动模块(IGBT),可以实现无级变速运行。对于一般的使用场所,冷需求是不断变化的,大部分时间达不到设计规划的100％容量,大部分时间处于部分负荷状态,能效高,节能效果明显(图6-28、图6-29)。

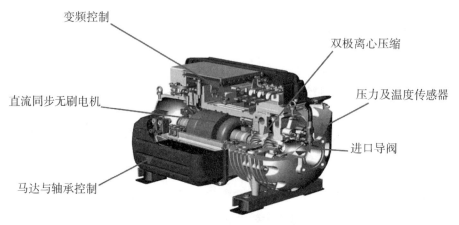

图 6‑28　磁悬浮压缩机剖视图

变频控制
直流同步无刷电机
马达与轴承控制
双极离心压缩
压力及温度传感器
进口导阀

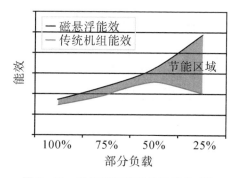

图 6‑29　磁悬浮与传统机组能效对比

同时根据相似定律,压缩机转速越低,能耗越小。磁悬浮压缩机转速为 15 000～48 000 r/min,较传统机组转速低,能效高,节能效果好(表 6‑11、图 6‑30)。

表 6‑11　压缩机转速与能耗比例关系

转速	能耗
100%	100%
90%	72%
80%	50%
70%	34%
60%	22%
50%	13%
40%	7%

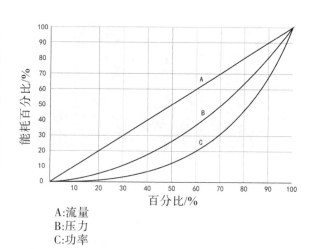

A:流量
B:压力
C:功率

图 6‑30　相似定律

（3）高投资回报率,低全生命周期成本(图6-31)

空调系统属于长期使用的设备,应把各项成本结合起来,综合考虑产品的全生命周期成本。

全生命周期成本＝初期成本(设备采购安装成本)＋运营成本(运行维修、维护、费用等)

采购成本:磁悬浮机组初期高于传统机组。

运营成本:磁悬浮机组有超高全年能效比(AEER),大幅减少能源消耗,机组维护费用极少,运营成本明显低于传统机组。

磁悬浮机组综合成本一般2年内即可与传统机组持平,全生命周期成本远低于传统冷水机组。

图6-31　全生命周期成本

(四)磁悬浮空调技术适用场合和条件

数据中心、大型计算机机房、博物馆、酒店、医院、工厂等场所,对节能、环保、噪音有要求的场所,机房改造项目。

(五)磁悬浮空调技术实际使用案例

医院的空调系统是能耗大户,磁悬浮冷水机组在医院暖通系统中应用越来越多,南京鼓楼医院重视践行绿色发展理念,建设绿色医院,在北院暖通系统改造中大胆尝试了新技术、新设备,采用的两台水冷磁悬浮冷水机组以及用电峰谷蓄冷技术节能效果显著。

三、空调深度节能优化控制系统(SYS)技术

中央空调深度节能优化控制系统主要监控对象包括制冷站中各个设备(冷水机组、冷冻水泵、冷却水泵、冷却塔)。

中央空调系统设备间的运行是相互耦合且彼此影响、联系的,同一个冷负荷需求,系统可以通过很多种不同的运行方式来满足。而空调系统中水系统任一控制参数的改变,对系统中各设备的能效都将产生或正或负的影响。如图6-32所示,对于满足同一个负荷的变流量系统,冷机出水温度提高,将提高冷机效率,降低冷机能耗,但同时也导致了更多的冷冻水流量需求,增加冷冻水泵或风机功耗,并影响系统除湿负荷,故必须寻找最优的冷冻水出水温度、冷冻水流量,使冷机、冷冻水泵能耗之和最小,因此,我们应将中央空调系统作为一个整体来考虑,基于实际的空调设备性能模型,实时遍历寻找当前时刻整个系统能效最优的系统控制设定点组合,实现整体系统的优化节能。

中央空调深度节能优化控制系统基于系统行为进行全局优化控制，是以能耗模型为基础的整个中央空调系统多维、主动寻优的节能控制系统。系统建立在冷冻机房的每个设备整体性能特性的基础上，通过多维寻优的方法寻找满足工艺设计及冷量需求的条件下，整个冷冻机房最佳能效点，从而实现最佳节能目标。

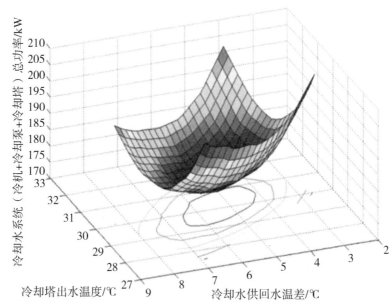

图 6‑32　空调运行耦合原理图

（一）系统结构（图 6‑33）

中央空调深度节能优化控制系统采用三层结构，即系统监控层、过程控制层、设备层。

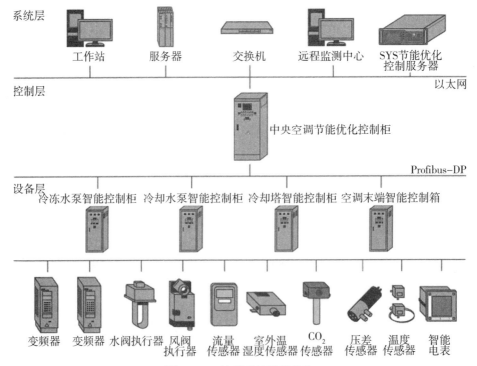

图 6‑33　控制系统层级结构

（二）节能控制策略

1. 基础控制策略

采用一键启停及顺序启停策略，系统可以实现中央空调制冷站的一键启停，做到自动运行管理，自动跟踪负荷，自动使空调系统处于最佳运行状态。单动开机顺序：冷却塔风机—冷却水电动阀—冷却泵—冷冻水电动阀—冷冻泵—制冷机组；单动关机顺序：制冷机组—冷冻泵—冷冻水电动阀—冷却泵—冷却水电动阀—冷却塔风机。

2. 设备轮循控制策略

累计每台设备运行时间，每次开机先启动运行时间最短的那台设备，每次关机先关闭运行时间最长的那台设备。

3. 冷冻水泵变频控制策略

根据供回水总管的压差或温差自动调整冷冻水泵的运行转速：压差低于设定值－偏差或温差高于设定值＋偏差时，提高水泵频率；压差高于设定值＋偏差或温差低于设定值－偏差时，降低水泵频率。频率不低于 35 Hz。单台水泵运行且水泵频率降至下限，压差仍高于设定值＋偏差或温差仍低于设定值－偏差时，水泵频率不变，开启压差旁通阀调节开度。冷冻水供回水总管的压差或温差设定值可深度优化。

4. 压差旁通装置控制策略

压差旁通阀自身具备压差控制、开度调节的功能。节能控制系统仅控制其启用和停用。停用时压差旁通阀全关。系统按以下规则控制压差旁通装置的开度：

当冷冻水泵的频率未达到下限（即冷冻泵频率＞35 Hz）时，压差旁通装置不启用自身调节功能，旁通阀保持全关。当冷冻水泵的运行频率达到下限（35 Hz）且持续超过180 s时，启用压差旁通装置自身调节功能。

5. 冷却水泵变频控制策略

根据冷却水供回水温差自动调整冷却水泵的运行转速：温差大于设定值＋偏差时，增加水泵频率；温差小于设定值－偏差时，降低水泵频率。频率不低于 35 Hz。冷却水温差设定值可深度优化。

6. 冷却塔风机台数及变频控制策略

根据冷却塔出水温度自动调整冷却塔风机的运行台数及频率（偏差值可设定）：出塔温度高于设定值＋偏差时，整体提高风机运行频率；出塔温度低于设定值－偏差时，整体降低风机运行频率。频率不低 30 Hz。频率达到下限其出塔温度仍低于设定值－偏差时，按组关闭风机。冷却塔出水温度设定值取室外湿球温度＋3～5 ℃，可深度优化。

7. 深度节能优化控制策略

深度节能优化控制策略是利用具有较强的计算分析能力和专业知识积累，具备较强智能寻优功能的模拟分析工具，基于中央空调设备的性能参数，自动寻找最优运行工况以匹配系统的工艺需求。

系统具有先进的模拟分析工具，以模拟全年逐时中央空调运行数据，能够进行不同负荷、不同工况、不同控制策略条件下机房能效模拟计算，科学诊断现有机房的能耗以及效率状况。

以中央空调各主要设备基本特性为基础，以系统的冷负荷为依据，结合智能优化算法对中央空调系统进行建模及仿真，通过各种控制、优化措施协调中央空调系统内各设备联合运行,为中央空调系统各设备建立匹配的设备性能模型,以中央空调系统整体能耗最低为控制目标。控制系统合理调整各设备的控制参数及状态,使整个中央空调系统运行效率最优。

8. 系统节能优化控制包含以下内容:

(1)负荷预测控制:中央空调深度节能优化控制系统可实现系统负荷的预测及负荷的拆分。负荷预测基于现场实际运行数据,且负荷预测模型可根据实际运行数据进行修正,以确保模型的准确度。负荷预测结果最终指导其他控制环节。

(2)深度优化控制:中央空调深度节能优化控制系统以中央空调全系统能效最优能耗最低为控制目标。系统可根据设备能耗模型进行遍历寻优控制,以便获得最优控制方式。设备服务周期内,实现全系统优化控制时,能够适应设备性能的改变(表6-34)。

(3)冷水机组深度优选:对空调主机的节能控制,可根据空调负荷的变化,选择最佳机组组合投运,确保主机在较高的效率区间持续运行。

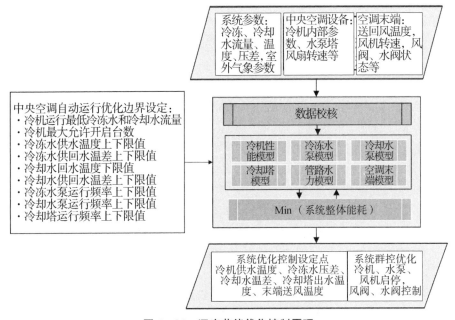

图6-34 深度节能优化控制原理

(4)冷水机组出水温度设定值深度优化:根据室外干湿球温度、月份、系统总冷量及舒适性需求,结合冷水机组能耗模型,自动调整冷冻水供水温度设定值(表6-35)。

(5)冷冻水泵台数与频率深度优选:在冷冻水泵系统中,变流量智能控制子系统能够实时计算当前负荷所需的冷冻水流量,并推算出在满足该流量及压力条件下所需运行的水泵工作频率,使该状态下泵组的总能耗最低,实现泵组电量消耗总和最低的控制目标。

(6)冷冻水压差设定值深度优化:根据室外干湿球温度、机组能耗模型、水泵能耗模型、需求冷量,优化控制冷冻水泵台数及频率。当冷冻泵变频控制时,保持使最不利末端正常工作的最小控制压差(图6-36)。

(7)动态水力平衡深度优化控制:通过对中央空调系统的水力分配施以干预,使每个空调环路均能够获得所需的冷冻水流量,实现中央空调管网的水力动态检测和自动调节,以实现对空调系统水力平衡进行有效控制,确保各支路的能量分配均衡和制冷效果良好。

（8）服务质量前馈控制:可根据空调预测负荷状况设置一周内各个时段的不同服务质量级别,也可以随时对其进行查询或修改,在保证需要的情况下实现对输出能量的有效控制。

（9）机器学习自适应算法引擎:以自学习性、自适应性为工艺指导,可根据不同建筑特点、负荷特点进行针对性调节。

（10）系统模型库:根据实际设备建立冷水机组的物理模型。准确合理的冷水机组物理模型反映实际设备的基本运行特性,符合冷水机组独有运行曲线,并可由此模型计算出在各运行工况下的主机能效 COP。根据满足工艺设计、冷量需求和中央空调系统全局优化的原则,动态设定经优化的冷水机组冷冻水出水温度,动态进行合理的加减机判断,降低耗电量。

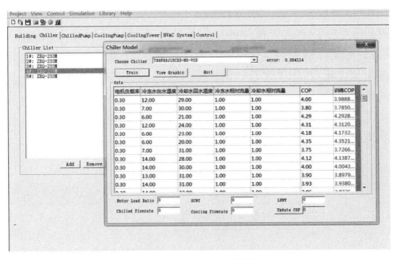

图 6-35　冷机建模界面

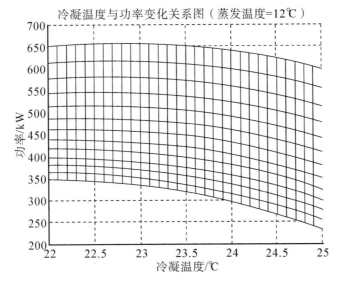

图 6-36　冷凝温度与功率变化关系图

根据实际设备,建立冷冻水泵、冷却水泵的物理模型。并可由此模型计算出在各运行工况下的水泵能耗。根据满足系统总冷量需求和中央空调系统全局优化的原则,并考虑冷冻水供/回水温度及压差的变化,确定最优的冷冻水泵运行频率和台数。水泵的运行频率配合及保证冷冻水环路系统最不利端的供回水压差,满足空调末端冷冻水流量需求,动态调整冷冻水频率。

(11) 根据实际设备,建立冷却塔的物理模型。并可由此模型计算出在各运行工况下的冷却塔能耗。根据满足系统排热量需求和中央空调系统全局优化的原则,确定当前工况下的最佳出塔水温,根据此温度自动选择最优风机运行台数,动态调整冷却风机运行频率。

(12) 系统寻优算法。中央空调深度节能优化控制系统可根据输入的中央空调系统情况(包括冷站及末端设备配置、负荷、设备性能模型、控制策略等),动态计算出中央空调系统的全年能耗情况,能够进行不同负荷、不同工况、不同控制策略条件下中央空调系统的能效模拟计算,从而可模拟使用节能优化控制系统前后的能耗情况,且可进行全年逐时能耗计算。能耗模拟软件中使用的优化算法与现场服务器底层优化引擎服务完全一致,其计算得到的能耗结果可完全反映现场实际情况。

通过系统建模优化,并积累大量数据进行自学习,系统对模型可以进一步校核,并对比优化前后的运行效果,综合考虑各个设备之间的耦合影响关系,最终在大量耦合运行结果中寻找最优工况点,此工况点为系统能效最高时对应能耗最低的工况点,以此工况为空调系统的输出工况,影响系统运行(图6-37)。

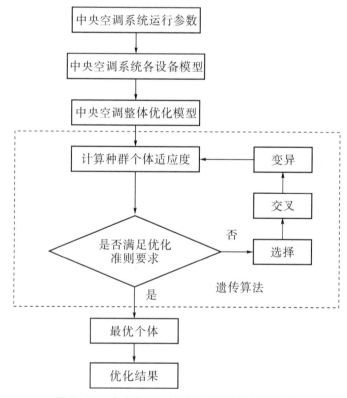

图6-37 中央空调系统模型运行参数寻优流程

在实际运行过程中,以匹配建筑负荷动态变化和设备运行调节需求,系统平均20~30 min进行一次自动寻优。每次寻优以实际系统总负荷、室外干球温度和相对湿度为边界条件,以系统效率最高为目标,对所优化的参数进行上万次遍历寻优,如图6-38所示。

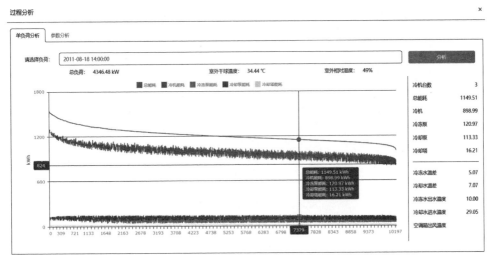

图6-38　系统优化工况

（三）系统功能

1. 实时监测功能(图6-39)

平台以系统图的方式监测所有中央空调(冷机、冷却泵、冷冻泵、冷却塔等)的运行参数信息。

（1）制冷主机

①监视制冷主机的运行、故障,制冷主机的功率,冷凝器出水温度、冷凝器进水温度、蒸发器出水温度、蒸发器进水温度、蒸发温度、冷凝温度、油温、电流百分比。

②远程控制制冷主机的启停及冷冻水出水温度设定值。

（2）冷冻水泵

①监视水泵运行、停止、故障状态,水泵的远程、就地控制模式,水泵电机运行频率、功率等。

②远程控制冷冻水泵的启停及运行频率。

（3）冷却水泵

①监视水泵运行、停止、故障状态,水泵的远程、就地控制模式,水泵电机运行频率、功率等。

②远程控制冷却水泵的启停及运行频率。

（4）冷却塔

①监视冷却塔风机运行、停止、故障状态,风机的远程、就地控制模式,风机电机运行频率、功率等。

②远程控制冷却塔风机的启停及运行频率。

（5）阀门及传感器

①监测阀门启停状态、开启开度及各个传感器监测（温度、流量、压力）示数。

②远程控制阀门的开度设定。

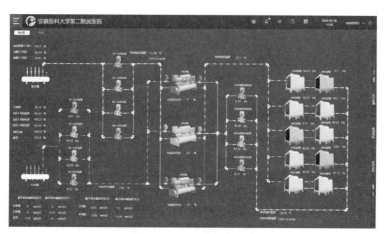

图 6－39　实时监测功能

2. 优化控制功能

SYS 基于冷站设备整体性能特性，多维寻优满足工艺设计及冷量需求下整个冷冻机房的最佳能效点，自动实现整个中央空调系统综合能耗最低。系统的优化控制功能包括：冷水机组台数控制、冷水机组智能化喘振保护、冷机冷冻水供水温度优化设定，水泵台数控制、水泵变频控制、冷冻水压差及温差优化设定，冷却塔台数控制、冷却塔风机变频控制、冷却塔进出水温度优化设定，冷站全自动加减机控制等。

（1）优化诊断功能：优化控制系统依据对系统主要设备及运行参数的实时采集与监控，结合自主开发的设备性能模型，可对冷站机房及空调末端系统运行的合理性和安全性进行在线实时诊断，以保障系统设备运行稳定，并延长设备运行寿命。优化诊断功能包括：设备频繁启停问题诊断、冷冻水流量诊断、冷却水流量诊断、设备运行效率诊断等。

（2）报警与保护功能：优化控制系统具有完善保护控制功能，并且能够在系统或设备出现某种运行故障时及时报警，以便用户和维护人员及时发现问题，恢复系统或设备的正常运行。系统报警保护功能包括：冷水机组智能化喘振保护、排热量保护、冷水机组智能故障诊断，当冷水机组发生故障、运行异常或效率低时，依据故障级别进行明确提示和报警。系统设置有保护逻辑，避免系统频繁加减回路、设备。系统具有冷冻水流量过小保护控制功能，当冷机变流量工作时，流量低于冷水机组允许值时，具备冷机保护回路及控制功能。系统报警保护功能还包括系统智能故障诊断、水泵防水锤开机曲线保护、冷机低流量保护、最小压差保护、管网水压过高保护、冷机冷冻水温度过低保护、冷机冷却水温度过高保护等。

（3）能效管理功能：除了实现整个冷冻机房的高效节能，SYS 系统可以显示所有用能设备的能耗、能效及系统的各项参数，包括实时数据、历史数据和汇总后数据（小时、日、周、月和年）。实时数据指当前时间点的数据，显示区间为当前时间至前推 24 h 的时间区间，可选参数包括时间单位、统计类型。历史数据查询检索、平台的数据库为用户提供历史数据查询、检索功能。可为用户进行能耗、能效及参数等数据对比分析提供数据支持,用户可在界面上任意指定年、月、日查询历史能耗数据。从而实现中央空调系统所有所需要的自动化管理的功能,具体功能包括:冷站能耗、能效自动记录及计算,各设备能耗、能效、运行状态及历史数据趋势分析,各设备运行轮换控制、故障自动切换、运行状态报告、自动和人工模式切换、操作员访问权限等。

(4) 中央空调 BIM 运维管理:中央空调深度节能优化控制系统可与 BIM 模型相结合,在空间维度实时展示中央空调主要设备的位置、状态等信息,为运行管理者提供直观、形象的操作界面。通过 BIM 模型关联中央空调设备的基础参数、运行信息、报警信息、维保信息等,达到将静态数据与动态数据结合,协助运行管理者进行可视化运营管理的目的,主要功能包括:

①系统可视化:基于 BIM 技术建立制冷站模型,包括冷机、冷冻水泵、冷却水泵、冷却塔、分水器、集水器、冷冻水管路、冷却水管路等 3D 模型、位置。以 3D BIM 模型为载体,展示中央空调设备的运行状态及连接关系,以及制冷站的关键运行参数(图 6 - 40)。

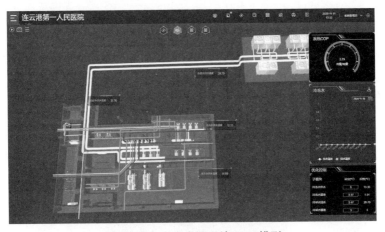

图 6 - 40   中央空调系统 BIM 模型

②报警定位:系统基于 BIM 模型报警定位,即当中央空调设备报警发生时,BIM 模型的视角自动切换至报警位置的放大视图,并展示报警相关数据(图 6 - 41)。

图 6 - 41   BIM 模型报警定位

③设备定位:BIM 模型支持设备定位,即在与 BIM 模型相关的设备列表选中相关设备后,BIM 模型的视角切换至选中设备的放大视图,并展示选中设备的相关运行数据(图 6-42)。

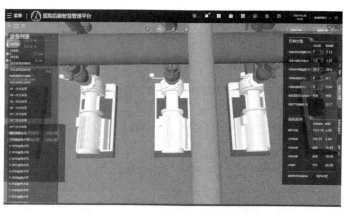

图 6-42　BIM 模型设备定位功能

④巡检漫游:中央空调 BIM 模型支持 3D 漫游,即按照设定的路线在平台上进行设备远程在线的巡检。当漫游视图经过设备,以浮动窗口展示中央空调设备的运行状态及关键运行参数(图 6-43)。

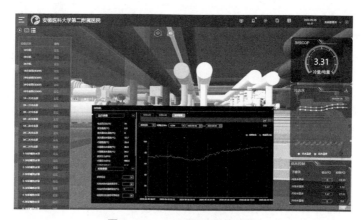

图 6-43　BIM 模型漫游功能

四、暖通空调节能中可再生能源的利用

(一) 利用可再生能源的意义

人类生产生活所需的一次能源可以进一步分为可再生能源和非可再生能源两大类型。可再生能源包括太阳能、水能、风能、生物质能、波浪能、潮汐能、海洋温差能、地热能等。它们在自然界中不需要人力参与便可以循环再生,是取之不尽、用之不竭的能源,是相对于会穷尽的非可再生能源的一种能源。

我国可再生能源具有丰富的资源量,其中水电技术开发量为 6.6 亿 kW,到"十二五"末只开发了 30%;风电技术开发量 102 亿 kW,目前已开发量为 1.5 亿 kW;截至 2016 年底,我国太阳能发电 662 亿 kW 时,仅占到储量的 0.001 6%。当然,可再生能源的开发量与煤炭、石油开发量不可直接对比,但通过数据显示,我国可再生能源资源丰富,但目前开发程度较低,具备广阔的发展前景。

在当前阶段,人们对于社会发展与环境之间的共生关系有了较以往更加深刻的认识,这促使可再生能源开发建设规模逐步扩大。同时,可再生能源技术也日趋成熟。在水电方面,我国建成了世界上最高的 300 m 及以上混凝土双曲拱坝;在风电领域,1.5~5 MW 的风机已经实现批量生产;在光伏领域,依托国家光伏领跑示范基地,推动光伏产品先进性指标提升。另外,为了发展新能源,我国在储能技术、多能互补技术以及微电网等方面也进行了有效示范。从这些方面来看,我国水电、风电、光伏产业的制造能力已经位居世界首位,正在从"制造大国"向"制造强国"迈进。

为了使得这一产业更加健康、更加可持续地发展,国家出台了可再生能源法以及一系列配套政策,成立了水电、风电、光伏领域的标准化委员会,推进了标准体系的建设。认证、建设、勘察能力不断加强,支撑水电、新能源等产业的规模化发展。

在以上各种因素的综合影响下,可再生能源在空调系统中的应用也日渐增多,不仅仅装机容量增加,应用形式随着技术发展也有更加多样化的展现。

（二）可再生能源在空调系统中的常见利用形式

1. 太阳能

自地球上生命诞生以来,就主要以太阳提供的热辐射能生存,而自古人类也懂得以阳光晒干物件,并作为制作食物的方法,如制盐和晒咸鱼等。在可再生能源利用范畴中所指的太阳能(solar energy),一般是指太阳的热辐射能,主要表现就是常说的太阳光。在化石燃料日趋减少的情况下,太阳能已成为人类使用能源的重要组成部分,并不断得到发展。太阳能作为可再生能源,除了具有清洁性,还不受地域限制。我国幅员辽阔,太阳能资源丰富并且分布广泛,全国 70% 以上的地区全年日照时数高达 2 000 h。

太阳能光热转换利用已经取得了非常广泛的应用,特别是在解决生活需要方面,例如热水、采暖等。但是这一类应用方式在需求与自然条件的匹配性上有很大欠缺,人们需要温暖的时候,太阳能量往往不足。而太阳能制冷空调的应用则能与太阳能的供给保持一致,天气越热,太阳辐射越强的时候,空调负荷也越大。与光-热转换的直接利用不同,太阳能制冷空调是一种光-热-冷的转换过程,是间接利用太阳能。太阳能空调制冷技术根据原理可以分为两种方式,一种是将太阳能转化为电能,再以电能驱动压缩式制冷系统。这种方式与常规的电制冷技术无异,还另增加了大功率的太阳能发电设备,由于光电转换设施造价较高,目前太阳能压缩式制冷离市场化仍有很大一段距离。第二种是利用太阳能集热器收集热量,利用热能来驱动制冷。目前太阳能光热制冷主要分为四类,分别为太阳能吸收式制冷、太阳能吸附式制冷、太阳能除湿制冷以及太阳能喷射式制冷。

如果考虑到系统的综合效率,不同的太阳能集热器需要与不同类型的制冷机组进行组合。真空管式集热器的效率和介质温度都是最高的,可以与吸附式制冷机、单效及双效吸收式制冷机进行组合;平板式集热器的效率和介质温度较低,可以与吸附式制冷机和除湿冷却装置组合;空气式集热器的效率和介质温度是最低的,只适合与除湿冷却装置组合。

（1）太阳能吸收式制冷:吸收式制冷循环系统主要由发生器、蒸发器、冷凝器和吸收器组成,吸收式制冷循环利用不同沸点的工质对进行制冷。高沸点的为吸收剂,低沸点的为制冷剂。目前常用的二元工质对为溴化锂-水工质对和氨-水工质对。太阳能吸收式制冷利用低品位的热能、太阳能,并且整个系统的运行环境比较安静,不产生过多的噪声。制冷工质无毒,不污染环境,制冷剂在真空状态下运行更加安全。但是制冷剂有易结晶、腐蚀性强等特点。吸收式制冷要求集热器温度比喷射式和压缩式低,一般使用平板集热器即可满足要求。设备简单、加工工艺要求较低是该方式的一大优点,目前应用较多。

(2)太阳能吸附式制冷:吸附式制冷技术利用固体吸附剂,如活性炭和沸石等,对某些制气剂蒸汽具有较强的吸附作用,吸附作用使得蒸发器中制冷剂液体通过蒸发而进行制冷。当对吸附剂进行加热后就会使吸附剂中的制冷剂解吸,解吸后的蒸气会在冷凝器中放热变为液体,制冷剂回到蒸发器中完成整个循环。

太阳能本身是一种低热流密度、易波动的低品位能源,而吸附式制冷技术的特点正好与太阳能相匹配,因此太阳能在吸附式制冷方面的应用前景广阔。固体吸附式制冷的循环方式以理想循环的制冷系数最大,其他循环方式都是在此基础上产生的,接近理想循环。固体吸附式制冷理想循环与空调系统中常用的吸收式制冷有类似之处,不同的是将吸收式制冷中的吸收器/发生器组合变成了吸附式制冷的吸附床/发生器。固体吸附式制冷理想循环系统主要由吸附床/发生器、冷凝器、蒸发器、储液器等组成,外加冷却器、加热器和一些阀门。太阳能吸附式制冷是将系统中的加热器和冷却器去掉,将太阳能集热器与吸附床合二为一,冷却功能则利用夜间室外空气的自然冷却来完成。

太阳能吸附式空调的优点是所需的热源温度较低,所以可以与一般太阳能集热器良好地匹配。系统运行简单,初投资和运行费用较少。但是与传统的电驱动压缩式制冷相比,吸附式制冷的制冷功率较小,当所需要的冷量较大的时候,系统内的换热设备面积会增加,这就大大增加了投资和系统的体积。

(3)太阳能除湿式制冷:除湿式空调制冷利用干燥剂来吸附空气中的水蒸气,降低了空气的湿度,通过水在干燥的空气中蒸发降温而实现制冷。干燥剂与喷水冷却系统结合就成为除湿式空调。除湿式空调系统利用干燥剂吸附空气中的水分后,经过热交换器进行降温,再经过蒸发器冷却。

太阳能除湿式空调系统利用太阳能收集热量使吸湿后的干燥剂再生,实现除湿制冷循环。太阳能除湿式空调需要的热源温度不高,一般的平板式集热器的热量就可以满足除湿式空调的需要。该系统的一大优势就是可以实现热量与湿度分开处理,可以更加独立地控制房间内的温度和湿度。

(4)太阳能喷射式制冷:喷射式制冷将传统制冷系统中的压缩机替换为喷射器,蒸汽从喷射器的喷嘴中高速喷出,创造出低压环境,液体制冷剂汽化吸热产生制冷效果。蒸汽喷射式空调中的常用介质为水,整个系统由蒸发器、喷射器、冷凝器和节流阀组成。喷射式制冷循环不需要消耗很多能量,唯一的动力消耗只有增压泵耗能,运行可靠。喷射器可以在低品位的热源下进行循环,结构相对简单。

太阳能喷射式制冷循环由太阳能集热器和蒸汽喷射式制冷机组成。制冷剂在发生器与集热器的水中进行热交换,制冷剂加热成为高温高压的蒸汽,蒸汽经过喷射器,压力降低,流速迅速增加,低压环境将蒸发器中的蒸汽抽吸,然后两路蒸汽混合,经过喷射器的扩压段到冷凝器中冷凝。从冷凝器中出来的流体分为两路,一路经过节流阀进入蒸发器,另一路进入发生器再与集热器中的热水进行热交换。

2. 风能

风能是指风所负载的能量,风能的大小取决于风速和空气的密度。风能最为常见的一种应用是风力发电,这在我国北方地区、东南沿海地区以及新疆、甘肃、内蒙古等内陆地区都极为常见。风能的另一种应用形式依托于自然风在大气中流动时几乎保持恒定的温度,我们可以使用自然风与室内的温差进行空气的冷却或加热。

自然风供冷是可再生能源在制冷采暖空调应用中的重要部分。当室外空气的焓值和温度低于室内时,在供冷期或者是供热期的供冷区域,就可以利用室外新风的自然冷量来全部或部分满足室内冷负荷的需要。由于利用了自然风,与常规空调系统比,在运行中耗电量减少或者根本不用电,一方面节约能源,另一方面又减少了对环境的污染,并且还改善了空气品质。通常这种情况出现在供冷期的过渡期及夜间,可采用的方法为新风直接供冷和夜间通风蓄冷。

由于夏季夜间的室外空气温度比白天低得多,所以夜间室外冷空气可以作为一种很好的自然冷源加以利用。夜间通风方法的原理是在夜间引入室外的冷空气,使冷空气与作为蓄冷材料的建筑围护结构接触换热,冷却建筑材料,达到蓄冷目的;在白天通过房间的空气与建筑材料换热,将建筑材料中储存的冷量释放到房间,抑制房间温度上升,从而延长房间处于舒适环境的时间,甚至无须空调就可以获得舒适的室内环境。

3. 地热能

空调系统利用的主要是浅层地热能,浅层地热能是指地表一定深度范围内(一般为恒温带至 200 m 埋深),温度低于 25 ℃,蕴藏在浅层岩土体、地下水或地表水中的热能资源,其中地表水主要包括河流、湖泊、海水、中水及达到国家排放标准的废水、污水等。

地源热泵是典型的可再生能源利用技术,与常规的冷水机组加锅炉供冷供热方式相比,地源热泵可减少排入大气的热量,减缓城市"热岛"效应;除使用少量电能以外,不使用一次化石能源,可减少污染物的排放和一次能源的运输成本。不同地区地下水源、岩土蓄热体都具有一年四季相对稳定的温度、丰富的自然资源,为采用地源热泵系统奠定了基础。根据地源热泵系统所利用的浅层地热能资源类型不同,地源热泵的应用形式可分为地埋管地源热泵系统、地下水地源热泵系统和地表水地源热泵系统三类。

(1) 地埋管地源热泵系统:地埋管地源热泵系统利用岩土蓄热体作为低温热源,通过水平或垂直地埋管换热器进行热能交换。岩土体是良好的蓄热体,相比地下水和地表水而言,适用范围更广,有足够的埋管空间即可,且全年温度相对稳定,有利于土壤源热泵机组高效运行。需要注意的是岩土体的热物性参数对地埋管地源热泵系统设计非常重要,不同地区、不同深度范围之间的差异较大;当建筑物的空调冷负荷和供暖负荷存在严重不平衡的情况时,应采取合理的解决措施,以确保该系统长期稳定、高效运行。

(2) 地下水地源热泵系统:地下水地源热泵系统利用地下水作为低温热源,根据地下水是否直接通过机组,其地下水换热系统可以分为直接式和间接式两种。由于地下水的水温一般比当地平均气温高且常年保持不变,所以地下水地源热泵的运行效率较高。该系统因换热效率高,设计施工相对简单,投资较低,在实际工程中得到了广泛的应用。但是在很多地质条件下抽出的地下水很难做到 100% 回灌或回灌至原含水层中,造成水资源浪费,即使能够全部回灌,也不能确保抽出的地下水不被污染,因此出于保护地下水资源的考虑,相应法规日益严苛,致使这种系统的应用逐渐减少。

(3)地表水地源热泵系统:地表水地源热泵系统利用地表水作为低温热源。按照是否采用循环泵抽取地表水进行换热,其地表水换热系统可以分为直接式和间接式两种;根据地表水的不同类型,又可以分为江水、河水、湖水源热泵系统(统称淡水源热泵系统),海水源热泵系统和污水源热泵系统。地表水热泵技术利用了地表水所储藏的低位能能量资源,由热泵进行能量转换作为空调系统的冷热源,比传统集中空调系统节能20%～50%。相关研究表明,在相同热源温度和供水温度下,地表水源热泵的COP较风冷热泵高0.4～0.9,且不受结霜等问题的影响。但是地表水源热泵系统的应用同样也受到诸多因素的限制,如水质标准问题、水体热污染问题等,在实际使用过程中应注意这些问题带来的影响,进一步优化系统设计,同时避免破坏地表水生态环境的平衡。

由于可再生能源热泵系统的使用与当地生态环境有紧密关系,因此在设计初期就应当关注以下设计要点:

①污水源热泵系统设计,除应考虑中短期内污水源的水温、水质及流量等变化规律外,还应考虑在污水源热泵系统使用寿命周期内,市政规划设施的新建及改扩建对污水水源的影响。

②地源热泵系统方案设计前,应进行工程场地状况调查,并应对浅层地热能包括浅层土壤、地下水及地表水资源进行勘察,根据工程勘察结果评估地源热泵系统实施的可行性和经济性。

③地下水换热系统必须采取可靠的回灌措施,确保置换冷量或热量后的地下水全部回灌到同一含水层,抽水回灌过程应采取密闭措施并不得对地下水资源造成浪费和污染。系统投入运行后,应对抽水量、回灌量及其水质进行定期监测。

④地表水换热系统设计前,应对地表水地源热泵系统运行后对水环境的影响进行评估。

⑤地下水的径流流速会严重影响地温场分布。

⑥为减少地源热泵系统造价和占地面积,宜与其他常规能源、太阳能灯调峰系统联合运行。

此外,还有地道风系统。我国20世纪70年代才逐渐发展起来的地道风空调,由于系统简单、造价低廉而备受行业内关注。由于全年地道内(土壤)温度变化不大,因此利用地道(或地下埋管)冷却空气,然后送至建筑物或房间内。现有空调系统也通常利用地道对新风进行预冷或预热,经实践,夏季可将室外高温空气降低2～3℃,冬季可将室外低温空气预热1～2℃,由此可减少空调系统的能耗。

地道风降温技术是指利用地道冷却空气,通过机械送风或诱导式通风系统送至地面上的建筑物,达到降温目的的一种措施,相当于空气-土壤热交换器,利用地层对自然界的冷、热量的储存作用来降低建筑物的空调负荷,改善室内热环境。

同时,地道风系统可以与热泵系统结合,将经过地道处理后的空气作为热泵系统的冷热源加以利用,这种做法不仅能够有效利用土壤层储存的自然冷、热量,同时可以大大提高热交换效率,提高空气源热泵的性能系数。

由于受地层原始温度的限制,地道风降(升)温系统大多不能使用回风,这种全新风系统虽然有利于提高室内空气品质,但也增加了地道换热面积和空气过滤器的负荷。

新建建筑采用地道风系统需要建设专供空气处理的地道,在设计阶段,需要准确预计地道冷却能力,以确定地道的参数——尺寸、长度、埋深及间距等,以优化系统设计。空气经地道冷却降温后所能达到的最终温度受地层的影响很大,在室外气温较高的地区,可以通过气流组织及风速控制等措施,尽可能地在空气干球温度稍高的情况下创造出一个较舒适的环境,达到满意的降温效果。

以上海某大礼堂为例,该礼堂在改建时,在建筑两侧开挖地下风道,风道深度在3~5 m间,长度约30 m,作为新风风道。土建新风风道一端连接至建筑物地下机房的空调机组,另一端延伸至室外树荫下新风取风口,新风口设置在树荫下避免了太阳直射,可以得到较低的新风温度。通过实测,量化评估了采用树荫下设置取风口以及地道预冷新风的节能效果,结果表明,将新风口设置于树荫下可比将新风口设置于阳光直射的地面附近更易得到更低温度的新风,可达到约9%的节能效果;地道对新风的冷却作用明显,但同时存在湿传递,防潮处理对新风节能量有极大影响。

4. 海洋能

海洋能通常是指海洋本身所蕴藏的能量,它包括潮汐能、波浪能、海流能、温差能、盐差能和化学能,不包括海底或海底储存的煤、石油、天然气、"可燃冰"等化石能源,也不含溶解于海水中的铀、锂等化学能源。海洋能利用的主体是利用海洋能发电,其技术已经日趋成熟。海洋是地球气候和淡水循环的天然调节源,其容量巨大,与大气、陆地间通过水汽等方式不断进行能量和物质循环,是一个天然的容量巨大的低位冷热源,为人类制冷供热提供了良好的条件,海水热泵就是其中一个很好的应用。海水热泵冬天从海水中汲取热量;夏天则利用海水作为冷却水。尤其要注意的是这一热泵系统的蒸发器和冷凝器材质必须能够抵抗海水腐蚀,同时还应能够抑制海洋藻类生长。

5. 生物质能

生物质能是以生物质为载体的能量,可作为能源利用的生物质主要是农林业的副产品及其加工残余物,包括人、畜粪便和有机废弃物。生物质能本质上来自太阳,地球上的绿色植物、藻类、光合细菌通过光合作用贮存化学能。生物质能的有效利用在于其转换技术的提高。生物质直接燃烧是最简单的转换方式,但是普通炉灶的热效率仅为15%左右。生物质经微生物发酵处理,可以转换成沼气、酒精等优质燃料。在高温和催化作用下,可使生物质能转化为可燃气体;热分解法将木材干馏,可制取气体或液体燃料。生物质能在空调系统中的应用,主要是利用沼气采暖和生产热水,这类利用方式在我国农村应用广泛。

(四)可再生能源的合理利用

1. 北方寒冷和严寒地区

适合选用土壤源、地下水源、污水源等与气候关联度较小的可再生能源热泵系统,承担或部分承担冬季供热负荷。夏季热泵系统也可以和电驱动制冷系统共同承担供冷负荷。采用低温热水供热,开发适合高原、寒冷和严寒地区的空气源热泵机组供热是可再生能源系统的发展方向,应有可靠的技术措施保证热泵机组在设计工况下的制热性能系数,设备制热性能系数需经过当地气候条件修正,满足规定限值后方能选用。

2. 长江中下游地区

长江中下游地区夏热冬冷,冷、热负荷兼备,各种可再生能源热泵系统均可采用。

①地表水（江、河、湖、海水）及污水源热泵系统受位置限制，设计时要注意处理好取排水口、过滤和防腐等技术难点。

②地埋管地源热泵受埋管空间限制，设计时要把握岩土热物性、埋管质量和运行策略等关键技术。

③空气源热泵使用限制较少，但要注意保证通风条件和提高供热效率。

④各种热泵系统可以独立作为冬季供热热源，也可以辅以燃气锅炉以防低温寒潮。夏季各种热泵系统多与电驱动制冷系统共同承担供冷负荷。

3. 华南夏热冬暖地区

几乎全年制冷，供热负荷较小，可以利用冷凝热回收机组或通过回收电制冷机组冷凝热的水-水热泵机组供热，也可以少量采用空气源热泵作为供热热源。

4. 使用可再生能源也要消耗常规能源，若不能减少常规能源消耗量就得不偿失。所以应用时应比较使用可再生能源减少的常规能源消耗量占项目全年总能源消耗量的比例，即可再生能源贡献率。

（五）复合能源建筑供能系统

在可再生能源的利用过程中，我们往往无法通过单一的能源种类来实现供能量与能源需求之间在时间、空间上的完全匹配，这就要求设计者在设计可再生能源空调系统的过程中，应充分考虑当地的地域情况，将多种能源利用形式进行组合，这一过程应达到以下几个目的：

1. 提高多种能源之间的耦合作用

多能源耦合供热不仅仅是能源叠加的过程，即当一种能源系统供给不足时就投入另一种能源系统，即便这样做可以满足用能需求，系统的设备容量仍然有较大的节能提升空间。因此，应当充分利用各种能源的特性，通过优化能源系统的配置与控制，提高系统整体的运行效率。

2. 提高空调系统的稳定性和高效性

可再生能源的波动不连续性、辅助供能系统间歇性的投入以及多能源空调系统模式切换等原因都有可能引起系统的不平稳运行，导致末端温湿度频繁波动。因此，多能源空调系统设计的目标之一就是通过优化控制来提高水温、流量的稳定性，尤其是使用到热泵机组、风机盘管的系统，应确保系统中各设备在较高的效率下工作。

3. 提高可再生能源系统的集成度

提高集成度主要涉及两个方面：第一是提高硬件设备的集成度，一般可再生能源系统规模庞大，对一些规模较小的单体建筑来说，无法设置独立机房，施工质量也难以得到保障。因此应通过设计的优化尽可能减小系统的占地面积；第二是提高控制系统的集成度，使用户在不具备相关专业知识的情况下，仍然可以像使用冰箱、微波炉一样便利地进行操作。

第五节　高效管理模式在医院空调节能管理中的应用

一、医院空调系统的运维现状分析

(一) 管理人员技术水平需提升

目前医院的空调管理人员及操作人员匮乏,同时有的操作人员是管理人员兼职,专业技术水平低,对于空调系统工作原理、运行中的维护一知半解,日常管理松懈,一年四季只有冬季、夏季转换操作,对系统基本维保不及时,空调系统元器件锈蚀、管路堵塞等现象逐年加重,致使系统能耗逐年上升,同时系统运行中不能根据各种参数的变化适时调节空调的节能运行状态,致使中央空调的运行不合理,无法达到节能运行的效果。

(二) 空调运行管理监管手段需加强

医院作为特殊场所,功能分区较多,使用分散,不同分区需求不一,集中管理难度大。公共区域夏季空调系统昼夜运行,没有系统开、关调节规范的约束,致使对空调系统随意调节的情况多发,这种随意调节既不能保证空调系统充分发挥其制热制冷的作用,又造成了严重的能源浪费;监管不到位是造成能耗增加的间接原因。

(三) 技术节能和管理节能相融合

技术节能是指通过专业化的技术原理和手段达到节能目的,通常其节能效果具有可测量性。但有时会出现"局部节能"的现象,如风机、水泵的变频,虽然节能效果可观,但变频器对电网造成的污染也随之而来,尤其是在精密医疗设备密集的医院环境中。如确有变频改造的必要,应谨慎应用并做好变频的谐波保护和高频处理。管理节能的核心是提高医院集中空调系统管理的手段,在辅以一定技术手段的同时达到节能目的。管理节能的效果虽不像技术节能那样容易评估,但却是最为经济和有效的,尤其在我国大部分项目中,能耗中的相当一部分是管理措施不到位带来的,采用合理的管理手段,辅以一定的技术措施,如空调自控系统,可以明显起到空调系统节能的作用。

二、提高智能化管理能力,细化管理手段

(一) 分时分段运行管理

医院空调设备运行有其特殊性,应有针对地制订正确的系统运行方案,对制冷机组、冷却塔、水泵、大型风柜的运行进行节能调节,并形成相应的统一的运行制度,分时分段运行管理。医院功能分区较多,有急诊部、门诊部、住院部、医技科室、保障系统、行政办公室,以及 ICU、CCU、NICU、血液透析室、高压氧舱等不同分区,应根据不同区域合理设置空调系统的允许使用时间点、时间段,适时运行管理。

合理安排空调设备系统的开关机时间,结合医院空调的节能系统(如已配备 DDC 自控系统等)实现最大限度上的空调利用,以避免能耗浪费。

根据季节转换、气象条件制定制冷、制热的开启日期,除手术室、ICU、CCU、NICU 等重要场所外,其他区域根据当地气温情况如夏季连续 5 日最高气温超 30 ℃,冬季连续 5 日最低气温低于 5 ℃确定制冷/热机组的开启时间,并根据温度变化及时调整温差值。

观察空调设备实际所需的负荷情况,手动或自动调整相关参数,诸如空调系统的实际级数与台数、输出总容量等与实际需求的匹配程度,选择合理的空调主机设备的制冷功率和水泵功率,并根据一天内温度的变化情况(例如夏季 4:00 左右的温度最高)及时调整主机压缩机的开启数量及水泵、冷却塔等设备的开启台数。

(二) 适时调整空调设备的供回水温差

在制冷工况下,确保空调系统的供回水温差在 5 ℃之内;在供暖工况下,确保中央空调系统的供回水温差在 6 ℃之内。适当减少流量,保持水力的平衡运行。另外,对于空调系统中暂停的设备,诸如蒸发器、冷凝器的水路阀门等,一定要将其关闭,避免出现旁通等现象,降低不必要的能耗,提高空调系统的利用效率。

为使空调设备安全、可靠、高效地运行,首先要参照设备生产厂家提供的使用说明和有关技术资料,根据空调设备的安装情况和医院对空调的使用要求,编制空调设备的使用管理计划。医院集中空调冷水机组每年 5—10 月运行;热水机组 11 月—翌年 4 月运行,过渡季节停机时间很短,要制订好每年 4 月和 10 月冷水机组和热水机组的使用管理计划,并按机组型号和性能要求制订完整的操作管理规程。运行人员要严格按照管理计划和操作管理规程使用并管理空调设备。

(三) 加强室内温度管理

医院后勤管理部门还应建立起空调设备维修保养制度,严格按照制度及规范对空调系统进行定期维修保养。使用过程中病房温度应加强管理。温度不仅影响住院病人的康复,还影响医务工作人员的工作情绪和工作效率,对医用、医疗设备的性能也有很大影响,因此,保证病房、手术室温度稳定是十分必要的。医院病房出入人员较多,这些人员对温度的要求不同,进病房后,有的人夏天也可能因感觉冷而随意关闭空调;有的人冬天也可能因感觉热而随意开窗通风。这些都造成了病房温度变化,影响了空调的正常效果。因此空调管理人员和病房医护人员应对病、陪人员做好宣传教育工作,加强管理,以保持病房所需要的温度。在满足病人需求的情况下,调整病房温度,夏季尽可能提高,冬季尽可能降低,可以减少空调设备的能耗。夏季病房温度控制在 26 ℃要比 24 ℃减少冷负荷 18% 左右,冬季病房温度控制在 20 ℃要比 22 ℃减少热负荷 31% 左右。

(四) 避免新风无组织进入

医院病房的入室新风是决定病房空气品质的主要因素。要使有限的入室新风得到充分的利用,必须合理设计气流组织,以便将污染物及时排出;要尽量提高新风的新鲜度,提高新风品质。同时要做到经常清洗和更换新风过滤器。在确定送入病房的新风量时,除了考虑人所需的最小新风量外,还要考虑病房空间的容积,以稀释某些污染源散发的挥发性有机物,保证病房空气清洁无菌。

为避免大规模无组织新风进入,可对医院主要建筑进行风平衡分析,测试总新风量和排风量并对比两者关系,设计中为了保证一定的房间正压,一般新风量比排风量高 10% 左右。若总排风量大于新风量,则说明有无组织新风渗入。另外,可以在医院门诊楼大门加装空气幕,在不影响人员正常进出的同时减少了新风的引入;给飘窗加装密封条,并张贴节能标语提示患者和医务人员减少开窗等。

三、合同能源管理

（一）合同能源管理相关概念

1. 合同能源管理（energy performance contracting，EPC）

节能服务公司与用能单位以契约形式约定节能项目的节能目标，节能服务公司为实现节能目标向用能单位提供必要的服务，用能单位以节能效益支付节能服务公司的投入及其合理利润的节能服务机制。

2. 节能服务公司（energy services company，ESCO）

提供用能状况诊断、节能项目设计、融资、改造（施工、设备安装、调试）、运行管理等服务的专业化公司。

3. 能耗基准（energy consumption baseline）

由用能单位和节能服务公司共同确认的，用能单位或用能设备、环节在实施合同能源管理项目前某一时间段内的能源消耗状况。

4. 项目节能量（project energy savings）

在满足同等需求或达到同等目标的前提下，合同能源管理项目实施后，用能单位或用能设备、环节的能源消耗相对于能耗基准的减少量。

（二）合同能源管理的模式

单项能源管理易产生交叉与重复，合同能源管理总承包模式的引入能更好地解决大型三甲医院的合同能源管理服务问题。合同能源管理总承包包括管理建筑全年的实际用能（含水、电、气）总能耗，即节能服务公司对业主提供全套的节能服务，包括能耗费用代缴、节能改造、用能系统托管、能耗运行监测等服务。业主定期向总承包节能服务公司支付能源管理的费用。业主的用能系统，包括水、电、空调、热水的消耗全部纳入总承包服务范围，总承包节能服务公司根据业主的用能特点，利用自身的节能技术优势投资节能改造。以合同能源管理总承包模式开展节能服务，既可以解决管理界面划分不清、节能效益计算困难的问题，又可以借助专业节能力量提高自身管理水平，减少能耗支出与人力成本。

合同能源管理总承包模式是节能服务公司通过与医院签订节能服务合同，为医院提供包括能源审计、项目设计、项目融资、设备采购、工程施工、设备安装调试、人员培训、节能量确认和保证等在内的一整套的节能服务，并从医院进行节能改造后获得的节能效益中收回投资和取得利润的一种商业运作模式。

合同能源管理的主要业务模式分为以下三种：

模式一：节能效益分享型

由节能服务公司提供项目资金，并提供项目的全过程服务。在合同期内节能服务公司与医院按照合同约定的比例分享节能效益。合同期满后节能效益和节能设备所有权归医院所有。

模式二：节能量保证型

由医院提供项目资金，节能服务公司提供项目的全过程服务并保证节能效果。按合同规定，医院向节能服务公司支付服务费用，如果在合同期内项目没有达到承诺的节能量或节能效益，节能服务公司按合同约定向医院补偿未达到的节能效益。

模式三:能源费用托管型

医院委托节能服务公司进行能源系统的运行管理和节能改造,并按照合同约定支付能源托管费用。节能服务公司通过提高能源效率降低能源费用,并按照合同约定拥有全部或者部分节省的能源费用。节能服务公司的经济效益来自节约的能源费用,医院的经济效益来自减少的能源费用(承包额)。

(三)合同能源管理的特点

合同能源管理的最大价值在于可以为医院实施节能项目提供经过优选的各种资源集成的工程设施及其良好的运行服务,以实现与医院约定的节能量或节能效益。其主要特点包括:

1. 整合性

合同能源管理业务不是一般意义上的推销产品、设备或技术,而是通过合同能源管理机制为医院提供集成化的节能服务和完整的节能解决方案,为医院"交钥匙工程"。合同能源管理不是金融业务,但可以为医院的节能项目提供资金。节能服务公司不一定是节能技术所有者或节能设备制造商,但可以为医院提供先进、成熟的节能技术和设备。

2. 多赢性

一个合同能源管理项目的成功实施将使介入项目的各方(包括 EMC、医院、节能设备制造商和银行)等都能从中分享到相应的收益,从而形成多赢的局面。

对于分享型的合同能源管理业务,医院在项目合同期内分享部分节能效益,在合同期结束后获得该项目的全部节能效益及合同能源管理投资的节能设备的所有权;节能服务公司在项目合同期内分享大部分节能效益,以此来收回其投资并获得合理的利润;节能设备制造商销售了其产品,收回了货款;银行可连本带息地收回对该项目的贷款。

3. 对医院的极低风险

医院无须投资或极少投资即可导入节能产品、技术及专业化服务,即零投入;医院无技术及经济风险,该风险由节能服务公司承担;医院合同期内可分享项目的节能效益;合同结束后,节能设备和全部节能效益归医院,现金流始终为正值。

(四)合同能源管理项目管理流程及环节

合同能源管理项目需紧密结合医院的设备、能耗特点来开展,项目执行过程主要分为如下步骤(图 6 - 44):

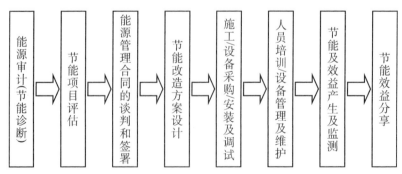

图 6 - 44　合同能源管理项目主要环节

1. 能源审计

包括能效诊断、节能潜力评估和节能措施的可行性研究,是合同能源管理的重要基础。其主要工作内容包括:查清能源使用情况;分析能源使用中存在的问题;找出节能潜力点,提出对策;对拟采用的节能措施进行可行性分析。

2. 节能项目评估

在能源审计的基础上,由节能服务公司向客户提出专业的节能项目评估,编制能源质量分析报告、节能率预测报告、节能投资分析报告等,并提出先进、适用、经济、可行的节能整体解决方案,供客户参考,并经客户批准。

3. 能源管理合同的谈判和签署

节能整体解决方案与客户达成共识后,节能服务公司将本着公平、公正的原则与客户签订"节能绩效保证合约",合同中将规定双方的责任和义务、改造工程的验收方式、效益分享的方式、节能量监测的方式等双方共同关心的要点。

4. 节能改造方案设计

根据批准的节能整体解决方案,节能服务公司着手进行详细的节能改造工程设计工作,并编制详细的项目实施方案,报请客户批准。

5. 节能改造项目的设备和材料采购、施工、设备安装调试

采用合同能源管理的节能服务新机制,客户在改造项目的实施过程中,不需要任何投资,而全部投入由节能服务公司承担,包括方案设计、设备采购、工程施工、监控系统安装及性能调试等一条龙服务工作。客户仅需配合和提供必要的条件。

6. 人员培训、设备管理及维护

节能服务公司负责培训客户的相关人员,引导客户的节能观念由"要我节能"转变到"我要节能"。接受客户的所有或部分用能设备的维护管理工作,派出现场维护与巡视人员,以确保用能设备和系统能够正常操作和运行,编制详细的设备保养、维护手册,降低企业维护成本,"现场巡检+远程指导"这种管理方式比较常见。

7. 节能及效益产生及监测

改造工程完工后,将由客户和节能服务公司共同按照能源管理合同中规定的方式对节能量及节能效益进行实际监测,作为双方效益分享的依据。

8. 节能效益评估与分享

根据国际及国内相关标准进行节能量的科学评估,得出科学合理的节能量,如有必要可委托有资质的机构进行第三方监测评估。根据双方实际监测的数据与评估结果,按照合同中规定的效益分享方式来分享节能改造的效益。通过效益分享,节能服务公司获取相应报酬与合理利润。合同结束后,客户将享受全部节能效益,并免费获得高能效设备、节能设备和节能监控系统。

(五) 节能测算方法

节能量指的是通过和节能效果承包担保合同中约定方法建立的基数相比,降低的能耗成本和与运行维护费用相关的成本。

在进行节能量计算时,需要将节能措施对能耗的影响与同期其他变化对能耗的影响区分开。即改造前后能耗或负荷的比较应有一致的基础,使用下列通用方程式:

$$节能量 = (基准期能耗量 - 报告期能耗量) \pm 调整量$$

1. 基准期能耗量

对于改造项目，以节能改造前原有设备的耗能指标为准，设定基准线，作为基准期能耗量。对于新建项目，以行业内与原有设备相似的设备的耗能水平为基准设定基准线，或者在实际项目中由合同双方协商确定设立基准线方法和监测方法。

2. 调整量

引入调整量的目的是将基准期和报告期的能耗量或负荷换算到同样的运行工况条件下。通过引入调整量，而不仅仅是简单比较节能措施实施前后的能源成本或能耗量，将使节能量报告的结果更加合理。简单比较账单费用只能体现能源成本变化，并不能真实反映改造项目的节能效果。所以要得出真正的节能量，必须引入调整量来剔除基准期和报告期的运行工况差别对能耗的影响。

调整量产生是因为测量基准期能耗和报告期能耗时，两者的外部条件不同。外部条件包括气象条件、门诊楼、设备容量或运行时间等，这些因素的变化与节能措施无关，但却会影响医院的能耗。为了公正科学地评价节能措施的节能效果，应把两个时间段的能耗量放到"同等条件"下考察，而将这些非节能措施因素造成的影响作为"调整量"，调整量可正可负(图6-45)。

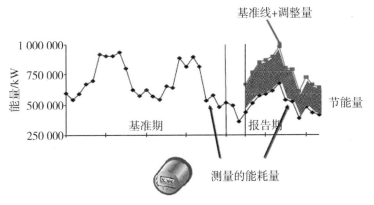

图6-45 基准线、调整量与节能量

IPMVP(国际节能效果测量和认证规程)给出了四个选项方法(A、B、C和D)来确定节能量。选择时需要考虑包括测量边界的地点等多个因素。如果要确定整体耗能设施层次的节能量，选项方法C或D是较合适的。如果仅关注节能措施本身的性能，则隔离改造部位的方案更加适合(选项方法A、B或D)。表6-12是IPMVP四个测量和验证方法。

表 6‑12　IPMVP 测量和验证方法

IPMVP 选项方法	如何计算节能量	典型应用
A. 隔离改造部分:测量关键参数 通过现场测量关键性能参数来确定节能量,此关键性能参数决定了节能措施作用系统的能耗量。可以是短期测量,也可以是连续测量,这取决于被测参数的预期变化以及报告期的长短。其他参数通过估计得到,估值的根据是历史数据、设备制造商的规格表或工程技术判断。应记录估值来源或说明估值的合理性。还要评估使用估计值代替测量值可能出现的节能量误差	通过对关键参数进行短期或连续测量,对基准期和报告期能耗量进行工程技术计算,并进行必要的常规和非常规调整	照明改造项目,其中耗电功率是关键参数,需要对其进行周期性测量。通过建筑物的运行安排和入住者的行为特点来估计照明系统的运行时间
B. 隔离改造部分:测量所有参数 对采取节能措施的系统的能耗量进行现场测量以确定节能量。可以短期测量,也可以连续测量,这取决于被测参数的预期变化以及报告期的长短	对基准期和报告期的能耗量进行短期或连续测量,或测量决定能耗量的间接参数,通过工程技术计算得出能耗量,并进行必要的常规和非常规调整	采用变频控制技术来调节水泵流量。在电机的电源端安装功率表测量电功率,功率表每分钟测量一次。在基准期,用功率表进行一周的测量来证明是恒定负荷。在报告期功率表持续测量以跟踪功率的变化
C. 整体耗能设施 通过测量耗能设施整体或子耗能设施来确定节能量。在报告期内对耗能设施整体的能耗量进行连续测量	分析耗能设施整体在基准期和报告期的(市政)表计数据。使用简单比较法或回归分析法进行必要的常规调整及进行必要的非常规调整量	综合能源管理计划影响耗能设施中的多个系统。利用燃气和电力市政表进行为期 12 个月的基准期能耗数据测量,并在整个报告期进行能耗数据测量
D. 经校准的模拟 通过模拟耗能设施整体或子耗能设施来确定节能量。证明模拟程序可以充分模拟耗能设施真实的能耗性能。此方案通常要求使用者在校准模拟方面具有高超的技巧	模拟能耗状况,并利用小时或月度的能耗费用账单进行校准(能源最终用户的表计可以用来提高输入数据质量)	综合能源管理计划影响耗能设施中的多个系统,但在基准期没有计量表。安装了燃气表和电表后,能耗测量值可用来校准模拟结果。用经校准的模拟来确定基准期能耗量,并与模拟出的报告期能耗量进行比较

第七章
医院空调系统的信息化管理

医院空调系统在建筑能耗中占比较大,监控设备多、控制变量多,且相互联系与影响。因此在空调系统的规划管理中,应充分发挥信息化管理的技术先进、高效节能、运行可靠、人性化设计、操作简便的特点,通过采用云计算、大数据、物联网、人工智能等新一代信息与通信技术,集成智能的传感与执行、控制和管理等技术,建设具有一定感知能力、学习和自适应能力的物联网、智能化监控平台,为空调系统规划与运行管理提供服务。

第一节 物联网技术在医院空调系统管理中的应用

一、物联网的定义

"物联网"(internet of things,IOT)概念自提出以来,其内涵经历了不断演进的过程。通常指物联网指通过安装在物体上的各种信息传感设备,如射频识别(RFID)装置、红外感应器、全球定位系统、激光扫描器等,按照约定的协议,并通过相应的接口,把物品与互联网连接,进行信息交换和通信,从而实现智能化识别、定位、跟踪、监控和管理。也有人认为物联网是互联网的延伸和扩展,其实质是利用智能化的终端技术,通过计算机互联网实现全球物品的自动识别,达到信息的互联与实时共享。

2011年5月,我国工业和信息化部电信研究院发布的《物联网白皮书2011》正式给出物联网的官方解释:物联网是通信网和互联网的拓展应用和网络延伸,它用感知技术与智能装置对物理世界进行感知识别,通过网络传输互联,进行计算、处理和知识挖掘,实现人与物、物与物信息交互和无缝连接,达到对物理世界进行实时控制、精确管理和科学决策的目的。

二、物联网技术在医院室内环境监测中的应用

医院环境监测是医院环境管控的一项重要内容,对检测的数据进行分析可以得到环境的变化趋势,从而为医院环境质量评估提供一定的参考依据。物联网技术可以为医院环境监测提供有效的监测手段,通过测定相应的影响因素,掌握环境变化趋势以提出对应的治理方法。

(一) 医院室内环境中温度的监测

基于NB-IoT(窄带物联网)无线通信技术的温度采集器可以采集室内的温度信息,

并将采集的数据传输到云平台,再由云平台对数据进行分析处理和动态监测。可实现在同一个房间的不同位置放置温度信息采集器,以提高温度监测的准确度。

（二）医院室内环境湿度监测

基于 NB-IoT 无线通信技术的湿度采集器可以采集室内的湿度信息,传送到云平台,然后通过数据分析对加湿器进行智能控制,即可实现科学地监测和控制室内的湿度。

（三）医院室内环境烟雾监测

基于 NB-IoT 无线通信技术的烟雾监测装置可以精确有效地监测室内是否有烟雾异常情况,并把实时数据传输到云平台,云平台对传输的数据进行分析梳理,当数据分析结果为异常时,发送报警信号到报警装置并启动报警装置,同时自动控制开窗,以达到促进室内空气流通的效果,保证室内成员的安全。

（四）医院室内环境灯光监测

灯光亮度的监测是利用分布在各个房间里的基于 NB-IoT 无线通信技术的光敏传感器来实现的。光敏传感可以采集光线强度信息并发送至云平台,云平台进行数据分析,判断光线强度,控制窗帘开合,电灯开关等。当光线过强时,可以控制窗帘自动合起,反之则可以控制其打开电灯。

三、物联网技术在医院空调系统中的控制应用

（一）空调系统中远程控制的应用

医院管理者可以通过任何联网的电脑或手机登录互联网来遥控医院的空调,包括开机、关机等,实现对于空调的智能化控制。

通常基于嵌入式技术,开发设计出一个可以用于开通与关断空调的控制器,将空调的控制部分利用嵌入式微处理器来实现,通过 I/O 口外接继电器来实现对空调的开通和关断,然后使用操作系统来实现网络通信等系统功能,从而实现这一远程控制。通过移动手机客户端就能建立起安全防护系统,实现远程监控、移动报警。其安防和远程监控的工作原理与一般监控系统类似,摄像头可以 24 h 监控,使用手机的移动网络作为数据传输途径,用户只需随身携带手机,就可以实现对空调的控制,通过 App 用户端进行反馈,实时获取控制结果。

（二）空调自动控制系统中的应用

通过在空调系统中安装采集器,通过以太网接口与智能管控平台对接,结合大数据的智能分析实现空调系统的智能控制。通过对室外温湿度、室内环境、压力、风量、风机状态等运行参数进行智能分析,在系统操作界面设置限定温度,根据采集的空调运行环境中参数的变化进行智能数据分析,实现中央空调末端设备的智能控制。

通过对机组运行状态进行监测和数据采集,实时监测机组压缩机的状态、冷凝器及蒸发器温度、压缩机电流、冷冻水供回水温度、冷却水供回水温度;通过网关协议转换,针对各个主机启停、加减载进行数据分析与控制,增加基本控制模式包括主机水温控制、启停时序控制、加减载控制、故障切换控制、开关机模式。

在实时保障机组冷凝器换热效率的同时,对冷却水系统运行进行监测和数据分析,数据分析结果用于智能控制冷却塔风机启停,自动投切以控制冷却塔运行数量;采用定冷却水供水温度(即主机冷凝器进水温度)控制,分析实际温度差变化趋势,对冷却塔风

机运行状态进行智能控制,通过对冷却水回水温度进行监测与大数据分析,智能调节冷却水泵的频率,从而调节冷却水系统流量,实现自主调节。

对冷冻水系统进行监测与大数据分析,实现水系统的变流量调节和制冷机负荷调节。根据大数据对负荷的分析结果,智能调节冷冻水泵的频率,从而调节冷冻水系统流量,实现自主调节;通过对历史制冷量数据进行分析,实时控制机组启停和相应冷冻水泵启停,实现自主调节。

(三) 空调系统安全运维中的应用

基于物联网技术的空调智能管控平台可以实现对空调运行状态的实时监测,并把空调实时运行的各项参数传输到空调智能管控平台,空调智能管控平台对运行数据进行大数据分析,如果有异常,立刻分析出异常原因,智能化处理报警问题。利用物联网技术可以实现空调系统与视频监控系统的联动,实时监控室外机组的运行状态,并能够在故障发生时调取相关视频记录,有效避免人工巡查产生的遗漏。

中央空调水系统的渗水与漏水问题在实际工程项目中是经常发生的,已成为工程施工人员和运行维护人员最棘手的问题之一。中央空调水系统产生漏水现象,主要问题出现在两个环节上:一是施工安装时,由于工程材料或安装工艺不良等问题,设备调试验收中没有发现微小泄漏,从而留下了隐患;二是在日常运行中,材料部件的老化与运行中设备故障等因素造成泄漏。中央空调水系统漏水监控的难点在于水系统运行时出现微漏、渗漏等情况,短时间内难以发现。因此,发现漏水现象并能及时有效处理是保障中央空调安全运行的重要工作。

智能水阀安装到指定位置后,在空调运行状态下,智能水阀对膨胀水箱进入冷冻水系统的水量进行实时监控;在安装时间不长的情况下,智能水阀根据上述规则在空调系统停止工作的情况下对管道进行检漏。同时系统不断对补水量进行采集,等到数据样本足够多时,水阀就能实时对管道状态做出判断,并发出预警信号。根据当时事态的严重程度,智能水阀会切断供水并打开排水阀。同时水阀还具有水温检测、水压检测等功能。通过数字化的手段杜绝了施工阶段可能遗留的各种水泄漏隐患,经过与物联网合作,再利用智能楼宇智能管控平台进行数据分析,发出报警信号,使管理人员及时发现并进行处理及控制。

(四) 空调系统能耗监测与节能服务平台中的应用

随着国家产业的转型升级,节能减排的推进必将层层落实,能耗控制也显得极为重要。我国已经成为世界第三大空调使用市场,占世界空调使用市场份额12%。调查结果显示,中央空调能耗占建筑能耗的50%。基于物联网的大型公共建筑能耗监测与节能服务平台可充分运用物联网技术,如末端感知层传感器检测技术可实现三维空间大规模传感器组网,通过室内与室外的各类传感器搭载与联网,将各自得到的数值传输到管控平台,由管控平台进行数据分析。智能化管理PM 2.5过滤组件、温控组件的操作,根据人体体感最适宜的温度、室内外温差、时间分布等多项状况,依据事先设定好的判断条件(如室内外温差、室内当前温度、室内外PM 2.5浓度差、医院病房微生物病毒状况等)对相应设备(中、高效过滤器,PM 2.5过滤器,新风机组等)进行调节,对温度、湿度、负离子含量等进行监测、控制、记录,实现分散节能控制。维护人员可以通过移动客户端进行远程控制,有效减少使用时间,减少机电设备运行产生的能耗并降低运行管理成本。基于物联网技术的空调系统通过智能化优化单元,最大限度地降低能耗,提高利用率,延长空调使用寿命。

四、物联网技术在医院不同空调系统模式中的应用

医院不同功能的房间及其中人员对室内环境有不同要求。医院常用的空调系统按照其功能和服务对象大致分为以下几种:中央空调系统、独立新风空调系统、净化空调系统、多联机(VRV)空调系统和精密空调系统。

（一）物联网技术在中央空调系统中的应用

根据医院现场中央空调系统状况以实现中央空调系统自动化和节能控制为目标,利用现代传感器技术和变频技术,采用变流量节能控制,实现冷冻站的自动化与节能控制。

1. 对冷水机组进行集成,实现机组根据冷冻水回水温度进行自动启停控制,对冷冻机组进行自动加减载控制,实现空调系统根据末端负荷的变化自动调节系统运行工况,降低系统能耗。

2. 在冷水机组冷冻水供、回水总管上安装温度传感器和压力传感器,以便采集冷冻水供、回水温度及压压数据。在冷水机组冷却水进、出水总管安装温度传感器,以便采集冷却水温度数据。温度、压压、流量等传感器信号由现场控制器采集。

3. 在系统集、分水器间安装旁通电动阀,集、分水器总管安装压差传感器,利用现场控制器采集相关数据,使旁通阀必要时自动投入运行。

4. 根据以上温度及压力数据,采用变频技术,通过配置相应变频器与现场控制器,分别对冷冻循环水泵、冷却循环水泵、冷却塔风机进行自动控制,使水泵和风机的运行状态调整与空调末端负荷的变化相一致。

（二）物联网技术在医院独立新风系统中的应用

独立新风系统(dedicated outdoor air system,DOAS)最早出现在 20 世纪 90 年代的美国,是一种将低温送风设备与其他显热冷却设备结合的空调方式。独立新风系统将室内显热负荷和潜热负荷分开处理,新风系统处理室内潜热负荷和部分或全部显热负荷,剩余的显热负荷由干盘管、冷辐射吊顶板等设备处理,使得室内的末端设备都在干工况下运行,而且不使用回风,这样就遏制了细菌在潮湿的接水盘中滋生、发生交叉感染等情况。

DOAS 通常配有自动控制系统,控制对象包括新风机组出水温度、新风机组冷水量、显冷设备进水温度、显冷设备冷水量、室内干球温度、室内露点温度等。对于诊区室内人员流动量下降的状况,可通过物联网技术将人员流动信息数据上传至系统平台,手动或者自动开启显冷设备,使室内的末端设备在几种典型工况下能够处于干工况下运行,从而提高 DOAS 节能效率。

（三）物联网技术在医院洁净空调系统中的应用

医院中的洁净空调系统主要通过净化空调机组服务于医院洁净手术部、ICU、洁净实验室等有净化需求的场所。

在医院的净化空调系统中,大多数为恒定送风量系统。为净化空调系统的送、排风机的电机配备变频电机及变频器,在送、排风总管上分别设置恒定风量测点,并通过恒定风量测点自动控制送、排风机所配变频电机的运转频率,从而获得恒定的送风量。净化

空调系统的温度控制,较为常见的自控方法为在回风(或排风)总管上或重要的房间内设置温、湿度测点,并通过该温、湿度测点自动控制空调系统中的低温水、热水或者蒸汽管路上调节阀的开度,以此满足空调区域(或洁净室)内的温、湿度要求。

（四）物联网技术在医院 VRV 空调系统中的应用

多联机空调(VRV)空调系统,指的是一台空气(水)源制冷或热泵机组配置多台室内机,通过改变制冷剂流量适应各房间负荷变化的直接膨胀式空气调节系统。

由于多联机多负荷、多空间、多用户的特殊性,且受环境条件和实验条件的限制,现有的行业标准无法完全反映多联机的使用特点,造成多联机在实际运行过程中未能发挥最好的能效水平。通过物联网技术,建立大数据平台,可实时分析机组运行情况和售后故障原因,对多联机空调系统实时在线数据进行挖掘,可对已发生的故障进行诊断并自动分析具体原因,对尚未发生的故障进行预判,进一步加快服务响应速度。通过对实时运行数据和用户使用习惯等信息进行全面数据分析,可促进多联机产品的创新的升级,从而提升使用的舒适度。

（五）物联网技术在医院精密空调系统中的应用

机房恒温恒湿空调是能够充分满足机房环境条件要求的机房专用精密空调机,它不但可以控制机房温度,也可以同时控制湿度,因此称为精密空调,是工艺性空调的一种。精密空调本身是一个完整的制冷系统,各设备及介质间的相互关联、相互影响关系比较复杂。

医院精密空调控制系统需要安装在机房空调边,物联网技术在精密空调系统中的应用对空调本身的改动较小,主要是在压缩机与室内风机的电气主回路上增加一套空调节能控制系统,把监测空调运行状态的信号线接入空调节能控制系统。在实际运行过程中,精密空调节能控制系统监测到的温湿度传感器温度值与空调本身的设定温度值进行对比,调节系统的运行参数,从而稳定和提升送风温度精度,达到提升制冷效率、降低压缩机功耗的效果。

五、物联网技术在医院空调系统中的应用优势

医院的建筑及其功能分区具有复杂性,不但不同建筑具有不同结构、不同功能,同一建筑的不同楼层也具有不同功能,甚至同一楼层内分布着不同的功能区。不同建筑环境和不同功能区及其人群对空调效果有不同的要求。因此,不同的使用区域都应该根据使用需求设计不同的空调系统。对于医院来说,良好的空气环境对医疗环境改善和病人的康复都会起到重要作用,空调的平稳运行、空气调节系统的优良性能成为关键要素。而物联网技术的应用无疑为各个空调系统的安全稳定运行保驾护航,同时在节能与能耗使用方面有着举足轻重的地位,对于医院成本核算也有促进作用。物联网技术在空调系统中的应用主要包括以下几个方面:

（一）空调系统实现人工智能控制,优化运行

物联网技术利用与其相关的各类设备的能耗数据和运行参数(包括实时数据和历史数据)进行智能计算,从系统优化角度得到主机、水泵等设备的优化运行参数,并传递给智能控制器以控制系统优化运行,使主机始终处于能耗利用率最优的工作点上,实现空调系统人工智能控制,使整个系统协调运行,实现最佳综合节能。

（二） 应用于数据采集与分析，全过程安全管理

物联网的软件技术在空调管路系统中的应用，主要是通过物联网化的中央空调水系统数据采集装置。它除了可以用于安装施工阶段的检测外，还可以作为中央空调水系统日常运行和维护的数据采集设备，通过与医院后勤运维管理中心进行数据互联从而实现智能化先进管理。利用物联网技术能实时采集并监测中央空调水系统侧的技术参数、数据，将数据传送到云端进行存储、分析、监控、报警，从而全方位保障中央空调水系统的稳定安全运行。

（三） 实现空调系统设置自控系统，保证合理运行

热泵机组的启停及台数控制都由机房工作人员手动控制，同时热泵机组与水泵的匹配运行也由工作人员根据经验进行操作，导致空调系统能耗较高。通过为空调系统制定自动控制方案，监测系统运行状态，并进行相应的调控，保证空调系统合理、节能运行。

（四） 实现精确计量、节能运营

可对所有空调末端设备的冷量进行计算，比全冷量计费或检测供、回水温差和流量等参数进行计算的方式成本要低，比单纯按时间计费的方式准确度高，具有较高的实用性和经济性。物联网技术的中央空调系统运行管理平台可同时实现分户冷量计费、设备运行控制和系统管理功能，为中央空调系统的节能运行与管理提供了一个有效的技术手段。

六、物联网技术在空调系统中的应用发展趋势

物联网技术的发展为医院空调系统的管控带来了新的契机，随着医院对空调系统信息化、智能化、节能化的要求不断提高，融入物联网技术的医院空调系统成了未来发展的趋势。随着国家对物联网技术的推进，基于物联网的医院空调系统在市场上将有广阔的应用前景。物联网技术运行成本低，具有实时性，可智能化管理，所以物联网技术支撑下的医院空调管控系统将成为未来医院空调系统的建设方向。同时物联网技术将助力医院空调系统的远程管控和成本核算，使其得到更好的发展，从而做到医院空调的实时监控，为医院空调系统的节能与管控提供了一个有效的技术手段。

第二节　智能化监控平台在医院空调系统管理中的应用

医院空调系统的智能化监控平台主要监控对象包括空调系统的各个设备（冷水机组、冷冻水泵、冷却水泵、冷却塔、新风机组、净化空调、风机盘管、通风机组等）。通过搭建智能化监控平台，实现全方位线上监管，监控空调系统设备智能化运行是稳定高效运行的有效手段。

一、智能化监控平台构建原则

（一） 实用性和先进性

按照智能建筑设计标准的甲级标准进行设计，系统的设置既强调先进性也注重实用性，以实现功能和经济的优化设计。

（二）标准化和结构化

系统设计除依照国家有关标准外，还应根据系统的功能要求，做到系统标准化和结构化，能综合体现出当今的先进技术。

（三）集成性和可扩展性

系统设计遵循全面规划的原则，并有充分的余量，智能化监控平台可接入建筑原有控制系统，向原有系统提供监测到的实时数据，原有控制系统也可以通过智能化监控平台对各个设备进行启停、调节。

（四）系统具有完善的自动控制和系统自我保护功能

可实现设备自动切换、系统连锁启停控制、故障设备自动停止、备用设备自动投入使用。冷水机组设有智能喘振保护、排热量保护，冷冻水系统设有低温、低压差、低流量保护，冷却水设有高温、低流量保护，此外还设有电源缺相保护、过电压保护、过电流保护、欠电压保护、输出短路保护、接地故障保护等功能。

（五）系统具备节能特性

日常运营中实现自动运行而无须操作人员介入，同时有足够的灵活性，允许用户根据实际情况做出调整。配有满足各种设备运行工况的控制模式，并提供优化及节能运行控制算法。可以预设被控设备的运行参数，自动运行、自动修正控制误差，以获得各受控设备的最佳工作状态。

（六）系统设计充分考虑运营管理的便捷性

系统界面应以图形化方式显示中央空调系统工艺流程和主要工艺参数，各项功能调用轻松便捷。系统设有控制参数显示和设置界面，可根据实际需求自行调整和修改。能提供能耗曲线、主机效率曲线、电耗累计值、操作记录和故障记录等数据，对整个系统运行做出全面的分析并可查询历史记录。

（七）系统设计充分考虑系统内各子系统或设备之间的相互通信

确保数据传输安全、高速且畅通无阻。

二、平台构建的参照标准及规范

《民用建筑电气设计规范》（JGJ/T 16—92），

《智能建筑工程质量验收规范》（GB 50339—2013），

《智能建筑设计标准》（GB/T 50314—2015），

《公共建筑节能设计标准》（GB 50189—2015），

《工业建筑采暖通风与空气调节设计规范》（GB 50019—2015），

《建筑电气安装工程施工质量验收规范》（GB 50303—2015），

《电气装置安装工程电气设备交接试验标准》（GB 50150—2016），

《电气装置安装工程电缆线路施工及验收规范》（GB 50168—2016），

《信息技术设备　安全》（GB 4943—2011），

《自动化仪表工程施工及质量验收规范》（GB 50093—2013），

《自动化仪表工程质量检验评定标准》（GB 50131—2007），

《数据中心设计规范》（GB 50174—2017），

《建筑领域计算机软件工程技术规范》（JGJ/T 90—92），

《建筑电气工程施工质量验收规范》GB 50303—2015，

《建筑节能工程施工质量验收标准》GB 50411—2019，

《智能建筑弱电工程设计施工图集》(GJBT—471)，

《建筑物电子信息系统防雷技术规范》(GB 50343—2012)，

《综合布线系统工程设计规范》(GB/T 50311—2016)，

《外壳防护等级(IP代码)》(GB 4208—2008)，

《信息技术—用户基础设施结构化布线》(ISO/IEC 11801—2002)，

《船用低压成套开关设备和控制设备》(GB/T 7061—2016)。

三、智能化监控平台的系统架构

(一) 系统层级结构

中央空调智能化监控系统一般为三层结构，即系统监控层、过程控制层、设备层(图7-1、图7-2)。

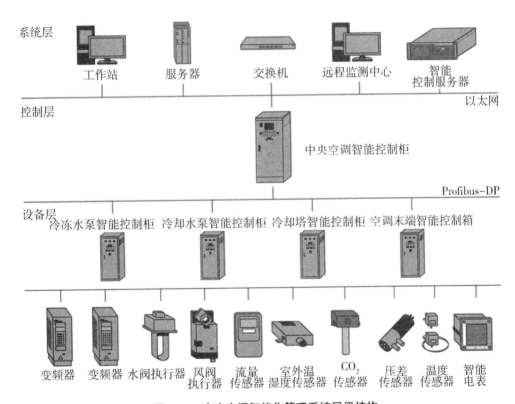

图7-1 中央空调智能化管理系统层级结构

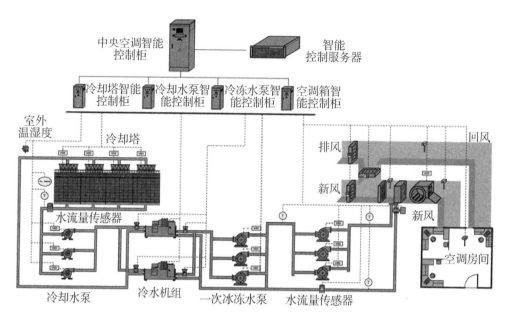

图 7 - 2 控制系统连接示意图

1. 系统监控层

采用 100 M 自适应以太通信网络(ethernet)和工业标准数据通路,图形工作站与系统之间可以进行高速数据通信,操作员可随时监测、改变设定点,并在网络的任何一个位置存取信息。中央控制服务器以工业控制计算机为硬件基础,安装有核心节能优化控制软件。该软件以各个设备模型为基础,根据设备控制子站采集到的系统工况按照优化算法进行计算,并将计算结果传递给设备控制子站作为其执行的依据。

2. 过程控制层

采用以太网,实现各系统之间的高速信息通信,并实现对现场设备进行控制和数据采集,这样在任何特殊情况下都不会因丢失记忆而误操作。同时控制层又通过以太网接入系统监控平台,保证数据通信无瓶颈。

3. 设备层

采用 PLC 为主控设备,通过数字量、模拟量、通信模块等扩展模块实现对现场设备状态的采集、对现场设备参数的采集、主机及关键仪表通信等功能,从而保证了系统数据采集的准确性和实时性,并通过工业以太网传送至中央控制站参与优化程序计算。

(二) 系统的软件架构

中央空调智能化监控平台宜采用分布式服务器结构,以高效处理大量并发业务(图 7 - 3),分布式服务器结构包括:

1. 客户层

客户层是基于浏览器的架构。网页通过网页服务器访问业务中心。

2. 业务层

业务层由业务中心组成。业务中心负责调度接收到的业务请求,它包含业务调度中心、处理中心池管理、服务请求缓冲队列、业务服务器等。

3. 处理层

该层在分布式服务器系统中具体实现系统业务。该层包括一个或多个处理中心。每个处理中心由处理中心服务器、数据库连接池、日志管理构成。其中处理中心服务器在特定服务器端口等待业务中心发出的处理请求,处理完成后返回处理结果。处理中心通过 OCI、ODBC、JDBC 等方式访问数据库池,实现业务操作。

4. 数据层

数据层主要存放处理层业务处理的数据,它可以是许多数据库,也可以是文件服务器。每个处理中心访问与之对应的一个数据库池。

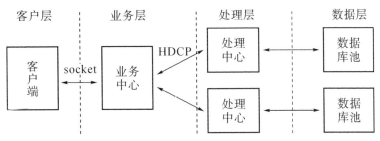

图 7-3　分布式服务器架构

(三) 数据库结构(图 7-4)

系统数据库分为实时数据库、历史数据库,满足系统基本功能所需的全部数据,并适合所需的各种数据类型。宜采用 SOA、ORCAL 等关系型数据库。

系统在数据结构上分为数据获取层、数据存储层和数据访问层三层架构。其中数据获取层又分为数据来源、数据抽取和清洗/转换/加载三个子层,数据访问层又分为展示方式、分析人员等子层。

数据获取层主要实现从分项计量系统中抽取相关楼宇数据(extract)、转换(transfer)并加载(load)到数据仓库中,在数据仓库中形成基础的分析数据的功能。

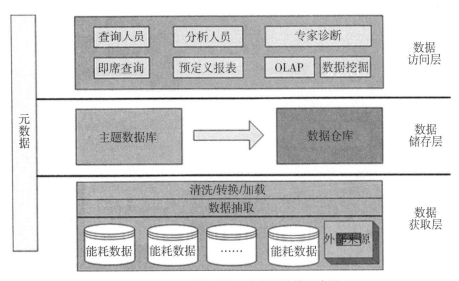

图 7-4　智能化监控平台数据结构示意图

数据存储层是系统的核心。数据存储层设计是企业级数据存储、数据及时加载和信息快速、灵活展现的保证。而且各个应用服务可以根据自身的需要在数据仓库上建立适合自身应用的数据集市。

数据访问层采用 B/S 结构和解决方案，使用户可以通过 Web 浏览器访问数据中心，以报表、OLAP 分析、即席查询、数据挖掘等形式向使用人员展现。系统通过 Web 服务器处理各类用户的查询请求，并将请求提交给联机分析处理(on-line analytical processing,OLAP)服务器，从而完成对建筑能耗数据仓库的查询分析，返回的查询结果在浏览器中以报表的方式展现给用户，并提供查询结果的导出功能，本层还负责提供相关接口用以实现用户进行数据挖掘的需求；其次，本层应实现对用户数据访问权限的管理，通过管理元数据，针对不同用户提供不同层次或不同主题的数据访问。

四、智能化管理平台功能

(一) 实时监测功能

实时监测当前室外干湿球温度，系统的基本运行状况，冷冻机房、空调末端实时的运行能效、运行模式、优化提示和系统报警；显示冷机、冷冻水泵、冷却水泵、冷却塔、冷机阀门、空调末端的运行状态、流量、冷却水供回水温度、冷冻水供回水温度等参数；监测冷冻机房及空调末端的能耗、能效情况。

1. 中央制冷站集中监控功能(图7-5)

智能化管理平台以图形化形式监测制冷站管理系统及设备的运行状态，为用户提供实时的运行参数、历史运行记录的查询以及设备的故障信息，主要功能包括：

——监测并显示各台冷水机组冷冻水及冷却水侧进出口压强、进出口水温。监测分集水器压力，冷冻水、冷却水定压点压力。

——监测并显示冷机冷凝温度、蒸发温度、冷凝压、蒸发压、冷冻水进出口水温、冷却水进出水温、冷冻水供水温度设定值等冷机运行参数。

——监测并显示各台冷冻水泵、冷却水泵进出口压强。监测冷冻水流量、热水管网流量。监测并显示室外干球温度、相对湿度或湿球温度。

——监测冷水机组及冷冻、冷却水管网供回水温度，室外温度。监测并显示各台冷却塔集水盘回水温度。监测并显示各个冷却塔补水开关(水流开关)状态和补水盘液位。

——监测并显示冷机、冷冻泵、冷却泵、冷却塔实时运行电压、电流、功率、累计电耗。在冷冻机房安装摄像头，监测机房内人员和设备情况。监测补水泵启停状态。

——监测冷源机房的房间温度、湿度。在冷冻机房安装摄像头，监测机房内人员和设备情况。当任何一台冷水机组发生运行故障时，通过显示及声音提示方式，针对各台冷机分别发出故障报警。

——当冷冻、冷却泵运行故障时，通过显示及声音提示方式，针对各台冷机分别发出故障报警。当任何一台冷却塔发生运行故障时，通过显示及声音提示方式，针对各冷却塔分别发出故障报警。

——当冷冻水、冷却水系统定压点压强小于设计压时，通过显示及声音提示方式，分别发出冷冻水、冷却水缺水故障报警。

——当任一补水泵组发生运行故障时，通过显示及声音提示方式发出故障报警。

——监测各台冷却塔集水盘及补水阀开关状态,当冷却塔溢水及补水时,通过显示及声音提示方式,针对各台冷却塔分别发出溢水及补水报警。

——记录各台冷水机组蒸发温度、冷凝温度、蒸发压、冷凝压、蒸发器进出口水温、冷凝器进出口水温、冷冻水出口温度设定值。记录间隔 15 min,记录数据 1 年以上。

——记录各台冷水机组冷冻水、冷却水流量。记录间隔 15 min,记录数据 1 年以上。

——记录冷机、冷冻泵、冷却泵、冷却塔实时运行电压、电流、功率。记录间隔15 min,记录数据 1 年以上。

——记录各台冷机、冷冻泵、冷却泵、冷却塔启停时刻。

——记录各项故障报警的内容和发生时刻。

——记录系统总供冷量,以及关键支路的供冷量、供热量。记录间隔 15 min,记录数据 1 年以上。

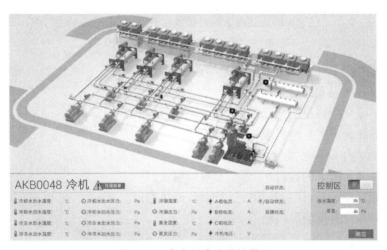

图 7-5　中央制冷站监控界面

2. 空调机组新风机组净化空调集中监控功能(图 7-6、图 7-7)

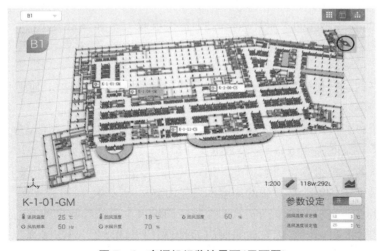

图 7-6　空调机组监控界面(平面图)

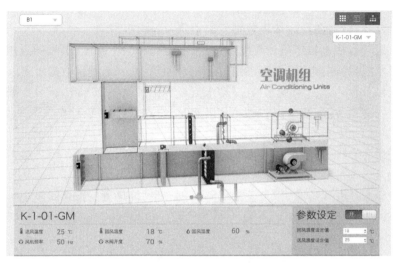

图 7-7　空调机组监控界面(结构图)

在智能化管理平台中以图形化形式实现集中新风净化空调机组集中统一管理,实时监测设备的运行状态和故障报警信息。

集中新风净化空调机组详细的监测、故障报警等功能如下:

——监测并显示室外空气温度、湿度。

——监测室内 CO_2 浓度。

——监测各台机组的运行状态和手/自动模式。

——监测并显示各台空调箱的送风温度、回风温度。

——监测各台机组的风机启停和转速。

——监测各台机组的冷盘管回水温度。

——监测各台机组的电动冷水阀、新风阀、回风阀的开闭状态。

——监测风机压差开关与防冻开关。

——上位机显示机组送回风温湿度、室内 CO_2 浓度和风机供电频率瞬时值,新回风阀开度,当日设备运营时间及累计运行时间,温湿度及 CO_2 浓度趋势图。

——监测各个机组风机状态,当风机运行发生故障时,针对各台新风机组分别发出故障报警。

——当任何一台机组的过滤器压差报警产生时,针对各台机组分别发出过滤器堵塞故障报警。

——记录各台机组风机启停状态、转速、送风温度、回风温度、送风温度设定值、回风温度设定值。记录间隔 15 min,记录数据 1 年以上。

——记录各台机组盘管回水温度。记录间隔 15 min,记录数据 1 年以上。

——记录上述各项故障报警的内容和发生时刻。

——平台可以实现远程手动和自动控制空调机组主要的参数监测,包括操作各台空调箱的风机启停状态、转速,以及新风阀门、回风阀门开闭状态,给出送风温度、回风温度设定值参数;在自动模式运行时,系统按照预置的节能策略以及运行模式,自动控制各个空调箱的运行状态。

3. 风机盘管集成控制管理功能

在智能化管理平台中以图形化形式实现所有风机盘管集中统一管理,实时监测设备的运行状态和故障报警信息,如图7-8所示。

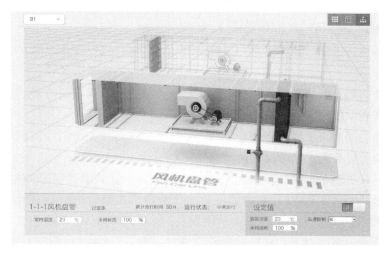

图7-8　风机盘管监控界面

4. 环境监测集成管理功能

智能化管理平台实现对医院各环境监测点所安装的监测仪的主要环境数据的监测和设备运行状态的监测,监测中心接收监测点传输的监测信息,并负责对监测信息进行分类、比较,对超标值进行相应报警提示,如图7-9所示。

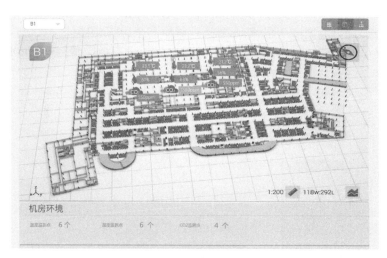

图7-9　环境监测界面

(二)运行诊断功能

智能化监控平台依据对空调系统主要设备及运行参数的实时采集与监控,结合设备性能模型,可对空调系统运行的合理性和安全性进行在线实时诊断,以保障系统设备运行稳定,并延长设备运行寿命。运行诊断功能包括:设备频繁启停问题诊断、冷冻水流量诊断、冷却水流量诊断、设备运行效率诊断等,具体诊断规则如下:

——不合理的设备启停时间(如冷水机组、空调机组等未按运行计划启动/停止)。

——不合理的设备控制设定参数(如冷冻水出水温度设定,冷却水出塔温度设定,空调机组送风温度设定等)。

——设备运行参数达不到设定值(热水供水温度达不到设定值,冷冻水出水温度达不到设定值等)。

——设备运行效率(如冷机运行 COP、水泵输送系数、风机输送系数等)低于合理的阈值。

——工作时间前过早开制冷站设备(如周一到周五过早开启制冷机组,使机组在部分时段工作在较低负荷下)。

——工作时间后未及时关停制冷站设备(如周一到周五关闭制冷机组时间不合理,使机组在无供冷负荷需求的情况下运行)。

——天气温度低而制冷站运行(如室外温度低于供冷限值,却开启制冷站供冷的情况)。

——制冷站一机多泵运行(如当系统运行 1 台冷水机组时,开启一台冷冻水泵即可满足流量要求,却开启 2 台及以上水泵的情况)。

——制冷机负载率过低(如末端冷量需求已满足,冷水机组却长时间在低负荷下运行)。

——冷冻/冷却水泵、冷却塔未及时关停。

——冷水机组启停频繁、喘振区域预警(对冷水机组的喘振区域进行模型分析,当冷水机组运行在喘振区域边界时,给出预警提示,提醒管理人员采取措施避免喘振现象出现)。

——供水温度低于设定值、冷凝器趋近温度高于限值。

——蒸发器趋近温度高于限值、水泵运行频率高于/低于限值报警。

平台设置专家知识规则,自动检测,实现在线异常检测和诊断,对异常进行实时在线提醒,如图 7-10 所示,自动发现问题,这大大节约了人工成本。

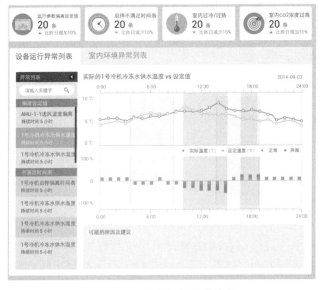

图 7-10　设备运行异常诊断

（三）报警与保护功能

智能化监控平台具有完善保护控制功能，并且能够在系统或设备出现某种运行故障时，及时予以报警，以便用户和维护人员及时发现问题，使系统或设备恢复正常运行。系统报警保护功能包括：冷水机组智能化喘振保护、排热量保护、冷水机组智能故障诊断，当冷水机组发生故障、运行异常或效率低时，依据故障级别进行明确提示和报警。系统设置有保护逻辑，避免系统频繁加减回路、设备。系统具有冷冻水流量过小保护控制功能，当冷机变流量工作，流量低于冷水机组允许值时，具备冷机保护回路及控制功能。系统报警与保护功能还包括系统智能故障诊断、水泵防水锤开机曲线保护、冷机低流量保护、最小压差保护、管网水压过高保护、冷机冷冻水温度过低保护、冷机冷却水温度过高保护等。

报警管理功能模块提供了系统集中展示、分析和处理报警的功能，让用户能够快速获取系统运行报警状态、故障定位信息和便捷的报警处理流程。报警管理功能分为实时报警和历史报警两部分。

1. 实时报警（图7-11）

实时报警信息查询：实时报警支持查看系统中当前发生的报警信息，并可对报警进行处理，在实时报警页面点击任意一条报警信息，系统会弹出报警处理窗口，在弹出窗口中可查询报警的详细信息，并可在报警应答区域内对报警进行处理批注。

实时报警筛选：用户能够根据报警级别、报警类别对实时报警信息进行筛选查看。

报警导出：将当前页面报警信息导出到 Excel 文件中。

图 7-11　报警管理（实时报警页面）

2. 历史报警与报表（图7-12）

历史报警页面包括设备报警概况、报警处理概况和报警列表三部分。

报警概况：将历史报警按照不同级别进行统计。

报警列表：以列表形式显示历史报警信息，包括报警时间、报警描述、设备、报警位置、报警级别、报警处理状态等。并可以按照不同报警级别进行筛选显示。

报警筛选：用户能够根据报警级别、报警类别对实时报警信息进行筛选查看。

报警导出：将当前页面报警信息导出到 Excel 文件中。

历史报警信息查询:历史报警支持查看系统中的历史报警信息,并可对报警进行处理,在历史报警列表点击任意一条报警信息,系统会弹出报警处理窗口,在弹出窗口中可查询报警的详细信息,并可在报警应答区域内对报警进行处理批注。

图 7‐12　报警管理(历史报警页面)

(四)能效管理功能

智能化管理平台可以显示空调设备的能耗、能效及系统的各项参数,包括实时数据、历史数据和汇总后数据(小时、日、周、月和年)。实时数据指当前时间点的数据,显示区间为当前时间至前推 24 h 的时间区间,可选参数包括时间单位、统计类型。历史数据查询检索、平台的数据库为用户提供历史数据查询、检索功能。可为用户进行能耗、能效及参数等数据对比分析提供数据支持,用户可在界面上任意指定年、月、日查询历史能耗数据。从而实现中央空调系统所有所需要的自动化管理的功能,具体功能包括:冷站能耗、能效自动记录及计算,各设备能耗、能效、运行状态及历史数据趋势分析,各设备运行轮换控制、故障自动切换、运行状态报告、自动和人工模式切换、操作员访问权限等(图 7‐13)。

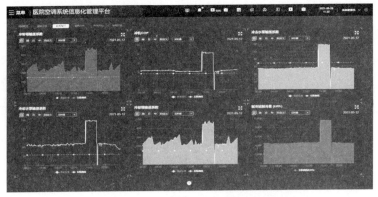

图 7‐13　空调系统用能指标分析

1. 空调系统能耗分析

包括根据日、周、月、年等不同时间尺度展示空调系统能耗,以及当日空调系统能耗和选定日期的空调系统能耗的对比情况。图表展示结果可以输出为报表格式。

2. 空调设备能耗分析

包括冷机用电趋势、冷冻水泵用电趋势、冷却水泵用电趋势、冷却塔用电趋势、空调箱用电趋势、FCU用电趋势,图表展示结果可以输出为报表格式。

3. 空调系统能效指标分析

包括单位面积空调能耗、中央制冷站效率指标、制冷机组COP、冷冻水泵输送系统效率、冷却水泵输送系统效率、冷却塔效率、冷却塔输送系数等。

（五）BIM运维管理

智能化管理平台整合空调系统BIM模型,形成空调设备管理数据库,为运维人员提供一个基于BIM数字三维模型的管理及监控界面,实现基于BIM的运维管理功能。

通过BIM模型实时展示空调设备的位置、状态等信息,为用户提供直观、形象的操作界面。通过BIM模型能够方便地查询空调系统及设备的基本信息、运行信息、报警信息、日志信息等,实现将静态数据与动态数据结合,协助用户进行可视化运营管理的目的。

如图7-14所示,进入BIM页面后,即可看到空调系统的BIM模型。BIM模型页面包括BIM展示区、楼层切换、子系统设备列表、关键指标数据展示、设备。

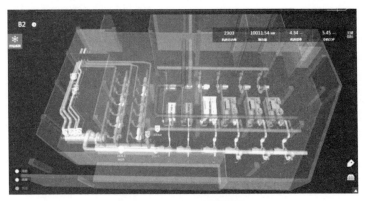

图 7-14　BIM 监控信息

在BIM模型中可查询空调设备信息,展示了设备的基本信息及BIM模型,如图7-15、图7-16所示。包括设备的技术参数（包括品牌、型号、安装日期、维保厂家等）、维保信息、报警数据和运行数据（包括实时数据及历史数据趋势）。

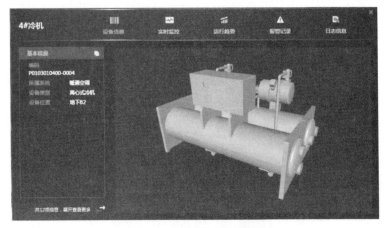

图 7-15　空调设备基本信息

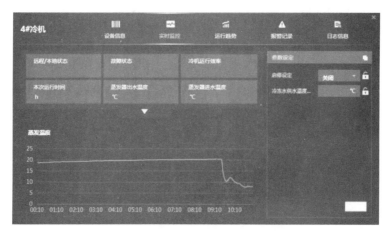

图 7-16　空调设备实时运行数据

（六）运行策略优化

在依托智能化管理平台分析诊断空调系统用能效率、设备运行效率,挖掘空调设备用能效率低下,设备运行状态异常等结果的基础上,制定节能运行策略,在平台固化并执行。

优化运行和控制策略包括运行和控制的时间表的优化,以及运行和控制参数的优化,主要的优化内容包括(图 7-17、图 7-18):

——空调运行时间优化,根据建筑使用特点以及负荷特点,优化空调系统运行时间,在满足室内舒适度的前提下,减少空调系统运行时间。

——冷站控制优化,包括根据负荷情况优化冷机开启时间和开启台数,在部分负荷工况下,优化冷冻水供水温度,提高冷水机组运行效率。

——免费供冷系统运行时间优化,对于应用免费供冷设备的建筑(如过渡季采用冷却塔制取冷水用于房间供冷),根据室外气象参数优化免费供冷系统的运行时间。

——冷却塔运行策略优化,根据冷机的运行情况,优化冷却塔的运行,提高冷机的运行效率,降低冷却塔运行能耗。

——冷却泵/冷冻运行策略优化,优化水泵变频运行策略。

——空调箱优化控制,优化空调箱的运行时间表、送风温度、静压点、新风量的设定值。

——房间温度设定值控制优化。

图 7-17　运行时间表和控制参数优化功能

图 7‑18　运行时间表和控制参数优化控制策略应用功能

四、基于智能化平台的运维管理

(一) 空调系统供给侧持续节能运维管理

在建筑空调系统供给侧,即制冷站区域,其能源消耗占据建筑总体能耗的主体,其运行性能也直接影响建筑总体节能效果,同时其运行性能受到室外环境、设备性能、运行管理和控制调节等多种因素影响,如图 7‑19 所示,需要专业化管理来保障其持续运行效率。

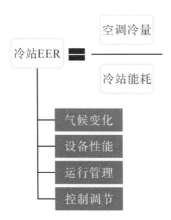

图 7‑19　空调供给侧运行性能影响因素

基于智能化管理平台的能源数据、设备运行数据,借助异常诊断,运行时间表、设定值等控制指令等工具,可持续开展建筑空调系统供给侧持续节能运维管理,基于如下目标,制定了表 7‑1 所示的管理内容,以保障建筑空调系统供给侧持续节能运行。

1. 保证足够低温的充足的冷冻水供应。

2. 根据项目条件优化运行,提高 EER,高效满足服务要求,以合理的成本获得满足要求的冷量供应。

3. 按需供应,负责系统运行操作、异常和故障跟踪、能源管理服务。

4. 优化运行模式和控制调节、跟踪管理设备性能。

表7-1　空调供给侧持续节能管理内容

项目	名称	管理内容	管理标准
能效测评	冷站系统能效测评	项目现场调研， 进行能效分析	能效测评报告：包括能源使用情况，分析系统运行和能源使用中存在的问题，找出节能潜力点
节能诊断调试	冷站系统节能诊断调试	各暖通设备的性能检测， 阀门等组件的调试检测， 传感器校核和检测， 控制系统的调试检测	节能诊断调试报告：包括设备、传感器、水阀、控制策略中存在的问题及影响，对应的解决对策以及可行性分析，直接解决通过调试可改善的问题，如风量分配不当、控制参数设置不当等等
持续的诊断及优化	冷站系统在线诊断及优化	设备启停异常检测与诊断， 关键参数设定值异常检测与诊断， 关键参数控制效果异常检测与诊断， 阀门等组件动作异常检测与诊断， 传感器工作异常检测与诊断， 控制系统策略优化	在线诊断
运行效果分析	冷站系统运行效果分析	系统运行时间分析， 运行参数分析， 控制系统传感器和执行机构工作状况的分析， 运行异常分析	系统及设备运行报告
节能改造咨询	冷站系统节能改造咨询服务	节能技术改造方案报告	遵循《节能评估技术导则》（GB/T 31341—2014）
驻场管理	冷站系统驻场能源管理	日常运行管理， 环境和安全维护， 报警和事故处理， 资料档案维护， 服务响应、记录和报告， 常规维保	确保冷热系统能效提高，定期提交设备运行记录表、报警及事故记录表、维保记录表

（二）空调末端持续节能运维管理

空调系统末端(空调机组、新风机组、VAV末端、风机盘管等)的运行，直接影响医院服务品质，同时设备设施分散在各处、涉及内装，设备运行、维修保养等要求高、涉及面广，同时其运行性能受到建筑使用状况、服务水平、室外环境、设备性能、运行管理和控制调节等多种因素影响，如图7-20所示，需要专业化管理来保障其持续运行效率和服务水平。

基于智能化管理平台的能源数据、设备运行

图7-20　空调末端运行性能影响因素

数据,借助异常诊断,运行时间表、设定值等控制指令等工具,可开展建筑空调末端持续节能运维管理。基于如下目标,制定了表 7 - 2 所示的管理内容,包括异常诊断、参数设置、优化运行专业测评、专业分析、专业建议,以保障医院空调系统需求侧持续节能运行。

1. 满足末端冷热需求/控制效果。
2. 及时发现并处理故障和异常。
3. 避免浪费,避免冷热抵消。
4. 控制冷量、热量消耗,确保空调末端的能源使用效率。

表 7 - 2　空调末端持续运维管理内容

项目	名称	管理内容	管理标准
能效测评	典型的全空气系统能效测评	项目现场调研,进行能效分析	能效测评报告:包括能源使用情况,分析系统运行和能源使用中存在的问题,找出节能潜力点
	新风＋风机盘管系统能效测评		
节能诊断调试	典型的全空气系统节能诊断调试	各暖通设备的性能检测,阀门等组件的调试检测,传感器核查和检测,控制系统的调试检测	节能诊断调试报告:包括设备、传感器、水阀、控制策略中存在的问题及影响,对应的解决对策以及可行性分析,直接解决通过调试可改善的问题,如风量分配不当、控制参数设置不当等等
	新风＋风机盘管系统节能诊断调试		
持续的诊断及优化	典型的全空气系统在线诊断及优化	设备启停异常检测与诊断,关键参数设定值异常检测与诊断,关键参数控制效果异常检测与诊断,阀门等组件动作异常检测与诊断,传感器工作异常检测与诊断,控制系统策略优化	在线诊断及报告
	新风＋风机盘管系统在线诊断及优化		
运行效果分析	典型的全空气系统运行效果分析	系统运行时间分析,运行参数分析,控制系统传感器和执行机构工作状况的分析,运行异常分析	逐周的系统及设备运行报告
	新风＋风机盘管系统运行效果分析		
节能改造咨询	典型的全空气系统节能改造咨询服务	节能技术改造方案报告	遵循《节能评估技术导则》(GB/T31341—2014)
	新风＋风机盘管系统节能改造咨询服务		
驻场管理	典型的全空气系统驻场能源管理	日常运行管理,环境和安全维护,报警和事故处理,资料档案维护,服务响应、记录和报告,常规维保	确保系空调系统按照冷热供应条件、气候条件、末端使用要求优化运行,定期提交设备运行记录表、报警及事故记录表、维保记录表
	新风＋风机盘管系统驻场能源管理		

第三节　BIM 技术在空调系统规划管理中的应用

BIM 是建筑信息模型(building information modeling)的简称,是被誉为"第二次建筑设计革命"的一项建筑数字技术。它是一种基于数字技术的多维度信息模型,并贯穿于建设项目的全寿命周期,实现信息共享和协同工作。采用 BIM 技术能有效地提高空调系统的设计质量,提升项目建设质量,能够实现对施工现场的实时监控,提高监督管理的效率。同时 BIM 模型也为运维管理提供了基础数据,为基于 BIM 的运维管理平台构建提供了可能。大量节省了人力、物力和财力,实现了巨大的经济和社会效益。

1. 通过将 BIM 技术运用于空调系统设计,可以有效利用 BIM 技术的优点加强空调系统设计,将空调系统设计从曾经的二维平面设计模式转换为现在的三维立体模型设计,让空调系统设计具备可视化、可出图化和信息完备关联等特性,推动空调设计走向一个全新的高度。

2. 相比传统二维设计,三维设计不仅有效地提高空调系统设计的质量,还能够保障空调系统后期的各项施工和安装在总的设计调控之下更加合理高效。通过 BIM 技术创建一个三维模型,可以直观清楚地了解到空调系统从设计到安装再到后期的维护修理的各种信息,包括施工信息、空调设备信息、材料信息等。BIM 技术能够以空调系统的各项系统参数以及性能方面的关键数据为依据,建立起 BIM 三维数据模型,同时具备三维动画功能,能够更加直观地将设计效果展现在人们眼前,给人视觉上的真实感以及冲击力,从而便于设计方案的优化与选择。空调系统设计和施工进度也可以得到实时展示,这对空调的设计和施工起到了非常大的作用(图 7 - 21)。

图 7 - 21　入口大厅效果

3. BIM 技术在空调系统设计中,树立三维可视化的 BIM 模型。通过设计 BIM 空调系统专业模型,将管线、设备等直观地表现在模型中,设备的连接办法以及管线的穿插等都非常明了,BIM 技术具有可视性和模拟性的特点,能够将时间维度与三维可视化功能相结合,从而实现空调系统工程的虚拟施工,这样就可以预见施工过程中可能出现的问题,进而便于设计者对设计方案进行进一步的完善与改进(图 7 - 22)。

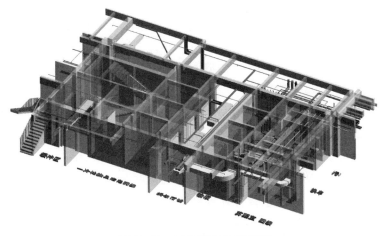

图 7‑22 三维管线 BIM 模型

4. 空调系统设计从传统的二维设计向三维设计变换，而且完成了数字化、可视化的设计，这是空调系统设计以及全部建筑设计中的重要转折。在对空调进行专业检查调整的过程中，易于发现碰撞问题（图 7‑23）。在完成了管线的碰撞检测与修正，确保整体模型的合理性与可行性后，各专业设计人员按照各自专业修正后的模型完成深化空调系统

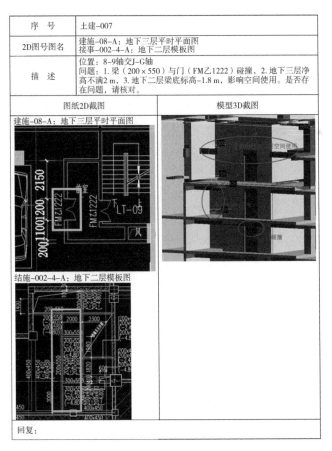

序　号	土建-007
2D图号图名	建施-08-A：地下三层平时平面图 接事-002-4-A：地下二层模板图
描　述	位置：8-9轴交J-G轴 问题：1. 梁（200×550）与门（FM乙1222）碰撞，2. 地下三层净高不满2 m，3. 地下二层梁底标高-1.8 m，影响空间使用。是否存在问题，请核对。

图纸2D截图	模型3D截图

回复：

图 7‑23 碰撞检查报告

设计施工图,详细标注专业管线的标高与位置,用于指导具体施工。同时,BIM 技术对设备安装的指导作用变得显而易见。BIM 把全部设计综合到一个共享的建筑信息模型中,将设备与设备、设备与构造、设备与建筑之间的冲突更加直观地表现出来,设计师、工程师能够在树立的三维模型中愈加便利地进行检查和修改,一系列成果表明 BIM 技术在空调系统设计中具有十分重要的意义。

5. 利用 BIM 技术规划空调机房布置。在公用建筑当中,设计方案中为空调设备所预留的空间往往十分有限。针对这一现象,如何有效利用现有的机房空间成了亟待解决的问题。不同厂商制造的空调系统存在着一定的尺寸差异,且在设计规划阶段,设计方还不能规定空调系统的具体型号,因此在对机房进行规划时存在诸多不确定因素。BIM技术可以将空调设备的参数信息整合到设计模型中。当设计人员设计好独立的参数块之后,后期只需根据空调设备实际参数进行修改即可。在确定机箱摆放位置、接口大小、消声静压箱的大小等因素时,设计人员可进行可视化、多维度的对比,以确定最佳的规划方案(图 7 - 24)。

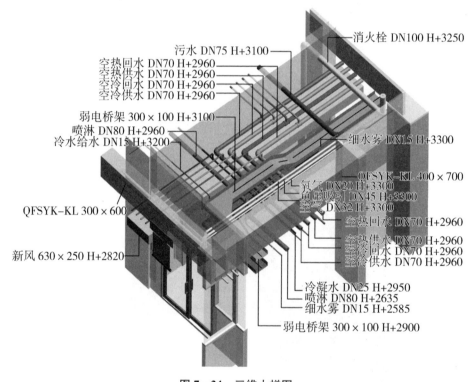

图 7 - 24 三维大样图

6. 利用 BIM 技术优化管线布置。可以在不同视图间进行转换是 BIM 技术的技术特点之一。在走道布置或管线复杂且对净高有十分严格的要求的狭小空间内,设计人员可利用 BIM 技术对空调系统管线布置进行优化。利用 BIM 技术的技术特点,设计人员可以从平面、立面、剖面等多维度来确定空调系统管线的位置,以满足精确的布置要求。依托于三维技术的 BIM 软件具有十分良好的设计精度。利用 BIM 技术所绘制出来的高精度模型，设计人员可以将整个设计方案立体地展现给业主。这样的高精确度有利于提升现实空调系统施工与设计方案之间的符合度（图7-25）。

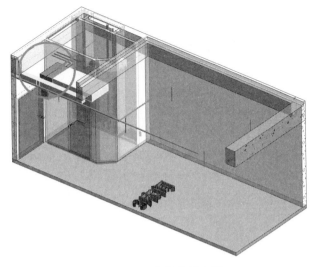

图 7 - 25　优化管线布置

参考文献

[1] 黄涛. 物联网技术与应用发展的探讨[J]. 研究与开发, 2010(2):9-13.

[2] 李洋, 张永辉. 基于物联网技术的冷藏车智能监控系统[J]. 通信技术, 2010(11):59-61.

[3] 徐晓宁, 丁云飞. 基于网络控制的中央空调运行管理、控制与分户计费系统[J]. 建筑科学, 2009(6):65-68.

[4] 刘辉. 浅谈中央空调自动控制的发展[J]. 科技创新与应用, 2014(4):97.

[5] 楼东东, 王杭兵. 基于物联网技术的中央空调管控一体化系统[J]. 物联网技术, 2012(11):79-81

[6] 中华人民共和国住房和城乡建设部. 多联机空调系统工程技术规程:JGJ 174—2010[S]. 北京:中国建筑工业出版社, 2010.

[7] 林忠晨. 基于数据挖掘中央空调系统优化控制策略的研究[D]. 合肥:安徽理工大学, 2018.

[8] 马浩楠. 暖通空调设计中BIM技术的应用探析[J]. 科技展望, 2015, 20:173.

[9] 谭慧恒, 谭荣. BIM技术在暖通空调设计中的应用[J]. 环球市场, 2016, 19:234.

[10] 中华人民共和国住房和城乡建设部. 综合医院建筑设计规范:GB 51039—2014. 北京:中国计划出版社, 2015.

[11] 中华人民共和国住房和城乡建设部. 精神专科医院建筑设计规范:GB 51058—2014. 北京:中国计划出版社, 2015.

[12] 中华人民共和国住房和城乡建设部. 疾病预防控制中心建筑技术规范:GB 50881—2013. 北京:中国建筑工业出版社, 2013.

[13] 中华人民共和国住房和城乡建设部. 急救中心建筑设计规范:GB 50939—2013. 北京:中国计划出版社, 2014.

[14] 中华人民共和国住房和城乡建设部. 传染病医院建筑设计规范:GB 50849—2014. 北京:中国计划出版社, 2014.

[15] 中华人民共和国住房和城乡建设部. 绿色医院建筑评价标准:GB/T 51153—2015. 北京:中国计划出版社, 2016.

[16] 中华人民共和国住房和城乡建设部. 民用建筑室内热湿环境评价标准:GB/T 50785—2012. 北京:中国建筑工业出版社, 2012.

[17] 中华人民共和国住房和城乡建设部. 医院洁净手术部建筑技术规范:GB 50333—2013. 北京:中国计划出版社, 2014.

[18] 徐伟. 国际建筑节能标准研究[M]. 北京:中国建筑工业出版社, 2012.

[19] 华常春. 建筑节能技术[M]. 北京:北京理工大学出版社, 2013.

[20] 杨德位. 新疆医科大学、南湖小区既有建筑围护结构能耗分析及节能改造研究[D]. 重庆:重庆大学, 2007.

后　记

随着医药卫生体制改革的不断深化,中国医院近些年发展迅速,现代医院管理制度也已进入全面实施阶段,这次改革也对医院后勤与基建的运营管理提出了更加高效、优质、低耗的要求。

空调及通风系统是医院机电系统中的重要组成部分,其不仅承担调节院内公共区域温湿度,为医患提供更加舒适体感的功能,还是手术室、ICU、产房、感染病房、各类实验室、放射科室等特殊医疗区域得以正常运行的保障。特别是在经历过COVID-19新冠疫情"洗礼"后,医院空调及通风系统的科学合理规划与运行被提升到新高度,其重要性与特殊性不言而喻。

2019年夏天,时任江苏维康医疗建筑合成设计研究所所长杭元凤先生召集江苏省人民医院基建办周珏处长、东南大学附属中大医院朱敏生处长、江苏省级机关医院单永新主任、中机十院上海分公司李金店院长和我,共同商讨医院空调系统规划与管理问题,希望将近些年来省内医院在空调系统规划与管理方面的心得加以收集、归纳、整理,并出版成册,为医院建设管理者、医院后勤同行和医疗建筑设计行业人员提供参考和借鉴,这也是《医院空调系统规划与管理》一书的由来。在研究所的组织和领导下,我们于同年8月组建了编写团队,以周珏、单永新、朱敏生、李金店与我组成5个小组,分别领取编写任务。同时,以东南大学附属中大医院梁仁礼、李文艺、耿平,南京鼓楼医院许云松、刘培,南京市第一医院姚鹏,苏州大学附属第一医院王斐、马恬蕾,江苏省人民医院余斌、刘芳,江苏省肿瘤医院任凯,江苏省妇幼保健院张玉彬、严鹏华、马倩,江苏省口腔医院葛朝宣,江苏省中西医结合医院钱强、陈旭波,南京江北人民医院王磊,南京市江宁中医院胡玮,常州市金坛区卫计局袁媛,扬州市江都人民医院顾传军,徐州市中医院陈健青等为主要编写人员,由江苏省人民医院杨文曙、南京鼓楼医院王伟航为秘书,正式开始了书籍编写工作。大家在繁忙的工作之余,抽出宝贵时间,查阅大量文献,字字斟酌、句句推敲,历时两年得出成稿,这十余万字不仅是大家经验、智慧的结晶,也凝聚了我们对医院后勤、基建高质量发展和空调科学规划与管理的殷切期盼。其间,在连云港、南京锦盈大厦、南京江北高新区等四次集中编委会,也得到了四季沐歌科技集团、南京基盛集团建筑工程公司、南京亚派科技股份有限公司和江苏福莱特环境技术有限公司的大力支持,会议取得了良好效果。

不同于一般的课本和教材,本书在编写之初就定下基调,全书内容需要通俗易懂,贴近"实战",真正成为一本指导医院建设和后勤管理人员的实用指南。故在具体内容上,经过反复讨论与推敲,最终确定了:以概述、医院空调系统规划一般规定、医院舒适性空调规划与管理、医院工艺性空调系统规划与管理、医院空调系统运行与维护、医院建筑空调系统的节能管理、医院空调系统的信息化管理等七个方面作为全书的主要章节。本书从空调系统的组成、发展、原理入手,详细介绍了医院空调系统的分类、各类医疗区空调系统规划设计和运维管理要点,深入浅出。通过理论与案例相结合的方式,为医院空调系统从规划、建设和运行管理人员指明了方向。

本书的另一大特点是注重理论与实践相结合,在编写过程中我们也邀请了江苏松能节能环保科技有限公司、四季沐歌科技集团有限公司、南京亚派科技股份有限公司、南京佳力图机房环境技术股份有限公司、苏州中卫宝佳净化工程有限公司、安徽国微华芯环境科技有限公司、江苏福莱特环境技术有限公司、南京基盛建筑工程配套有限公司等在理论与实践上有着丰富经验且与医院有着良好合作的企业单位加入编写工作中。他们为本书的编写提供了很多素材,为医院空调系统规划与管理输送了先进的技术和理念,同时也不遗余力配合会议召开、书籍出版等工作,在此深表感谢。

还要感谢江苏现代医院管理研究中心主任唐维新教授、江苏省医院协会医院建设与规划管理专业委员会主委朱根先生、东南大学附属中大医院原副院长朱亚东先生、江苏省卫生经济学会副会长兼秘书长王荣申先生、江苏现代医院管理研究中心副主任陈连生先生、江苏维康医疗建筑合成设计研究所高级研究员冯丁先生对本书的关心和指导。感谢现任江苏维康医疗建筑合成设计研究所所长甘昊先生在本书编辑过程中不辞辛劳、出谋划策,为编辑工作注入了活力。

同时感谢东南大学出版社陈潇潇女士,全程参与本书的编辑工作,给予大家大量指导与帮助。

本书的编者多为医院一线管理人员,措辞、总结难免有不足与不妥之处,希望读者朋友们包涵。我本人与江苏省医院建设同仁也将以此为契机,深耕医院基建与后勤管理,加强经验总结,与诸位共勉。

赖　震

2021 年 8 月于南京

220